谨以此书献给

上海市政工程设计研究总院（集团）有限公司

成立60周年

（1954-2014年）

单 位 介 绍

　　上海市政工程设计研究总院（集团）有限公司（简称上海市政总院）成立于1954年，从事规划、工程设计和咨询、工程建设总承包及项目管理全过程服务。现拥有给水、排水、道路、桥梁、水利、轨道交通、磁浮、地下空间开发、规划、建筑、环境工程、城市景观、热力、燃气、岩土、测量、检测、施工管理和工程总承包等专业，覆盖基础设施建设行业各领域，综合实力位居国内同行前列。2008年获得首批国家工程设计综合资质甲级证书，2010年完成公司制和集团化改革。上海市政总院现有员工3000余人，拥有1位中国工程院院士、5位全国工程勘察设计大师，以及千百万工程国家级人选、中青年有突出贡献专家、上海市引进海外高层次人才特聘专家等，近40位享受国务院特殊津贴专家、70多位教授级高级工程师；建有院士工作室、大师工作室和博士后工作站。

　　秉承"科学创新，诚信奉献"的企业精神，贡献社会，造福民生，累计完成8000多项各类工程勘察设计咨询和总承包工程，项目遍布全国28个省、市、自治区。代表性工程有：上海南浦大桥、杨浦大桥、卢浦大桥、东海大桥、长江大桥、闵浦大桥、重庆嘉陵江石门大桥、杭州江东大桥、沪宁高速公路、沪杭高速公路、S4高速公路、南北高架道路、崇启通道、浦东世纪大道、浦东磁浮列车示范运营线、虹桥综合交通枢纽工程、外滩交通综合改造工程、武汉水果湖隧道、上海新建路隧道、迎宾三路地道、青草沙水源地原水工程、长桥水厂、都江堰西区水厂、上海合流污水治理工程、白龙港城市污水处理厂、重庆鸡冠石污水处理厂、上海世博园区市政基础设施工程和世博轴及地下空间综合体工程等。在国内外树立"SMEDI"设计咨询高端品牌。

　　坚持科技创新，历年来累计获得国家级科技进步奖11项，省、部级科技进步奖160项次，詹天佑土木工程大奖14项。有近600项勘察、设计、咨询、规划获得各类奖项，拥有专利480多项，被评为全国科技进步先进集体、全国勘察设计创新典型企业、上海市优秀高新技术企业和上海市知识产权优势企业。近年来，在大型现代桥梁设计、综合交通枢纽和生态道路、水处理技术集成、水资源利用、大型地下空间综合开发和高速磁浮工程等方面形成了20多项核心技术，并付诸工程实践。

　　精神文明和企业文化建设取得丰硕成果，先后荣获全国"五一"劳动奖状、全国建设系统企业文化建设示范单位、上海市文明单位、上海市金杯公司、上海市职工最满意企业、守信用重合同企业和企业诚信建设奖等荣誉称号。

　　进入新世纪以来，上海市政总院大力推进"全国化、全过程"战略，先后成立25家沪外设计公司或分支机构，做广做深全国市场。发挥技术和人才优势，拓展EPC总承包业务，向工程全过程服务转型。积极走出国门，先后在尼日利亚和印度尼西亚等国承接项目。"十二五"期间，上海市政总院坚持"创新驱动，转型发展"，推进"两全"战略，做强做大主业，加强科技创新、管理创新、机制创新，进一步提升企业综合实力和核心竞争力，保持在全国市政行业领头地位，打造一流的国家级工程集团公司。

张 辰 主编

王国华 谭学军 副主编

城镇污水厂
污泥厌氧消化工程
设计与建设

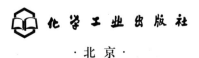

化学工业出版社

·北京·

本书共8章，内容包括概论、污泥厌氧消化工艺、污泥厌氧消化预处理、沼气收集、贮存与利用、沼液污染控制与资源化利用、污泥厌氧消化系统设计、污泥厌氧消化工程建设与运行管理、污泥厌氧消化工程实例。本书可供环境工程、市政工程专业教学、设计和运行管理人员参考。

图书在版编目（CIP）数据

城镇污水厂污泥厌氧消化工程设计与建设/张辰主编．
—北京：化学工业出版社，2014.11
ISBN 978-7-122-21662-5

Ⅰ.①城…　Ⅱ.①张…　Ⅲ.①城市污水-污水处理厂-污泥处理-厌氧处理　Ⅳ.①X705

中国版本图书馆 CIP 数据核字（2014）第 198499 号

责任编辑：董　琳　　　　　　　　装帧设计：关　飞
责任校对：王　静

出版发行：化学工业出版社（北京市东城区青年湖南街 13 号　邮政编码 100011）
印　　刷：北京永鑫印刷有限责任公司
装　　订：三河市宇新装订厂
787mm×1092mm　1/16　印张 15　彩插 1　字数 351 千字　2015 年 1 月北京第 1 版第 1 次印刷

购书咨询：010-64518888（传真：010-64519686）　　售后服务：010-64518899
网　　址：http://www.cip.com.cn
凡购买本书，如有缺损质量问题，本社销售中心负责调换。

定　　价：68.00 元　　　　　　　　　　　　　　　　版权所有　违者必究

前　言

目前，我国城镇污水处理厂污泥年产生量已达 3000 万吨（含水率 80%），至"十二五"末期预计年产量 5000 万吨左右。污水污泥究竟如何经济持续地实现减量化、稳定化、无害化和资源化的问题，未得到根本解决。厌氧消化是一种低能耗、资源化的污泥处理技术，处理过程能耗较低，能回收沼气能源，可减少温室气体排放。2009年颁布的《城镇污水处理厂污泥处理处置及污染防治技术政策（试行）》和 2011 年颁布的《城镇污水处理厂污泥处理处置技术指南（试行）》，均鼓励回收和利用污泥中的能源和资源，鼓励城镇污水处理厂采用污泥厌氧消化工艺。

截至目前，我国仅 50 多座城镇污水处理厂建造了污泥厌氧消化设施，不足全国总数的 5%，我国污泥厌氧消化技术未得到广泛应用的原因，除与我国泥质特性有关以外，厌氧消化设施设计、建造、运行和管理等方面缺乏成功经验同样是重要因素。本书以近期新建的一些污泥厌氧消化重大工程为契机，通过梳理国内外污泥厌氧消化最新技术进展，总结典型厌氧消化工程建设与运行全过程经验，可解答国内同行在项目实践中存在的困惑，以期为我国污泥厌氧消化工程的科学建设和管理提供帮助。

本书共 8 章，内容包括概论、污泥厌氧消化工艺、污泥厌氧消化预处理、沼气收集、贮存与利用、沼液污染控制与资源化利用、污泥厌氧消化系统设计、污泥厌氧消化工程建设与运行管理、污泥厌氧消化工程实例，可供环境工程、市政工程专业教学、设计和运行管理人员参考。

本书由上海市政工程设计研究总院（集团）有限公司和上海排水管理单位共同编写，由张辰担任主编并负责审稿，王国华、谭学军担任副主编。第 1 章由王逸贤编写；第 2 章由吕永鹏、王磊编写；第 3 章由谭学军、魏海娟、许洲编写；第 4 章由陆松柳编写；第 5 章由沈昌明编写；第 6 章由王磊磊、孙晓编写；第 7 章由卢峰编写；第 8 章由陈嫣、谭学军、胡维杰、汪喜生等编写。

由于编者水平有限，本书疏漏和不当之处在所难免，请读者批评、指正。

编者

2014 年 6 月

目　录

第1章

概 论

　　污泥厌氧消化是利用微生物的代谢作用，同步分解有机物和产生沼气生物质能的污泥稳定化和资源化技术。经过多年的发展实践，污泥厌氧消化技术不仅日臻成熟，而且还在不断改进和创新，以实现污泥稳定化和资源效益的最大化。本章概述了污泥厌氧消化技术发展和特点，介绍了污泥厌氧消化技术的国内外应用情况。

1.1 污泥厌氧消化技术概述

1.1.1 污泥厌氧消化技术发展

污泥厌氧消化是利用兼性菌和厌氧菌进行厌氧生化反应，分解污泥中有机物质，使之达到减量化和稳定化，同时产生沼气的一种污泥处理技术。

19世纪末，厌氧消化技术开始应用于污泥稳定化处理。早期用于厌氧消化的构筑物是化粪池和双层沉淀池。

化粪池是一个矩形密闭的池子，用隔墙分为两室或三室，各室之间用水下连接管接通。污水由一端进入，通过各室后由另一端排出，悬浮物沉于池底后进行缓慢的厌氧发酵，各室顶盖上设有人孔，可定期将消化后的污泥挖出，供作农肥。化粪池通常设于独立的居住或公共建筑物的下水管道上，用于初步处理粪便废水。

双层沉淀池上部有一个流槽，槽底呈 V 形。污水沿槽缓慢流过时，悬浮物便沉淀下来，并从 V 形槽底缝滑落于圆形池底，并进行厌氧消化。

化粪池和双层沉淀池仅起截留和降解有机悬浮物的作用，其缺点是产生的沼气难以收集利用。

20世纪20、30年代开始，污泥厌氧消化技术得到了大量的研究和应用，并开始进行沼气的收集利用。1971年 Ghosh 和 Poland 针对产酸菌和产甲烷菌对环境要求的差异，提出了两相厌氧消化处理工艺，实现了生物相的分离，使产酸相和产甲烷相成为两个独立的处理单元，分别为产酸菌和产甲烷菌创造最佳生态条件，提高厌氧处理效率和反应器的运行稳定性。

与此同时，人们对厌氧消化的生物学过程和生化过程的认识不断深化，厌氧消化理论也得到了不断扩展。Thumm、Reichie 和 Imhoff 提出了厌氧消化两阶段理论，将有机物厌氧消化过程分为酸性发酵和碱性发酵两个阶段，并由 Buswell 和 Neave 进行了完善。1979年，在两阶段理论的基础上，Bryant 提出了三阶段理论，是目前相对得到公认的一种理论。之后还有学者提出了四阶段理论等。

传统的污泥厌氧消化具有反应缓慢、有机物降解率低和甲烷产量较低的缺点，限制了厌氧消化技术优势的发挥。根据 Bryant 的三阶段理论，水解是污泥厌氧消化过程中的限速步骤。因此，从20世纪70年代起，人们对包括高温热水解、超声波预处理、碱解预处理和臭氧预处理等物化方法在内的各种污泥厌氧消化强化技术开展了研究，通过击破污泥的细胞壁，使胞内有机物质从固相转移到液相，促进污泥水解，提高污泥厌氧消化效果。

随着各国污泥量不断增加和对能源需求、处理后污泥品质要求的不断提高，一些原有的污泥厌氧消化设施面临扩容和改造。污泥预处理技术可以改善污泥厌氧消化效果、改善污泥脱水效果和提高沼气产量，在一定程度上能够替代消化池扩容带来的效益，因此得到了广泛的研究应用。其中，高温热水解技术相对较为成熟，目前，该技术已开发出 Cambi 热水解、Biothelysis 热水解和 Monsal 酶解等多种工艺，近年来在欧洲得到推广应用，挪威、英国和澳大利亚均有成功应用的案例。

针对传统污泥厌氧消化含固率低的限制，高含固污泥厌氧消化技术的研究也成为热点。高含固污泥厌氧消化的优势在于沼气产生效率高于传统的厌氧消化，原因是进泥含固率大幅度升高，厌氧消化池内单位微生物量能接触消化的有机物量大为提高，其产气效率和处理负荷亦随之提高。目前国外已开发出多种高含固污泥厌氧消化技术，并已在实际工程中得到应用，如芬兰的 HLAD 工艺，控制进入预反应池的污泥含固率为 10%～15%，产气效率相比传统污泥厌氧消化高出 30%。但其技术本身还存在一些难点，如反应基质浓度高、搅拌阻力大、能耗高和启动难度大等，因此一般需进行污泥的预处理。

1.1.2　污泥厌氧消化技术特点

污泥厌氧消化是污水处理厂进行污泥稳定化、减量化和资源化的重要手段之一，其技术特点归纳如下。

(1) 可实现污泥稳定化

厌氧消化过程可削减污泥中的有机物，杀死部分病原菌和寄生虫卵，使污泥得到稳定化，不易腐臭，避免在运输及最终处置过程中对环境造成不利影响，也有利于污泥的后续处置。

(2) 可实现污泥资源化

厌氧消化过程产生的沼气含有 60%～70% 的甲烷（体积比），其热值约为 21000～25000kJ/Nm³，可实现污泥生物质能的有效回收，除满足厌氧消化自身的能量需求外，余量还可用于厂区发电或其他能源供应。厌氧消化后的熟污泥经进一步处理后还可进行土地利用。

(3) 可实现污泥减量化

厌氧消化过程可降解污泥中 35%～50% 的挥发性固体，减少污泥干固体量，有利于降低后续污泥处理处置费用。同时厌氧消化有助于提高污泥脱水性能，脱水后污泥体积可进一步减少。

1.2　污泥厌氧消化技术应用

1.2.1　国内污泥厌氧消化技术应用

我国自"九五"开始推广污泥厌氧消化技术，在 2009 年颁布的《城镇污水处理厂污泥处理处置及污染防治技术政策（试行）》和 2011 年颁布的《城镇污水处理厂污泥处理处置技术指南（试行）》中又进一步鼓励采用污泥厌氧消化工艺对污泥中的能源和资源进行回收利用。目前，在上海、北京、重庆、青岛、大连、深圳、厦门均有成功运行的污泥厌氧消化工程。其中，上海白龙港污水处理厂的超大型污泥厌氧消化工程于 2011 年 6 月正式投入运行，处理污泥量占到上海市污泥总产生量的 30% 左右，对白龙港污水处理厂污泥稳定化和资源化起到了重要作用。

据不完全统计，我国目前仅有约 63 座城市污水处理厂建有或在建污泥厌氧消化系统，其中 29 座厌氧消化系统正常运行，3 座在建或调试，其余建成未运行或停运。采用污泥厌氧消化工艺的污水处理厂处理能力为 $(2.5 \sim 200) \times 10^4 \, \mathrm{m^3/d}$，包括小型污水处理厂（$<5 \times 10^4 \, \mathrm{m^3/d}$）8 座、中型污水处理厂 [$(5 \sim 10) \times 10^4 \, \mathrm{m^3/d}$] 11 座、大型污水处理厂 [$(10 \sim 40) \times 10^4 \, \mathrm{m^3/d}$] 28 座和超大型污水处理厂（$\geqslant 40 \times 10^4 \, \mathrm{m^3/d}$）16 座

正常运行的 29 座污泥厌氧消化系统包括 1 座小型污水处理厂、6 座中型污水处理厂、13 座大型污水处理厂和 9 座超大型污水处理厂，各规模正常运行的厌氧消化系统占建成系统的比例分别为小型污水处理厂 3.4%、中型污水处理厂 20.7%、大型污水处理厂 44.8% 和超大型污水处理厂 31.0%。建成未运行的污泥厌氧消化系统与污水处理厂规模有关，相对来说，小污水处理厂正常运行的污泥厌氧消化系统最少，而超大型污水处理厂厌氧消化系统正常运行的比例最高。主要原因是超大型污水处理厂普遍技术能力较强，人员配备齐全，管理更好，克服污泥厌氧消化运行过程中的问题的能力更强，同时由于规模效应，其沼气产生的经济效益也比较显著。

我国绝大多数污泥厌氧消化系统采用中温厌氧消化，其中采用一级消化和二级消化工艺的比例接近 1:1，采用二级厌氧消化的略多。沼气利用以供热为主，用于污泥升温以及满足厂内其他加热用途，另外也有沼气发电、直联式沼气风机等利用途径。

总体来说，我国的污泥厌氧消化系统建成的比例远低于欧美等发达国家，而且停运或未运行的比例则接近 1/2。这一方面是因为我国污泥厌氧消化技术在工艺设计和运行管理方面的水平偏低，与发达国家存在较大差距；另一方面也是因为已建的污泥厌氧消化工程过于依赖国外技术和设备，而我国污泥泥质与国外污泥泥质差异极大，无法简单照搬国外经验。国内污泥厌氧消化技术的应用主要存在以下几个问题。

(1) 我国的饮食习惯是低蛋白质、高碳水化合物，因此，与国外污泥相比我国污泥的有机物含量较低，VS/TS 在 30% ~ 50% 之间，而发达国家 VS/TS 一般可达 60% ~ 70%。尤其是采用合流制系统的城市，污泥的有机物含量可能更低，污泥有机物含量低导致了厌氧消化的产气量和沼气热值都偏低，大大影响了污泥厌氧消化的经济效益。

(2) 污水预处理中的除渣、除砂效率低，导致我国污泥中的含砂量较高，浮渣、砂粒这些物质会降低消化池有效容积，破坏搅拌和加热，影响气体的产生和收集，扰动消化池运行，降低污泥厌氧消化效果。

(3) 由于工业废水源头重金属处理系统的不完善，我国部分城市污水处理厂污泥中含有较多的重金属，对厌氧微生物有毒害作用。

(4) 污泥厌氧消化工艺停留时间较长，通常要达到 20 ~ 30d，造成厌氧消化池体积庞大，操作管理复杂。尤其在运行初期，产酸菌和产甲烷菌实现动态平衡时间较长。由于产甲烷菌对环境条件要求较高，初期培养困难，因此初期运行的主要目标就变成产甲烷菌的培养，需重点对有机负荷进行控制。如果有机负荷过高，极易导致挥发性脂肪酸大量积累，抑制甲烷菌生长，从而延长试运行时间。

除了厌氧消化工艺本身，认知不到位也是造成厌氧消化工艺在国内应用较少的重要原

因。我国很多运行管理部门认为污泥厌氧消化的主要价值在于回收沼气，但由于有机物含量低，产生的沼气较少，仅仅通过沼气回收无法体现其经济效益，显得污泥厌氧消化处理对污水处理厂来说是一个多余的工艺。事实上，污泥厌氧消化可以去除 50％左右的有机物，其本质功能在于实现污泥的稳定化，这方面的价值要远远大于沼气产生的经济效益。

1.2.2　国外污泥厌氧消化技术应用

厌氧消化是目前国际上最为常用的污泥稳定化和资源化处理方法，同时也是大型污水处理厂最为经济的污泥处理方法。

欧洲的污泥厌氧消化始于 20 世纪 50、60 年代，大多用于大规模污水处理厂的污泥稳定。20 世纪 90 年代中期以前，污泥处理的主要目标是实现稳定化、去除异味及杀灭病原菌，使消化后的污泥经干化后可用于农业。之后由于严格限制重金属的新立法的出现，欧洲开始限制污泥用于农业，污泥焚烧比例增加，厌氧消化也逐渐成为焚烧的预处理工艺。通常，欧洲较多采用传统的中温厌氧消化，停留时间为 18～30d。

近年来，高温厌氧消化在欧洲采用也越来越多，其主要目的是改善污泥的卫生状况，缩短停留时间，增加产气速率。高温厌氧消化又可以分为单级高温消化和高温中温两级厌氧消化，两级消化中第一级高温厌氧消化采用 55～60℃，停留 2～3d；第二级中温厌氧消化采用 35～37℃，停留 12～15d。

目前欧洲国家约有 50000 座污水处理厂，年产污泥量 4000×10⁴t（以 80％含水率计），有 50％以上的污泥进行了厌氧消化稳定处理，据统计，整个欧洲共有超过 36000 座污泥厌氧消化反应池。其中，欧盟各国污泥厌氧消化在污泥处理中所占的比例如表 1-2-1所示。

表 1-2-1　欧盟各国采用的污泥处理方法

国家	污泥处理方法所占的比率/%					
	浓缩	厌氧消化	好氧消化	脱水	堆肥	石灰法
比利时	53	67	22	60	0	2
丹麦	—	50	40	95	1	5
法国	—	49	17	—	0[①]	0
德国	—	64	12	77	3	0
希腊	0	97	3	0	0	0
爱尔兰	14	19	8	33	0	0
意大利	75	56	44	90	0	0
卢森堡	—	81	0	80	5	0
荷兰	—	44	35	53	0	0
西班牙	—	65	5	70	—	26

① 有 17％的污泥用未知方法进行了处理，其中可能包括堆肥。

德国的城市污水处理厂总规模达到 2800×10⁴m³，污泥年产量为 1000×10⁴t（以 80％含水率计），污泥已经实现 100％的稳定化处理。服务人口大于 30000 人（规模约

9000m³/d) 的污水处理厂采用污泥厌氧消化稳定工艺。通过回收污泥中的生物质能源可以满足污水处理厂 40%~60% 的电耗需求，碳减排效益十分明显。

在英国，污泥厌氧消化的应用也较为普遍，2007 年约 66% 的污水处理厂污泥采用厌氧消化处理，预计到 2015 年将会增加到 85%。英国规划 2020 年可再生能源达到总能耗的 15%，污水行业达到 20%，并制定了有机物质厌氧消化设施的建设规划：将回收近 9000×10⁴t 农牧业可降解废弃物，1500×10⁴t 市政可降解固体，750×10⁴t 污泥中的生物质能，所有生物质能进行发电（CHP）或热能综合利用。

根据美国环保局的调查，厌氧消化是美国污水处理厂最普遍采用的污泥稳定化工艺。美国有约 16000 座污水处理厂，服务 2.3 亿人口，日处理污水量 1.5×10⁸m³，年产污泥量 3500×10⁴t（以 80% 含水率计）。现已建有 650 座集中厌氧消化设施处理 58% 的污泥，对污泥进行稳定化并提高污泥的脱水性能，其中 17% 的厌氧消化池可接纳油脂类废弃物（FOG）等高浓度有机废物。在采用厌氧消化的污水处理厂中，有 85% 进行了沼气回收利用。所回收的能源一般用于污水处理厂内部使用，有盈余时也对外输出，其中，49% 用于消化池加热，27% 用于厂内供热，22% 采用热电联产技术进行热能和电能回收，能源回收进一步减少了发电所使用的化石燃料的温室气体排放。

日本的第一座污泥厌氧消化池 1932 年在名古屋投入运行。随后几年，东京、大阪和京都等大城市也相继建成用于污泥消化的厌氧消化池。20 世纪 60、70 年代，随着污水管网在日本的迅速普及和敷设，厌氧消化技术在城镇污水处理厂也得到了广泛应用，期间大约有 180 座城镇污水处理厂采用厌氧消化技术处理污泥。截至 2001 年，日本已有 305 座污泥中温厌氧消化池，其处理量占日本污泥总产量的 34.5%。近年来，由于能源短缺和循环经济的需要，政府和科研人员都开始重新审视污泥厌氧消化技术在可再生能源中的定位，日本国会于 2002 年通过了《日本生物质综合战略》，其中明确提出要开发厌氧消化技术等对含水率较高的生物质转化成能源的技术。受此政策的影响，污泥厌氧消化技术在日本的应用也越来越普及，同时通过在污泥预处理、高温厌氧消化和高温-中温组合厌氧消化等方面的大量研究，不断改进厌氧消化技术。

第2章

污泥厌氧消化工艺

污泥厌氧消化工艺是在厌氧消化理论研究和应用基础上不断发展起来的。厌氧生物处理的机理主要涉及微生物学、生理生态学和生物化学等，这些理论研究对提高污泥厌氧消化处理效果，保障处理系统的稳定性和可靠性，具有十分重要的意义。本章详细介绍了污泥厌氧消化的生化基础和影响因素，并介绍了污泥厌氧消化的工艺类型及其发展。

2.1 污泥厌氧消化生化基础

2.1.1 污泥厌氧消化的阶段

污泥厌氧消化是指污泥在无氧条件下，由兼性菌和厌氧细菌将污泥中的可生物降解的有机物分解成 CH_4、CO_2 和 H_2O 等，使污泥得到稳定的过程。厌氧消化是由多种微生物参与的、多阶段的复杂生化过程，至今有多种理论来对其进行阐释，包括两阶段理论、三阶段理论、四阶段理论和四种群理论等，目前公认的是 Bryant 提出的三阶段理论。

长期以来，污泥厌氧消化被认为包括酸化阶段和甲烷化阶段两个阶段。固态有机物主要成分是天然高分子化合物，如淀粉、纤维素、油脂和蛋白质等，在无氧环境中降解为有机酸、醇、醛、水分子等液态产物和 CO_2、H_2、NH_3、H_2S 等气体分子，气体大多溶解在泥液中。该阶段的转化产物主要是有机酸，所以 pH 值迅速下降。低 pH 值有抑制细菌生长的作用，而 NH_3 的溶解产物 NH_4OH 有中和作用，经过长时间的酸化阶段，pH 值回升后，进入气化阶段。气化阶段产生的气体主要是甲烷，因此也称该阶段为甲烷化阶段，与酸化阶段相应。该阶段的 CO_2 也比较多，还有微量的 H_2S。事实上，第一阶段的最终产物不仅仅是酸，发酵产生的气体也并不都是从第二阶段产生的，因此，两阶段过程较为恰当的提法为非产甲烷阶段和产甲烷阶段。

随着对厌氧消化微生物研究的不断深入，厌氧消化中非产甲烷菌和产甲烷菌之间的相互关系更加明确。1979 年，Bryant 提出了三阶段理论，即包括水解酸化阶段、乙酸化阶段和甲烷化阶段。各阶段之间既相互联系又相互影响，各个阶段都有各自特色微生物群体，这是当前较为公认的理论模式。

第一阶段，有机物在水解与发酵细菌的作用下，使碳水化合物、蛋白质与脂肪，经水解和发酵转化为单糖、氨基酸、脂肪酸、甘油、CO_2 和 H_2 等。

第二阶段，在产氢产乙酸菌的作用下，把第一阶段的产物转化成 H_2、CO_2 和乙酸。如戊酸的转化化学反应式，如式 (2-1-1) 所示：

$$CH_3CH_2CH_2CH_2COOH+2H_2O \longrightarrow CH_3CH_2COOH+CH_3COOH+2H_2 \quad (2\text{-}1\text{-}1)$$

丙酸的转化化学反应式，如式 (2-1-2) 所示：

$$CH_3CH_2COOH+2H_2O \longrightarrow CH_3COOH+3H_2+CO_2 \quad (2\text{-}1\text{-}2)$$

乙醇的转化化学反应式，如式 (2-1-3) 所示：

$$CH_3CH_2OH+H_2O \longrightarrow CH_3COOH+2H_2 \quad (2\text{-}1\text{-}3)$$

第三阶段，通过两组生理特性不同的产甲烷菌作用，将 H_2 和 CO_2 转化为 CH_4 或对

乙酸脱羧产生 CH_4。产甲烷阶段产生的能量绝大部分用于维持细菌生存，只有很少能量用于合成新细菌，故细胞的增殖很少。在厌氧消化过程中，由乙酸形成的 CH_4 约占总量的 $2/3$，由 CO_2 还原形成的 CH_4 约占总量的 $1/3$，如式（2-1-4）和式（2-1-5）所示：

$$4H_2 + CO_2 \longrightarrow CH_4 + 2H_2O \tag{2-1-4}$$

$$2CH_3COOH \longrightarrow CH_4 + 2CO_2 \tag{2-1-5}$$

由以上可知，产氢产乙酸细菌在厌氧消化中具有极为重要的作用，它在水解与发酵细菌及产甲烷细菌之间的共生关系中，起到了联系作用，通过不断地提供大量的 H_2 作为产甲烷细菌的能源，以及还原 CO_2 生成 CH_4 的电子供体。

三阶段厌氧消化的模式如图 2-1-1 所示。

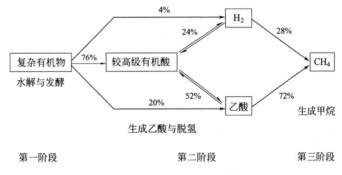

图 2-1-1 有机物厌氧消化模式

总之，厌氧消化过程中产生 CH_4、CO_2 与 NH_3 等的计量化学反应方程式为：

$$C_nH_aO_bN_d + \left[n - \frac{a}{4} - \frac{b}{2} + \frac{3}{4}d\right]H_2O \longrightarrow \left[\frac{n}{2} + \frac{a}{8} - \frac{b}{4} - \frac{3}{8}d\right]CH_4 + dNH_3$$

$$+ \left[\frac{n}{2} - \frac{a}{8} + \frac{b}{4} + \frac{3}{8}d\right]CO_2 + 能量 \tag{2-1-6}$$

当 $d = 0$ 时，为不含氮有机物的厌氧反应通式，即伯兹伟尔（Buswell）和莫拉（Mueller）通式：

$$C_nH_aO_b + \left[n - \frac{a}{4} - \frac{b}{2}\right]H_2O \longrightarrow \left[\frac{n}{2} + \frac{a}{8} - \frac{b}{4}\right]CH_4 + \left[\frac{n}{2} - \frac{a}{8} + \frac{b}{4}\right]CO_2 + 能量$$

$$\tag{2-1-7}$$

MeCarty 和 Jeris 曾在 1963 年用原子示踪法研究了污泥厌氧消化过程中 CH_4 的形成，其形成的百分率如图 2-1-2 所示。

2.1.2 污泥厌氧消化动力学

有机物的去除在厌氧条件下遵循一级反应动力学规律。由于甲烷发酵阶段是厌氧消化速率的控制因素，因此，厌氧消化反应动力学是以该阶段作为基础成立的。厌氧消化反应动力学方程式如下：

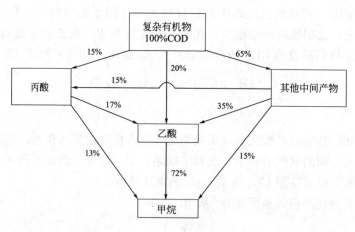

图 2-1-2 甲烷形成过程

$$-\frac{\mathrm{d}S}{\mathrm{d}t}=\frac{kSX}{K_s+S} \tag{2-1-8}$$

$$\frac{\mathrm{d}X}{\mathrm{d}t}=Y\left(-\frac{\mathrm{d}S}{\mathrm{d}t}\right)-bX \tag{2-1-9}$$

式中 $-\dfrac{\mathrm{d}S}{\mathrm{d}t}$——底物去除速率，质量/（体积·时间）；

$\dfrac{\mathrm{d}X}{\mathrm{d}t}$——细菌增殖速率，质量/（体积·时间）；

k——单位质量底物的最大利用速率，质量/细菌质量；

S——可降解的底物量，质量/体积；

K_s——半速度常数，即在生长速率等于最大生长速率 1/2 时的底物浓度，质量/底物体积；

X——细菌浓度，质量/体积；

Y——细菌产率，细菌质量/底物质量；

b——细菌衰亡速率系数，d^{-1}。

将式（2-1-8）代入式（2-1-9），并除以 X 得：

$$\frac{\dfrac{\mathrm{d}X}{\mathrm{d}t}}{X}=\mu=\frac{YkS}{K_s+S}-b \tag{2-1-10}$$

式中 μ——细菌净比增殖速率，d^{-1}。

利用式（2-1-10）进行物料衡算，可推导出细菌增殖速率与生物体平均停留时间（θ_c）之间的关系式：

$$\frac{1}{\theta_c}=\mu=\frac{YkS}{K_s+S}-b \tag{2-1-11}$$

解式（2-1-11）得：

$$S=\frac{K_s\ (1+b\theta_c)}{\theta_c\ (Yk-b)\ -1} \tag{2-1-12}$$

底物降解效率 E 按式（2-1-13）计算：

$$E = \frac{S_a - S_c}{S_a}$$

（2-1-13）

式中　S_a——原污泥可生物降解底物浓度，mg/L；

S_c——剩余的可生物降解底物浓度，mg/L；

θ_c——生物固体平均停留时间，或称污泥龄，d。

2.1.3　污泥厌氧消化微生物学

(1) 产甲烷菌

产甲烷菌是能够将环境中的甲酸、乙酸、氢和二氧化碳等小分子化合物转化成甲烷，对提高厌氧消化甲烷产量具有很高的经济价值。产甲烷菌在生物界中属于原核生物中的细菌。细胞结构简单，无核。与其他营养类细菌完全不同，它们的细胞壁中缺少肽聚糖，而含多糖，多肽的囊状物。细胞膜的类脂组成中缺乏甘油酯。所有的产甲烷菌都只能在很低的氧化还原电位环境中生长，其生活环境的氧化还原电位要求在 300mV 以下，对氧和氧化剂非常敏感。遇氧后会立即受到抑制，不能生长繁殖，最终导致死亡，对环境变化也十分敏感。甲烷菌最适宜温度 35～40℃，pH 值要求中性。甲烷菌繁殖倍增时间比较长，可达 4～6d。这使得厌氧设备启动期较长，并限制了厌氧处理的周期。

产甲烷菌的形态有杆状、球状、弯曲杆状和螺旋状等。虽然形态不同，各种产甲烷菌的生理功能非常相似。所有产甲烷菌都只能以少数几种简单的有机物和无机物作为基质，它们利用基质的范围都很窄。到目前为止，已知的甲烷菌用以生成甲烷的基质只有氢、二氧化碳、甲醇、甲酸、乙酸和甲胺等少数几种有机物和无机物。就每种甲烷菌而言，除氢和二氧化碳作为共同的基质外，一些菌种只能利用甲酸、乙酸不能利用甲胺。所有甲烷菌的代谢产物都是甲烷和二氧化碳。这是甲烷菌和其他任何细菌相区别的主要特征。

(2) 非产甲烷菌

非产甲烷菌常被称为产酸菌（*acidogen*），其能将有机底物通过发酵作用产生挥发性有机酸（VFA）和醇类物质，使污泥厌氧消化系统中混合液保持较低的 pH 值水平。非产甲烷菌包括水解发酵细菌群（*hydrolytic-fermentative bacteria*）、产氢产乙酸菌群（*H₂-producing acetogen*）和同型产乙酸菌群（*homo-acetogen*）三类。

水解发酵细菌主要参与复杂有机物的水解，并通过乳酸发酵、乙醇发酵、丙酸发酵、丁酸发酵和混合酸发酵等将水解产物转化为乙酸、丙酸、丁酸、戊酸等有机酸及乙醇。水解发酵细菌群具体包括：

① 纤维素分解菌

它参与纤维素的分解，纤维素的分解是有机生活垃圾厌氧消化的重要一步，对消化速度起制约作用。这类细菌利用纤维素并将其转化为 CO_2、H_2、乙醇和乙酸；

② 碳水化合物分解菌

这类细菌的作用是水解碳水化合物成葡萄糖后发酵产酸，以具有内生孢子的杆状菌占优势。丙酮、丁醇梭状芽孢杆菌能分解碳水化合物产生丙酮、乙醇、乙酸和氢等；

③ 蛋白质分解菌

这类细菌的作用是水解蛋白质形成氨基酸，进一步分解成硫醇、氨和硫化氢，以梭菌占优势；

④ 脂肪分解菌

这类细菌的作用是将脂肪分解成简单脂肪酸，乙弧菌占优势。

产氢产乙酸菌群有专性厌氧菌和兼性厌氧菌，它们将水解发酵菌群产生的挥发性有机酸和醇转化为乙酸、CO_2 和 H_2。

同型产乙酸菌群可将 CO_2 和 H_2 转化为乙酸，也能够将甲酸、甲醇转化为乙酸。正是由于同型产乙酸菌可利用 H_2，因而可以保持系统中较低的氢分压，有利于厌氧发酵过程的正常进行。

(3) 产甲烷细菌和非产甲烷细菌的关系

① 不产甲烷菌为产甲烷菌提供生长繁殖的底物

不产甲烷菌可把各种复杂的有机物，如高分子的碳水化合物、脂肪、蛋白质等进行发酵，生成 H_2、CO_2、NH_3、VFA（挥发性脂肪酸）、丙酸、丁酸、乙醇等可被产氢产乙酸菌转化为 H_2、CO_2 和乙酸。产甲烷菌将 C_1、C_2 等简单的化合物转化为 CH_4、CO_2。不产甲烷菌通过生命活动为产甲烷菌提供了生长和代谢所需要的碳源和氮源。

② 不产甲烷菌为产甲烷菌创造了适宜的氧化还原电位

在厌氧消化反应器运转过程中，由于加料过程难免使空气进入装置，同时液体原料里也有微量溶解氧，而氧对产甲烷菌是有害的。氧的去除可以通过非产甲烷菌中兼性厌氧和兼性好氧微生物的活动将氧消耗掉，从而降低反应器中的氧化还原电位。在厌氧消化装置中的各种厌氧微生物，如纤维素分解菌、硫酸盐还原菌、硝酸盐还原菌等，对氧化还原电位适应性各不相同。通过这些微生物有序的生长和代谢活动，使消化液的氧化还原电位逐渐下降，最终为产甲烷菌的生长创造适宜的氧化还原电位条件。

③ 不产甲烷菌为产甲烷菌清除了有毒物质

在发酵原料中可能含有少量酚、苯、氢和重金属离子，这些物质对产甲烷菌有毒害作用。但是，不产甲烷菌中有许多微生物能降解苯环、氰化物，生成的硫化氢又可以和重金属离子结合生成金属硫化物沉淀，从而解除了毒害作用。

④ 产甲烷菌为不产甲烷菌的生化反应解除了抑制物质

产甲烷菌利用非产甲烷菌的代谢产物生成甲烷，而这些代谢产物的积累可以抑制产甲烷菌的生命活动，从而使不产甲烷菌的代谢能够正常进行。

⑤ 不产甲烷菌和产甲烷菌共同维持环境中的 pH 值

不产甲烷菌水解发酵作用产生大量有机酸，使发酵液的 pH 值明显降低。而产甲烷菌利用有机酸形成甲烷，从而在一定程度上避免了酸积累，使 pH 值稳定在一个适宜的范围。如果有机负荷过高、C/N 失调，造成 pH 值过高或者过低，超过了产甲烷菌的适宜范围，则消化反应会受到抑制。

⑥ 非产甲烷菌和产甲烷菌对底物的竞争

非产甲烷菌和产甲烷菌之间对底物的竞争主要表现在同型产乙酸菌和产甲烷菌之间对 H_2 的竞争利用。同型产乙酸菌利用 H_2 与 CO_2 生成乙酸，而产甲烷菌则利用 H_2 和 CO_2 生成甲烷。

（4）产甲烷菌之间的关系

在序批厌氧反应器中，不产甲烷菌是有规律地出现，依次是发酵细菌、产氢产乙酸菌、同型产乙酸菌。因此，不产甲烷菌之间主要是互生关系。先出现的微生物为后出现的微生物提供底物，而后出现的为先出现的微生物解除抑制。

（5）不产甲烷菌之间的关系

产甲烷菌之间的相互关系主要表现在对底物的竞争方面。当乙酸浓度较低时，通常有利于生长缓慢的产甲烷丝状菌，因为此时丝状菌获得底物的能力比八叠球菌强。而当乙酸浓度很高时，甲烷八叠球菌生长迅速。

2.2 污泥厌氧消化影响因素

污泥厌氧消化影响因素很多，其中温度、污泥浓度、污泥种类、酸碱度、营养物和微量元素、有毒物质、污泥接种、搅拌与混合、预处理和生物污泥停留时间（污泥龄）等是最主要的影响因素。

2.2.1 温度

在污泥厌氧消化过程中，温度对有机物负荷和产气量有明显影响。根据微生物对温度的适应性，可将污泥厌氧消化分为中温（一般 $30\sim38℃$）厌氧消化和高温（一般 $50\sim57℃$）厌氧消化。中温厌氧消化的温度与人的体温接近，故对寄生虫卵及大肠菌的杀灭率较低；高温厌氧消化对寄生虫卵的杀灭率可达 99%，但都能满足卫生无害化要求。

选择消化温度是重要的，但维持消化池内稳定的操作温度更为重要。研究表明，在污泥厌氧消化过程中，温度发生 $\pm3℃$ 变化时，就会抑制污泥消化速度；温度发生 $\pm5℃$ 变化时，就会突然停止产气，使有机酸发生大量积累而破坏厌氧消化。甚至有研究表明，相关细菌（特别是产甲烷菌）对温度变化非常敏感，温度变化大于 $1℃/d$ 就会对消化过程产生严重影响。因此，温度变化必须控制在 $1℃/d$ 以下。

中温消化时，消化温度维持在 $30\sim38℃$ 的范围之间，实际控制温度多为 $35℃\pm2℃$，中温厌氧消化条件下，挥发性有机物负荷为 $0.6\sim1.5kg/（m^3 \cdot d）$，产气量约 $1\sim1.3m^3/（m^3 \cdot d）$，消化时间为 $20\sim30d$（见图 2-2-1 和图 2-2-2）。中温厌氧消化能量消耗相对较少，运行稳定性好。目前，在我国污泥厌氧消化应用最多的为中温厌氧消化。

高温消化时，消化温度维持在 $50\sim57℃$ 的范围之间，实际控制温度多为 $53℃\pm2℃$。高温厌氧消化条件下，挥发性有机物负荷为 $2.0\sim2.8kg/（m^3 \cdot d）$，产气量约 $3.0\sim4.0m^3/（m^3 \cdot d）$，消化时间为 $10\sim15d$（见图 2-2-1 和图 2-2-2）。高温厌氧消化的特点是微生物生长活跃，有机物分解速度快，产气率高，滞留时间短，但为维持消化池的高温运行，能量消耗较大，加之对设备结构要求高，故实际应用相对较少。

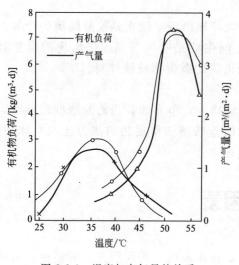
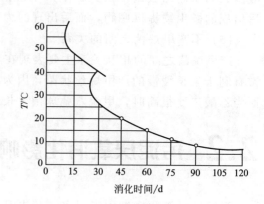

图 2-2-1　温度与产气量的关系　　　　　图 2-2-2　温度与消化时间的关系

2·2·2　污泥浓度

在实施沼气发电的欧洲污水处理厂，投入消化池的污泥浓度一般为 4%～6%。在日本，多数污泥浓度在 3% 左右，特别是污泥中有机物的含量增加以后，污泥浓度下降到 2.5%，与欧洲相比要低，这是气体发生率小的原因之一。提高污泥浓度使消化池有机负荷保持在适当的范围，有助于气体发生量的增加。

2·2·3　污泥种类

污水处理厂所产生的污泥，有初沉污泥和剩余污泥。初沉污泥是污水进入曝气池前通过沉淀池时，非凝聚性粒子及相对密度较大的物体沉降、浓缩而形成的。同生物处理的剩余污泥有很大的区别。初沉污泥浓度通常高达 4%～7%，浓缩性好，C/N 比在 10 左右，是一种营养成分丰富，容易被厌氧菌消化的基质，气体发生量也较大。剩余污泥是以好氧细菌菌体为主，作为厌氧菌营养物的 C/N 比在 5 左右，所以有机物分解率低，分解速度慢，气体发生量较少。

2·2·4　酸碱度

污泥中所含的碳水化合物、脂肪和蛋白质在厌氧消化过程中，经过水解酸化和产甲烷过程，产生甲烷和二氧化碳，并转化为新细胞成为消化污泥。污泥厌氧消化系统中的微生物对 pH 值的变化非常敏感，水解酸化和产甲烷最合适的 pH 值各自不同。厌氧细菌，特别是产甲烷菌，对 pH 值非常敏感。水解酸化最合适的 pH 值为 5.8，而产甲烷最合适的 pH 值为 7.8。水解酸化菌在低 pH 值范围，增殖比较活跃，自身分泌物的影响比较小。而产甲烷菌只在弱碱性环境中生长，最合适的 pH 值范围为 7.3～8.0。水解酸化菌和产甲烷菌共存时，pH 值在 7.0～7.6 最合适。

如果水解酸化过程的反应速度超过产甲烷过程速度，pH 值就会降低，从而影响产甲烷菌的生活环境，进而影响污泥厌氧消化效果，然而，由于消化液的缓冲作用，在一定范围内避免这种情况的发生。消化液是污泥厌氧消化过程有机物分解而产生的，其中除了含有 CO_2 和 NH_3 外，还有以 NH_4NCO_3 形态的 NH_4^+，HCO_3^- 和 H_2CO_3 形成缓冲体系，平衡小范围的酸碱波动。如下式所示：

$$H^+ + HCO_3^- \rightleftharpoons H_2CO_3 \tag{2-2-1}$$

2.2.5 营养物和微量元素

厌氧消化过程中，细菌生长所需营养由污泥提供。合成细胞所需的碳源担负着双重任务，一是作为反应过程的能源；二是合成新细胞。用含有葡萄糖和蛋白质胨的混合水样所做的消化试验表明，当被分解物质的碳氮比（C/N 值）大约为 12～16 时厌氧菌最为活跃，单位质量的有机物产气量也最多。麦卡蒂（McCarty）等提出的污泥细胞质分子式是 $C_5H_7NO_3$，合成细胞的 C/N 约为 5:1，因此要求 C/N 达到（10～20）:1 为宜。如 C/N 太高，合成细胞的氮源不足，消化液的缓冲能力低，pH 值容易降低；C/N 太低，氮量过多，pH 值可能上升，铵盐容易积累，会抑制消化过程。从 C/N 看，初沉污泥比较合适，混合污泥次之，剩余污泥单独厌氧消化效果较差。根据勃别尔（Popel）的研究，各种污泥的 C/N 见表 2-2-1。

表 2-2-1　各种污泥生物可降解底物含量和 C/N

底物名称	污泥种类		
	初沉污泥	活性污泥	混合污泥
碳水化合物/%	32.0	16.5	26.3
脂肪、脂肪酸/%	35.0	17.5	28.5
蛋白质/%	39.0	66.0	45.2
C/N	(9.40～10.35):1	(4.60～5.04):1	(6.80～7.50):1

除营养物以外，污泥厌氧消化还要求供给以溶解状态存在的微量元素，如镍、钴、钼、铁、硒、钨等。

2.2.6 有毒物质

在污泥厌氧消化中，所谓"有毒"是相对的，事实上任何一种物质对厌氧消化都有两方面的作用，即有促进产甲烷菌生长的作用和抑制产甲烷菌生长的作用，关键在于它们的毒阈浓度。低于毒阈浓度，对产甲烷菌生长有促进作用；在毒阈浓度范围内，有中等抑制作用，随浓度逐渐增加，产甲烷菌可被驯化；超过毒阈上限，则对微生物生长具有强烈的抑制作用。表 2-2-2 列出了常见无机物对厌氧消化的抑制浓度，表 2-2-3 列出了使厌氧消化活性下降 50% 的一些有毒有机物浓度。

当污泥中某些重金属含量（如铜、铬、镍等）及有机化合物（如氯仿、酚等）含量超过一定量时会对污泥厌氧稳定过程产生破坏性的影响。重金属毒性最大的是铅，其次分别为镉、镍、铜和锌，碱金属的毒性按钠、钾、铬、锰的次序增加。

生活污水污泥特殊的有毒物质含量一般不会超过危险限度，但是，由于汽车数量的急剧增加和采暖设备用油等因素，致使一般生活污水中的含油量或含油物质增加，消化池中含油分的物质会产生浮渣、泡沫，使运行操作出现问题。通常，流入处理厂污水中的合成洗涤剂约有10%与污泥一起进入消化池，不仅会产生泡沫，而且还会妨碍污泥的消化反应。

表 2-2-2 污泥厌氧消化时无机物质的抑制浓度 单位：mg/L

基质	中等抑制浓度	强烈抑制浓度	基质	中等抑制浓度	强烈抑制浓度
Na^+	3500~5500	8000	Cu	—	0.5(可溶),50~70(总量)
K^+	2500~4500	12000	Cr^{6+}	—	3.0(可溶),200~250(总量)
Ca^{2+}	2500~4500	8000	Cr^{3+}	—	180~420(总量)
Mg^{2+}	1000~1500	3000	Ni	—	2.0(可溶),30.0(总量)
氨氮	1500~3000	3000	Zn	—	1.0(可溶)
硫化物	200	200			

表 2-2-3 污泥厌氧消化时有机物质的抑制浓度

化合物	50%活性浓度/(mmol/L)	化合物	50%活性浓度/(mmol/L)
1-氯丙烯	0.1	2-氯丙酸	8
硝基苯	0.1	乙烯基醋酸纤维	8
丙烯醛	0.2	乙醛	10
1-氯丙烷	1.9	乙烷基醋酸纤维	11
甲醛	2.4	丙烯酸	12
月桂酸	2.6	儿茶酚	24
乙基苯	3.2	酚	26
丙烯腈	4	苯胺	26
3-氯-1,2丙二醇	6	间苯二酚	29
亚巴豆醛	6.5	丙酮	90

2.2.7 污泥接种

消化池启动时，将另一消化池中含有大量微生物的成熟污泥加入其中，与生污泥充分混合，称为污泥接种。接种污泥应尽可能含有消化过程所需的兼性厌氧菌和专性厌氧菌，而且以有害代谢产物少的消化污泥为最好。活性低的消化污泥，比活性高的新污泥更能促进消化作用。好的接种污泥大多存在于消化池的底部。

消化池中消化污泥的数量越多，有机物的分解过程就越活跃。单位质量有机物的产气量就越多。消化污泥与生污泥质量之比为0.5：1（以有机物计）时，消化时间要26d，随着混合比增加，气体发生量与甲烷气含量增多，混合比达到1∶1以上，10d左右即可得到较高的消化率。

污泥间歇消化过程中，产气量曲线与微生物的理想生长繁殖曲线相似，呈S形曲线。在消化作用刚开始的几天，产气量随消化时间的增加而缓慢增加，这说明污泥的消化存在延滞期。如果把活性高的消化污泥与生污泥先充分混合再投入到消化池中进行接种，在投入的过程中就发生消化作用，从而使延滞期消失，消化时间缩短。由此可见，污泥接种可以促进消化，接种污泥的数量一般以生污泥量的1~3倍最为经济。

2·2·8 搅拌与混合

厌氧消化的搅拌与混合不仅能使投入的生污泥与熟污泥均匀接触，加速热传导，把生化反应产生的甲烷和硫化氢等阻碍厌氧菌活性的气体"赶"出来，也起到粉碎污泥块和消化池液面浮渣层的作用。充分均匀的搅拌与混合是污泥消化池稳定运行的关键因素之一。通过搅拌与混合，产气量可增加30%。

搅拌按照工作原理的不同一般可以分为机械搅拌法、消化气体循环搅拌法、泵加水射器联合搅拌法和混合搅拌法等。机械搅拌法的搅拌效果要好于其他的搅拌方法，一般说来，每4个小时进行一次搅拌是比较合适的。在干固体含量比较低的情况下，搅拌对于厌氧系统的影响还不是很明显，但是当干固体含量达到1.5%时，就必须启动污泥搅拌系统，以保证污泥与微生物之间较高的传质效率。同时搅拌均匀的污泥厌氧消化系统出现VFA积累现象的概率较低。

Speece研究了搅拌强度对污泥厌氧消化系统的影响，试验结果表明不同的搅拌强度（搅拌转速分别为300r/min、500r/min、700r/min、900r/min、1100r/min）对厌氧消化系统的传质效果不同。随着搅拌强度的增加，COD的去除效果得以明显提高；当搅拌强度为700r/min时，系统的有机物降解率达到最大值。通常较高的搅拌强度意味着较高的能耗，选择搅拌强度要综合考虑搅拌效果和能耗来确定。

2·2·9 预处理

污泥水解是厌氧消化反应的限速阶段，微生物对污泥的水解情况直接影响消化反应的效果。有效的污泥预处理可提高水解反应效果，在加快消化反应进程的同时，最大限度地提高甲烷产量和污泥的降解程度。

污泥预处理方法有很多，主要分为物理法（超声波预处理、高压喷射法、高温预处理法等）、化学法（臭氧预处理、加碱预处理等）和生物酶预处理法。其中化学方法和生物酶预处理法由于成本高和可能引入对厌氧消化反应起抑制作用的物质等原因，其实际应用远少于物理方法，而超声波、高压喷射法和高温预处理等物理方法由于成本相对低廉，均已经在实际应用或生产性实验中取得一定的效果。

近年来，物理法、化学法以及生物法组合预处理工艺研究取得较大进展。有研究表明，碱解超声波组合预处理效果优于单独碱预处理和单独超声波预处理，就VS去除率而言，单独碱解时（NaOH/TS＝0.04），VS最大去除率为22.12%，单独超声预处理时为

15.98%，但是当碱（NaOH/TS＝0.04）和超声（60min）同时作用以及先碱解（NaOH/TS＝0.04，24h），再超声（60min）两种组合作用条件下，VS去除率分别达到54.45%和51.45%。采用碱和超声组合预处理方式，可以缩短超声时间，降低碱的投加量。

2.2.10 污泥龄

厌氧消化效果的好坏与污泥龄有直接关系，泥龄的表达式如式（2-2-2）所示：

$$\theta_c = \frac{M_t}{\Phi_e} \qquad (2\text{-}2\text{-}2)$$

$$\Phi_e = \frac{M_e}{\Delta t}$$

式中　θ_c——污泥龄，SRT，d；

　　　M_t——消化池内的总生物量，kg；

　　　Φ_e——消化池每日排出的生物量，kg；

　　　M_e——排出消化池的总生物量（包括上清液带出的），kg；

　　　Δt——排泥时间，d。

有机物降解程度是污泥龄的函数，而不是进水有机物的函数。消化池的容积设计应按有机负荷、污泥龄或消化时间设计。所以只要提高进泥的有机物浓度，就可以更充分地利用消化池的容积。由于产甲烷菌的增殖较慢，对环境条件的变化十分敏感，因此，要获得稳定的处理效果需要保持较长的污泥龄。

消化池的有效容积计算如式（2-2-3）所示。

$$V = \frac{S_v}{S} \qquad (2\text{-}2\text{-}3)$$

式中　V——消化池的有效容积，m^3；

　　　S_v——新鲜污泥中挥发性有机物质量，kg/d；

　　　S——挥发性有机物负荷，kg/（$m^3 \cdot$ d），中温消化0.6~1.5kg/（$m^3 \cdot$ d），高温消化2~2.8kg/（$m^3 \cdot$ d）。

消化池的投配率是每日投加新鲜污泥体积占消化池有效容积的百分比。投配率是消化池设计的重要参数，投配率过高，消化池内脂肪酸可能积累，pH值下降，污泥消化不完全，产气率降低；投配率过低，污泥消化较完全，产气率较高，消化池容积大，基建费用增高。根据我国污水处理厂的运行经验，城市污水处理厂中温消化的投配率以5%~8%为宜，相应的消化时间为15~20d。

2.3 污泥厌氧消化工艺

污泥厌氧消化工艺分类方法有很多，目前一般分为传统厌氧消化工艺、两级厌氧消化工艺和两相厌氧消化工艺3类。

2.3.1 传统厌氧消化工艺

传统的厌氧消化工艺（称作单相厌氧消化或一级厌氧消化）是在一个消化装置内完成全过程的消化，是追求厌氧消化的全过程，而产酸和产甲烷阶段的二大类作用细菌，即非产甲烷菌和产甲烷菌对环境条件有着不同的要求。一般情况下，产甲烷阶段是整个厌氧消化的控制阶段。为了使厌氧消化过程完整地进行就必须首先满足产甲烷菌的生长条件，如维持一定的温度、增加反应时间，特别是对难降解或有毒废液需要长时间的驯化才能适应。传统的厌氧消化工艺把非产甲烷菌和产甲烷菌这两大类菌群置于一个反应器内，不利于充分发挥各自的优势。

2.3.2 两级厌氧消化工艺

两级厌氧消化是根据中温消化的消化时间和产气率的关系（见图 2-3-1），在消化的前 8d 里，产生的沼气量约占全部产气量的 80%，据此将消化池一分为二，污泥先在一级消化池中进行消化，设有加温、搅拌装置，并有集气罩收集沼气。经过约 7～12d 消化反应后，将污泥送入二级消化池。二级消化池中不设加温和搅拌装置，依靠来自一级消化池污泥的余热继续消化污泥，消化温度约为 20～26℃，产气量约占 20%，可收集或不收集，由于不搅拌，二级消化池兼具有浓缩的功能，有可能条件下可设排除上清液设施。

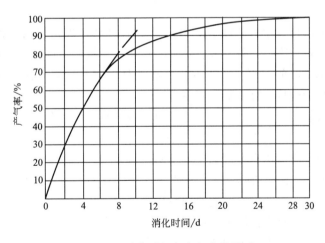

图 2-3-1 消化时间与产气率的关系

2.3.3 两相厌氧消化工艺

厌氧消化是一个复杂的生物学过程，复杂有机物的厌氧消化一般经历发酵细菌、产氢产乙酸细菌、产甲烷细菌等三类细菌群的接替转化。从生物学的角度来看，由于产氢产乙酸细菌和产甲烷细菌是共生互营菌，因而把发酵细菌划为一相，即产酸相；而把产氢产乙酸细菌和产甲烷细菌划为另一相，即产甲烷相。

两相厌氧消化（Two Phase Anaerobic Digestion）是 20 世纪 70 年代初发展的一种新型厌氧生物处理工艺，就是把产酸和产甲烷两个阶段分离在两个串联反应器中，使非产甲烷菌和产甲烷菌各自在最佳环境条件下生长，故而又称作两步厌氧消化或两段厌氧消化。这样不仅有利于充分发挥其各自的活性，而且提高了处理效果，达到了提高容积负荷率、减小反应器容积、增加运行稳定性的目的。

通过对厌氧消化过程中非产甲烷菌和产甲烷菌的形态特性的研究发现，非产甲烷菌种类繁多，生长快，对环境条件变化不太敏感。而产甲烷菌则恰好相反，专一性很强，对环境条件要求苛刻，繁殖缓慢。这也正是厌氧消化过程可分为产酸相和产甲烷相两相工艺的理论依据。

2.4 污泥厌氧消化工艺发展

厌氧消化处理污泥是目前最常用的污泥稳定化方法之一。然而，污泥厌氧消化处理工程在经过较长时间的运行过程中，发现了部分城市污水处理厂污泥有机物含量较低、重金属含量较高、污泥厌氧消化工艺停留时间较长、污水污泥碳氮比较低等问题，影响了污泥厌氧消化效果。针对这些问题，开发了诸多新工艺。

2.4.1 高含固厌氧消化工艺

常规污泥厌氧消化技术的进料含固率仅为 3%～5%，进料含固率偏低导致设备体积庞大、固定资产投资较高；此外，我国污泥有机质含量较低，低固体负荷条件下厌氧消化普遍存在沼气产率偏低的问题，所产生沼气在满足自身的加热和搅拌能量需求后所剩无几，导致厌氧消化的能量回收优势并不明显。

污泥高含固厌氧消化可在一定程度上解决常规厌氧消化所存在的上述缺陷。高含固厌氧消化的进料含固率一般大于 10%，由于进泥含固率大幅度升高，厌氧消化池处理能力也相应提升，所需反应器体积大大减少，节省了固定资产投资，同时还减少了污泥加热、保温所需能耗；此外，通过提高污泥含固率，厌氧消化池有机负荷相应提高，可以获得更高的单位容积沼气产率以及更好的能源回收效果。

迄今为止，国外针对高含固厌氧消化工艺已开发出了多种实用化技术，处理对象包括污泥、生活垃圾和畜牧业粪便等固体废弃物。例如，芬兰的 HLAD 工艺目前在国内外均得到了推广应用，该工艺包括以下流程：脱水污泥经磅秤称重后卸入污泥料仓，由柱塞泵送入污泥预反应池；污泥在预反应池中被热水稀释至设计含水率 85%，并加热至 37～38℃；经预反应池加热和均质处理后的污泥，再由泵输送至高负荷中温厌氧消化池。由于进泥含水率与传统厌氧消化相比较低，HLAD 工艺厌氧消化池内单位微生物量能够接触消化的有机物量大大提高，因而其产气效率亦相应提高。据国外案例介绍，该工艺产气效率比传统厌氧消化高出 30%。芬兰 CITEC 公司的高含固厌氧消化技术（Waasa 工艺），可以处理总固体浓度达 10%～15% 的生物质浆液，该技术目前应用于芬兰 Vaasa 市的垃圾处理厂，同时使用中温 35℃ 和高温 55℃ 消化工艺。德国 Radeberg 处理厂将污水污泥与城市生活垃圾混合进行高含固厌氧消化，沼气通过热电联产系统（CHP）被转化为电能，取得了较好的经济效益。

然而，污泥高含固厌氧消化技术本身也存在着诸多难点，其中包括：

①反应基质浓度高，造成反应中间产物与能量在介质中传递、扩散困难，易形成反馈抑制。

②水分含量低影响细胞移动或酶扩散，增大启动难度。

③搅拌阻力大，能耗高。为了提高污泥高含固厌氧消化效率，降低污泥黏度与搅拌阻力，可采取高温热水解、超声处理、酸碱处理等方式对污泥进行预处理，其中污泥"高温热水解＋高含固厌氧消化"工艺目前在工程实践中得到了日益广泛的关注与应用。

2.4.2 污泥与有机固废共消化工艺

为解决城市污水处理厂污泥有机物含量低这个关键问题，同时也解决餐厨垃圾、动物粪便和工业有机废弃物等城市有机垃圾的出路问题，许多国家开发了污泥与城市有机废弃物共消化工艺，也称为联合厌氧发酵工艺。该工艺基本流程是：先对城市有机固体废弃物进行分选和破碎处理，再与城市污水处理厂污泥混合并稀释至所需含水率，然后将均质物料输送至消化池中进行厌氧发酵，并回收沼气能源。国外诸多研究成果和案例表明，污泥与生活垃圾、餐厨垃圾等城市有机废弃物共消化不仅具有技术可行性，而且共消化效果明显优于各种物料单独消化的累计效果。

在污泥与有机固体废弃物共消化工艺中，污泥与餐厨垃圾共消化工艺得到极大的关注。污泥是污水处理副产物，主要由微生物形成的菌胶团及其所吸附的有机物和无机物构成，单独进行厌氧消化时，由于消化基质主要包含在污泥微生物细胞内、可利用性差，导致厌氧消化速率低、沼气产量少。餐厨垃圾中有机质含量高，具有很好的厌氧消化产甲烷潜质。然而餐厨垃圾单独厌氧消化过程中容易发生酸积累和氨氮抑制现象，从而造成消化进程缓慢，甚至导致厌氧消化系统启动和运行失败；此外，餐厨垃圾具有高盐分的特点，而产甲烷微生物对钠离子（Na^+）非常敏感，当 Na^+ 浓度大于 5000mg/L 时会对产甲烷过程产生不利影响。污泥与餐厨垃圾共消化具有如下优点：

（1）污泥与餐厨垃圾共消化可以稀释挥发酸、氨氮、Na^+ 等抑制因子浓度，减轻厌氧消化过程中有毒物质对厌氧微生物的毒害作用，提高系统运行稳定性；

（2）污泥与餐厨垃圾共消化可以调节消化基质碳氮比（C/N），促进物料的营养平衡，为厌氧微生物群落创造更理想的生存和代谢环境；

（3）污泥与餐厨垃圾共消化可以实现厌氧消化系统及辅助设备共享，降低工程基建投资和运行成本，提高项目的经济效益。

通过编者利用污泥与餐厨垃圾进行中温（35℃）两相厌氧共消化试验研究，取得了稳定、高效的运行效果（表 2-4-1）。研究发现，在污泥与餐厨垃圾按总固体（TS）比例 3∶1 混合条件下，当两相系统 HRT＝21d 时，单位体积进料（含水率 95％～96％）沼气产率达到 18.16L沼气/L污泥，其中甲烷含量和甲烷产率分别达到 64.1％ 和 0.63L/g VS去除；同时，两相系统对有机物去除效果较好，TCOD 和 VS 去除率分别达到了 59.3％ 和 57.3％。在污泥与餐厨垃圾按 TS 比例 1∶1 混合条件下，当两相系统 HRT＝25d 时，单位体积进料（含水率95%～96%）沼气产率达到20.37L沼气/L污泥，其中甲烷含量和甲烷产率分别达到71.32%和0.69L/g VS去除；同时，TCOD 和 VS 去除率分别达到了60.8%和64.7%。

表 2-4-1 污泥与餐厨垃圾共消化沼气产量及有机物去除效果

污泥与餐厨垃圾 TS 比例	HRT/d	沼气产率/(L沼气/L污泥)	甲烷含量/%	甲烷产率/(L/g VS去除)	TCOD 去除率/%	SCOD 去除率/%	VS 去除率/%
3:1	21	18.16	64.10	0.63	59.3	84.6	57.3
1:1	25	20.37	71.32	0.69	60.8	92.3	64.7

据我国《给水排水设计手册》（第5册，第二版）统计，当投入的污泥含水率为96%时，厌氧消化池单位体积进泥产沼气量为8～12倍污泥量，这一数值显著低于本研究所得沼气产率18.16L沼气/L污泥和20.37L沼气/L污泥。《城镇污水处理厂污泥处理处置技术指南》（试行）中指出，中温厌氧消化温度在33～35℃、有机负荷2.0～4.0gVS/（L·d）时，有机物降解率可达35%～45%，而本研究中利用污水污泥和餐厨垃圾共消化，VS 去除率高达57.3%和64.7%。这表明与污泥单独厌氧消化相比，污泥和餐厨垃圾共消化可以显著提高沼气产量和有机物去除效果，获得更好的经济效益和环境效益。

此外，通过编者研究还发现在污泥与餐厨垃圾 TS 比3:1和1:1两种条件下，两相系统产甲烷相 pH 值均维持在7.3～7.4左右；当两相系统 HRT=21d 和25d时，产甲烷相出泥碱度分别为4002mg/L 和4103mg/L，挥发酸/碱度比值分别为0.18和0.14（当挥发酸/碱度比值<0.3时系统酸化风险较小），系统取得了稳定的运行效果。

因此，污泥与餐厨垃圾共同消化有利于提高厌氧消化过程的稳定性，获得更高的沼气产量，增强能源回收效果，并降低处理成本。在城市有机固废管理中，开发污泥和餐厨垃圾联合互补厌氧消化技术，将为污泥和餐厨垃圾的资源化利用提供一种新途径，对生态城市建设与低碳城市发展具有重要经济效益和环境效益。

第3章

污泥厌氧消化预处理

　　厌氧消化是污泥处理常用的减容稳定工艺，具有能耗低、污泥稳定性好、产生沼气等优点，但由于污泥固体的生物可降解性低，完全的厌氧消化需相当长的时间，即使20～30d的停留时间也仅能去除30%～50%的挥发性固体（VS）。污泥固体细胞分解（细胞壁和细胞膜破坏）以及胞内生物大分子水解为小分子，是厌氧消化的限速步骤，因为污泥是厌氧菌的基质来源，而污泥本身主要是由微生物构成，厌氧菌进行消化所需的基质就包含在微生物的细胞内，因此提高厌氧消化效率的一个主要途径是促进污泥细胞的分解，增强其生物可降解性。所以对污泥进行强化预处理，提高厌氧消化过程中污泥的分解速率及SCOD的含量，能够有效地改善污泥的消化性能。本章重点介绍了污泥的高温热水解和超声波预处理技术，还介绍了碱解、微波、高压喷射等其他预处理技术。

3.1 高温热水解预处理技术

3.1.1 原理

污泥热水解预处理是以高含固的脱水污泥（含固率15%～20%）为对象，工艺采用高温（155～170℃）、高压（6bar❶）对污泥进行热水解与闪蒸处理，使污泥中的胞外聚合物和大分子有机物发生水解，并破解污泥中微生物的细胞壁，强化物料的可生化性能，改善物料的流动性，提高污泥厌氧消化池的容积利用率、厌氧消化的有机物降解率和产气率，同时能通过高温高压预处理，改善污泥的卫生性能及沼渣的脱水性能，进一步降低沼渣的含水率，有利于厌氧消化后沼渣的资源化利用。

高温热水解预处理工艺处理流程主要包括混匀预热、水解反应和泄压闪蒸三个步骤。具体操作分为7步：

① 通过传输泵将待处理污泥输送到反应器中；

② 从其他反应器中输出的闪蒸蒸汽对污泥进行预加热，污泥温度可以从15℃提高到80℃；

③热水解反应在温度150～170℃、压强5～6bar之间进行；

④ 达到此条件的高温蒸汽来自于蒸汽锅炉；

⑤当温度和压力达到上述反应条件时，反应时间保持20～30min；

⑥ 当反应结束后，蒸汽被释放到另一个反应器中，用以预加热污泥；

⑦ 最后，热水解污泥被释放到缓冲池中存储。

此循环过程无需用泵，均靠反应器中的剩余压力完成。

3.1.2 工艺

经过20多年的研究，污泥高温热水解预处理技术已逐渐趋向成熟，高温热水解预处理的污泥厌氧消化工艺已在欧洲国家得到规模化的工程应用，目前已有20多个大小规模的工程实例，每年处理420000t干污泥，且运行良好。

基于高温热水解预处理的高含固城镇污水处理厂污泥厌氧消化流程如图3-1-1所示。

目前较为成熟的高温热水解预处理污泥厌氧消化工艺主要有Cambi工艺和Biothelys工艺，在全球已有超过50个生产性设备投入运行，获得了良好的经济效益和社会效益。

---

❶ 1bar＝1×10⁵Pa。

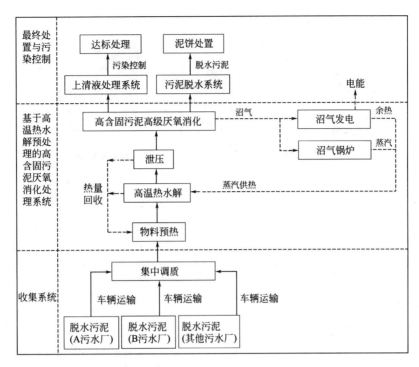

图 3-1-1　基于高温高压热水解预处理的高含固城镇污泥厌氧消化流程图

(1) Cambi 工艺

Cambi 工艺由 4 个基本步骤组成：均匀混合、预热、水解和闪蒸。污泥用离心脱水机或压滤机进行预处理，在均匀混合池中污泥用泵循环流动。用搅拌机使污泥混合均匀。水解的主要部分发生在水解池中，该池在 10bar 下工作，工作温度为 180℃，用蒸汽加热。对于城市污水处理后产生的污泥，水解反应器的反应时间一般为 30min。经过水解，将污泥中复杂的有机物如蛋白质、脂肪和纤维素等转化为易于生物降解的简单有机化合物。最后一个步骤是闪蒸，利用水解池压力（10bar）和闪蒸池工作压力（1～3bar）之间的压力差，将污泥由水解池压送到闪蒸池中进行闪蒸，将污泥在闪蒸池中产生的蒸汽和高温上清液回流到预热池中与新污泥进行混合和稀释，并将新污泥加热到 80～90℃。预热池的工作压力是 2～3bar，以达到较高的热回收率。闪蒸池中的污泥用泵抽送到厌氧消化罐中。经过厌氧消化处理，污泥中能量的 60%～80% 转化为沼气。

Cambi 工艺流程如图 3-1-2 所示。

挪威奥斯陆以北的 Hamar 建立了一座 Cambi 工艺污泥处理厂，该厂由 Cambi 工艺（水解和厌氧消化）、化学回收和烘干等过程组成。送入该厂的污泥量为 1000t/月（80% 含水率），经脱水后污泥量降至 290t/月，经烘干和萃取后减少至 66t/月，即污泥量减少 93%。在烘干和萃取之后 TS 减少了 70%。该系统采用全封闭工作，污泥加热时无臭味释出。该厂还向 Hamar 供应由沼气产生的热能和回收的化学产品，如利用萃取提取的重金属等，从而降低了运行费用和污泥中重金属的含量，最后的污泥残渣用于垃圾填埋场的回收和植被，水解过程产生的沼气仅占沼气产量的 10%，预计产气量为 2950m³/d。

(2) Biothelys 工艺

法国威立雅水务推出的 Biothelys™ 工艺组合了污泥的热水解及中温厌氧消化过程，

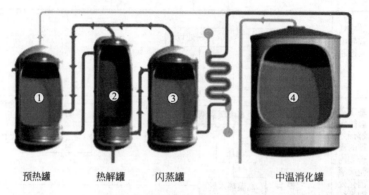

预热罐　　　热解罐　　　闪蒸罐　　　　　中温消化罐

图 3-1-2　Cambi 工艺流程图

将污泥浓缩后在高温（150～180℃）和高压（≤1.1MPa）下反应 20～60min，通过将细胞热解改善污泥的可生化性，热解后泥浆进入中温厌氧消化罐发酵。将污泥热解工艺与中温厌氧消化工艺组合保证了系统能量自给的同时，杀灭了污泥中的病菌、寄生虫等致病微生物，保证污泥填埋无害化。Biothelys™工艺流程如图 3-1-3 所示。

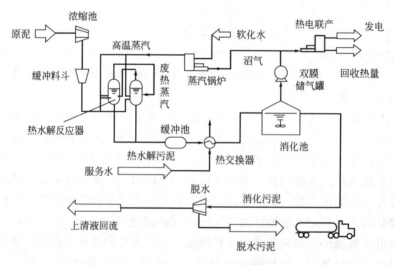

图 3-1-3　Biothelys™工艺流程图

2006 年至今共有 5 座应用 Biothelys™的污泥处理设施在建或已投入使用，将传统中温厌氧消化罐的容积负荷提高了 2 倍，停留时间由 21d 缩短至 15d。与脱水处理相比，Biothelys™工艺污泥减量为 59%，挥发性组分的去除率从传统中温消化的 30%～35% 提高到 50%～55%，沼气产量提高 50% 以上，其中 70% 用于高温蒸汽的生产，剩余的 30% 进行电热联产。

3.2　超声波预处理技术

传统的污泥厌氧消化耗时长，效率低，而一定的超声波辐照可以使污泥细胞中的有机质释放出来，有机质在厌氧菌胞外酶的作用下很容易水解成较小的分子，与未经超声波预处理的污泥相比,超声波的破解作用能够明显提高污泥厌氧消化的沼气产量和有机物去除率,缩短厌氧消化时间。

3.2.1 超声波作用原理

超声波的频率范围一般为 $20 \times 10^3 \sim 10 \times 10^6$ Hz,当一定强度的超声波作用于某一液体系统中时,将产生一系列物理和化学反应,并明显改变液体中的溶解态和颗粒态物质的特征。这些反应是由声场条件下大量空化泡的产生和破灭引起的。超声空化是指在很高的声强下,特别是在低频和中频范围内,液体中将产生大量空化泡,它们随声波改变大小并最终在瞬间破灭。气泡破灭时,将产生极短暂的强压力脉冲,并在气泡及其周围微小空间形成局部热点,产生高温(5000K)、高压(100MPa)和具有强烈冲击力的微射流。当空化发生时,液体中产生很高剪切力作用于其中的物质上,同时伴随发生的高温、高压并将产生明显的声化学反应。在水溶液中,发生空化时产生的主要影响有:

① 很高的流体剪切力;

② 自由基反应及化学转化;

③ 挥发性疏水物质的热分解。

污泥中的大多数有机物质存于微生物细胞内。微生物细胞的细胞壁是一种稳定的半刚性结构,较难生物降解,从而导致厌氧污泥消化过程需要较长的停留时间。为缩短污泥厌氧消化时间,提高消化效率,减少消化池体积,在污泥厌氧消化前进行污泥破解,以提高消化速率。污泥破解的原理就是破坏污泥的结构及微生物细胞壁,使污泥絮体结构发生变化,细胞内的内含物流出,同时释放酶。酶的作用使其余未被破解的微生物细胞失去环境适应能力,易被厌氧微生物消耗,变难降解的固体性物质为易降解的溶解性物质。破解污泥后,水相中的有机物含量会在较短时间内大大增加,从而缩短厌氧消化的停留时间,大大提高沼气的产生量。

超声所产生的高温、高压和超高速射流产生的剪切力和冲击波能够破坏污泥絮体结构与污泥中微生物细胞壁,使酶和其他有机质从细胞内溶出,改善污泥的水解环境,使未被击破的微生物细胞对消化环境失去承受能力,很快被厌氧微生物消耗掉,从而大大加速污泥的消化过程。因此,超声波对污泥消化的强化主要是通过对污泥的超声预处理以实现污泥破解来完成的。

3.2.2 影响因素

超声波对污泥的预处理过程是一个复杂的物理化学过程,其影响因素很多,概括起来,主要包括污泥 性质和运行条件。其中,污泥性质主要包括污泥的来源、种类等;运行条件主要包括超声声波频率、声强、声能密度、作用时间、超声功率等。

(1)污泥性质

当前,以活性污泥法和生物膜法为主的城市污水处理所产生的污泥,由于污水来源、处理工艺及操作条件等的不同,其所产生的污泥的种类性质,如固含率(TS)、挥发组分(VS)、污泥的化学需氧量(COD)及溶解性化学需氧量(SCOD)等也千差万别,进而使其适宜的厌氧消化预处理条件也有所不同。因此，超声预处理促进厌氧消化的过程也受到污泥的来源、种类及性质等的影响。

在超声处理时间相同时，含水率越低的污泥其滤液的COD越低，即其释放出的有机物越少。所以，污泥的含水率过低时，不利于超声处理以脱出其中的有机物。目前，超声波预处理主要集中在对未经浓缩的污泥进行研究，被破解污泥的浓度范围为3000～6000mg/L。此外，对于很多反应来说，pH值都是一个重要影响因素。pH值对污泥的物化性质有较大影响，进而会影响超声破解的效果。目前，仅有关于超声波预处理碱性污泥的研究报道。结果表明，调节污泥pH至碱性后，有利于污泥的超声波破解。

(2) 运行条件

① 频率

超声波强化污泥厌氧消化的作用机制分为机械机制、热学机制和空化机制，其中空化作用更容易在20～40kHz的频率范围内发生。研究表明，低频超声波的处理效果优于高频超声波的处理效果。Nicke等人研究了超声波作用频率在41～3217kHz范围内的剩余污泥预处理，得出低频41kHz超声波对污泥分解是最有效的。为了提高污泥分解程度，应当使用较低频率的超声处理污泥。

② 声强

高强度超声波可将污泥絮体打碎，且声强越大越有利于污泥的处理。高强度的超声波可通过打碎污泥，改变剩余活性污泥的絮体结构，减小污泥颗粒粒径，将包裹在污泥内的有机质释放出来进入液相，液相有机质更容易被厌氧菌胞外酶作用，从而加速厌氧消化过程。高强度超声波可对生物体产生不利影响，其原因主要是由于瞬态空化产生水力剪切力对细胞壁和细胞膜的机械破坏作用，以及超声空化导致$OH \cdot$、$H \cdot$等自由基和H_2O_2的产生，而产生的强氧化剂$HO \cdot$对DNA产生损伤等。因此，高强度超声波具有显著的破坏作用，对生物体产生不可逆的变化。

低强度的超声波不能打碎污泥，不能释放出污泥内的有机质，但可使污泥絮体变得松散，与未经超声波处理的污泥相比，污泥絮体更容易被水解。低强度超声波作用时，产生细胞原浆微流（环流），改变细胞内溶物的空间位置，这种变化决定了超声波对细胞的刺激作用。细胞原浆微流又可引起细胞半透膜的弥散过程和膜内外电位发生改变。

现已发现，低强度的超声波作用可刺激细胞内的蛋白复合物生长合成过程。低强度超声波处理是基于输入的超声波只破碎污泥微粒之间的紧密连接，减小絮体尺寸，从而改善微生物细胞膜的通透性和水解作用，强化液-固体系传质，从而加速微生物代谢的污泥处理方法。这与当今大多数直接破碎细胞壁和细胞膜释放生物固体内的有机物至液相的方法不同，而是在较容易发生空化作用的20～40kHz频率范围内，输入不能完全破碎污泥絮体和细胞壁，但能改善传质和刺激微生物代谢的超声能量，强化微生物内源呼吸过程，达到污泥减量的目的。低强度超声波并不破碎细胞壁，只是打散了絮体结构，加快了水解的速度。

③ 声能密度

声能密度是影响超声处理效果的重要因素，一般说来，污泥的破解速率随着声能密度的增大而增加，但是也存在着最优值问题。研究表明，在声能密度较低情况下（≤0.5kW/L），随着作用时间的延长，有机物溶出量增加较缓慢，其主要原因是在低声能密度下，超声破坏的只是絮凝体的结构，絮体粒径降低；当声能密度较高时（≥1kW/L），在较短时间内即可破坏细胞壁，SCOD 溶出量迅速增加，如在 1kW/L、2kW/L 和 4kW/L 声能密度条件下，当超声时间为 10min 时，SCOD 由初始的 150mg/L 上升至 3643.6mg/L、3939.7mg/L 和 4176.6mg/L，但在作用一段时间之后（>20min），SCOD 增加趋势逐渐趋于平缓。蛋白质和多糖的变化类似于 SCOD 的溶出。

④ 超声作用时间

超声作用时间是影响超声处理效果的重要因素。研究表明，SCOD 溶出量总的趋势是随着作用时间的增加而增加。蛋白质和多糖溶出的量也随着超声时间的延长而逐渐升高，在声能密度为 1kW/L 条件下，在前 10min，蛋白质和多糖分别由原始上清液中的 40mg/L 和 9mg/L 上升到 1060mg/L 和 271.6mg/L。但超声破解时间不宜过长，因为后期获得的 SCOD、蛋白质和多糖溶出量消耗的能量代价过高。

⑤ 超声功率

超声波对有机物的降解并不是来自超声波和有机物分子的直接作用，而是来源于机械剪切、超声空化及自由基氧化。超声空化是液体中一种非常复杂的物理现象，是液体中的微小泡核在超声波作用下被激化，表现为泡核的振荡、生长、收缩及崩溃等一系列动力学过程。随着超声功率的提高，在增加"空化核"数量的同时，增强了超声波对污染物的空化热解作用，同时 HO· 等自由基的氧化作用也有所增强。在 pH8.0 左右，有机物主要以分子形式存在，容易接近"空化核"的气液界面，并可以蒸发进入空化气泡内，在空化气泡内直接热解，同时在"空化核"的气液界面和本体溶液中同空化作用产生的 HO· 自由基发生氧化反应。所以 COD 的去除效率比较高。

有研究表明，超声功率对污泥的处理效果有很大影响，大功率超声波可以降解生物污泥，释放其中有机物；小功率超声波能够改善污泥的膨胀特性，提高污泥沉淀特性和脱水能力，达到污泥减量的目的。

3.3 其他预处理技术

3.3.1 碱解处理技术

碱解预处理法就是在常温条件下，通过加碱 [NaOH 或 Ca(OH)$_2$] 来促进污泥中的一些纤维成分溶解的方法。与未经预处理的污泥相比，碱解处理后的污泥水解产物增加，即溶解性 COD 增加，而可为生物分解的水解产物亦增加，这些物质能迅速进行厌氧消化，故产气率较高。同时，碱解处理能促进脂类和蛋白质的利用，所以碱解处理能提高污泥的产甲烷比率。

碱解试验研究表明，低 pH 值可能破坏污泥的絮凝结构，而不能破坏微生物的细胞结构，因此 SCOD 的增加较少；较高的 pH 值可能既破坏污泥的絮凝结构，又能破坏微生物的细胞结构，进而水解蛋白质及核酸，分解菌体中的糖类，污泥微生物细胞中原来不溶性的有机物从胞内释放出来，成为溶解性物质，从而提高了污泥液相中的 SCOD 浓度。污泥液相中溶解性蛋白质的变化规律基本上与 SCOD 的变化情况相一致，即随 pH 值的升高而增加，且在投加碱后的几小时之内，蛋白质含量快速增加。但随着反应时间的延长，溶出的蛋白质含量基本保持不变，有的则由于被微生物利用而有所降低。

碱解处理对生物降解性有一定抑制作用，其原因有 3 种解释：

（1）碱解处理过程中会释放出一些抑制性分子；

（2）分子内反应导致难降解化合物的形成；

（3）Na^+ 等其他离子影响了生物可降解性。

研究者探讨了 Na^+ 和 OH^- 的影响，分析限制生物可降解性的根本因素。当 NaOH 浓度超过 5g/L 时，污泥生物可降解性降低，这并不是 Na^+ 的影响，而与 OH^- 有关，OH^- 的投加提高了 pH 值，利于 COD 的降解，但同时也导致难降解化合物的形成。过高 pH 值条件不利于厌氧生物处理，同时 Na^+ 是产甲烷菌群的抑制剂。

3.3.2　臭氧氧化法

臭氧作为一种强氧化剂，可以通过直接或间接的反应方式破坏污泥中微生物的细胞壁，使细胞质进入到溶液中，增加污泥中溶解性 TOC 的浓度，提高污泥的厌氧消化性能。

臭氧与污泥同时通过直接和间接两条途径发生反应。直接反应速率较低，与反应物的结构相关，而间接反应主要通过没有特异反应的自由基进行。为了掌握臭氧与污泥之间的反应机理，有研究者研究了臭氧氧化处理过程中污泥的蛋白质、多聚糖和脂类等主要组分的转化情况，臭氧耗量为 0.5g/g 干污泥进行氧化处理，60％的有机物转化为可溶性物质，臭氧氧化过程中，蛋白质量比初始值减少了 90％。微生物的细胞壁与臭氧发生反应而破坏，因此细胞内物质释放出来，这在短时间内即可在污泥的液相中检测到。

凝胶渗透层析测定表明，释放到液相的蛋白质连续被臭氧氧化。由于臭氧持续反应速率很快，因而污泥液相中检测不到明显的蛋白质分子。臭氧处理后，约 63％的胞内和胞外多聚糖溶解到液相中，多聚糖也被臭氧连续氧化，但比蛋白质的反应速率低，因此污泥液相中多聚糖的浓度逐渐增加，污泥中总的多聚糖浓度与臭氧的消耗量成线性关系。氧化过程中，脂类的量减少 30％，臭氧与不饱和脂肪酸发生直接反应，使其变为短链脂肪酸溶解在液相中，而饱和脂肪酸与臭氧只发生间接反应。臭氧氧化处理后的污泥厌氧消化过程中溶解性有机碳可降低 70％。

3.3.3　高压喷射法

高压喷射法是利用高压泵将污泥循环喷射到一个固定的碰撞盘上，通过该过程产生的机械力来破坏污泥内微生物细胞的结构，使得胞内物质被释放出来，从而显著提高污泥中蛋白质的含量，促进水解的进行。

研究表明，蛋白质是微生物体内的主要成分。蛋白质含有大量碳、氢、氧、氮，同时还含有部分的硫、磷、铁元素。因此，蛋白质的增加会相应引起可溶性 COD、TOC 等增加。经高压喷射法预处理的污泥，其溶解性 COD、TOC 和蛋白质等均有大幅度的提高，而 SS 大幅度减少，这是由于减少的 SS 已经转化为可溶性 COD。

第4章

沼气收集、贮存与利用

　　沼气是有机物在厌氧条件下经微生物的发酵作用生成的一种可燃性混合气体，其主要成分是甲烷和二氧化碳，此外还有少量氢、氮气、一氧化碳、硫化氢和氨等。沼气发酵是综合利用有机废物，保护生态环境，促进农业生产可持续发展的重要措施之一。沼气燃烧后生成的二氧化碳，又可被植物吸收，通过光合作用再生成有机物，因而沼气也是一种可再生能源。本章介绍了沼气性质、沼气收集净化、沼气提纯、沼气贮存和沼气利用等。

4.1 沼气性质

沼气是一种混合气体，其主要成分除甲烷（CH_4）外，还含有二氧化碳（CO_2）、硫化氢（H_2S）、一氧化碳（CO）等气体，有时还含有高级烃类化合物（C_mH_n）。沼气的成分随发酵原料、发酵条件和工艺流程的不同而不同，通常情况下，甲烷含量为 50%～70%，二氧化碳含量为 25%～40%，其他气体含量较低。

甲烷是沼气中的主要燃烧成分，影响沼气的特性。甲烷的分子式是 CH_4，属于最简单的有机化合物，相对分子质量为 16.04。甲烷是无色、无味的可燃性气体，沸点是 -161.5℃，比空气轻，极难溶于水。甲烷和空气按一定比例混合，遇火花会发生爆炸。甲烷的化学性质相当稳定，一般不跟强酸、强碱或者强氧化剂（如高锰酸钾）等起反应，但在合适的条件下会发生氧化、热解及卤代等反应。甲烷的主要特性见表 4-1-1。甲烷在自然界分布很广，是天然气、沼气、坑气及煤气的主要成分之一。它可用作燃料及制造氢、一氧化碳、炭黑、乙炔、氢氰酸及甲醛等物质。

表 4-1-1 甲烷的主要特性

特性	数值	特性	数值
熔点/℃	-182.5	临界温度/℃	-82.6
沸点/℃	-161.5	临界压力/MPa	4.59
相对密度	0.42(-164℃)	闪点/℃	-188
相对蒸气密度	0.55	引燃温度/℃	538
饱和蒸气压/kPa	53.32(-168.8℃)	爆炸上限(V/V)/%	15
燃烧热/(kJ/mol)	889.5	爆炸下限(V/V)/%	5.3

沼气的组分影响沼气的特性，甲烷含量的高低对沼气的特性有着较大的影响，不同组分沼气的特性参数见表 4-1-2。

表 4-1-2 不同组分沼气的特性参数

特性参数	$CH_4$50%,$CO_2$50%	$CH_4$60%,$CO_2$40%	$CH_4$70%,$CO_2$30%
密度/(kg/Nm³)	1.374	1.221	1.095
相对密度	1.042	0.944	0.847
热值/(kJ/m³)	17937	21542	25111
理论空气量/(Nm³/Nm³)	4.75	5.71	6.67
理论烟气量/(Nm³/Nm³)	6.763	7.914	9.067
火焰传播速度/(m/s)	0.152	0.198	0.243

（1）沼气的密度

燃气的密度是指单位体积燃气的质量，一般是指标准状态下（0℃，1 标准大气压）的密度，可按式（4-1-1）计算。

$$\rho = \frac{\sum x_i \rho_i}{100} \tag{4-1-1}$$

式中　ρ——沼气在标准状态下的密度，kg/m³；

　　　x_i——沼气中各组分气体的体积百分数，%；

　　　ρ_i——沼气中各组分在标准状态下的密度，kg/m³。

其中甲烷的密度为 0.717kg/m³，二氧化碳的密度为 1.977kg/m³。

在沼气的应用过程中，经常用沼气密度与干空气密度（1.293kg/m³）之比来表征其特征，即相对密度。沼气的密度随沼气组成中二氧化碳的体积含量变化而变化，当二氧化碳的含量为 50% 时，沼气的相对密度大于 1；当二氧化碳的含量为 40% 时，沼气的相对密度小于 1。

（2）沼气的热值

沼气中的甲烷是一种发热值相当高的优质气体燃料，甲烷无色无味，与适量空气混合后即会燃烧。1m³ 纯甲烷完全燃烧的产热量约为 35000kJ，最高温度可达 1400℃。由于沼气中还含有其他杂质，沼气的热值较甲烷为低，与沼气中甲烷的含量相关，沼气的热值约为 17000～29000kJ/m³，最高温度可达 1200℃。1m³ 沼气的产热量与 1.45m³ 的煤气或者 0.69m³ 的天然气相当。

（3）沼气的燃烧方式

沼气的燃烧可根据沼气的是否预先与氧化剂混合，可分为预混燃烧和非预混燃烧两种方式。预混燃烧是指沼气与氧化剂预先按照一定比例均匀混合，形成可燃混合气，再进行燃烧，燃烧速率取决于化学反应速度，燃烧过程受化学动力学因素控制。非预混燃烧是指沼气在燃烧前不预先与氧化剂混合，而是在燃烧装置内边扩散边燃烧。此时，燃烧过程主要受到化学动力学因素与扩散混合因素的影响，如果燃烧过程主要受扩散混合因素控制，则称为扩散燃烧；如果燃烧过程主要受化学动力学因素控制，则称为动力燃烧。

（4）沼气的燃烧特性

沼气中的甲烷、氢、硫化氢都是可燃物质，在空气中氧气的作用下，一遇明火即可燃烧，并散发出光和热。沼气的燃烧反应可以用以下化学方程式表示。

$$CH_4 + 2O_2 \longrightarrow CO_2 + 2H_2O$$

$$H_2 + 0.5O_2 \longrightarrow H_2O$$

$$H_2S + 1.5O_2 \longrightarrow SO_2 + H_2O$$

沼气燃烧需要提供适量的氧气，氧气过多或者过少都对燃烧不利。在沼气应用设备中燃烧所需要的氧气一般都是从空气中直接获得。因此存在理论空气需求量和实际空气需求量。

理论空气需求量是指 1m³ 沼气按燃烧化学方程式完全燃烧需要的空气量，可通过沼气不同组分的燃烧方程式计算并加和来得到沼气的理论空气需求量。

理论空气需求量是沼气燃烧所需的最小空气量。由于沼气和空气的混合并不均匀，在实际燃烧过程中，如果仅提供燃烧装备理论空气量，则很难保证沼气和空气的充分混合，并达到沼气的完全燃烧程度。因此，实际供给的空气量应大于理论的空气量，其比值被称为过剩空气系数 α。通常 $\alpha>1$，α 值的大小决定于沼气的燃烧方法和设备的运行状况，在民用燃具中，一般控制在 1.3 左右。α 过小将导致不完全燃烧，α 过大则增大烟气体积，降低炉温，增加排烟热损失，其结果都导致设备的热效率降低。

烟气是沼气燃烧后的产物。当提供的空气量为理论空气量时，沼气完全燃烧所产生的烟气量被称为理论烟气量。理论烟气的组分是 CO_2、SO_2、N_2 和 H_2O。前三种组分在一起称为干烟气，包括 H_2O 在内的烟气称为湿烟气。

当有过剩空气时，烟气中除理论烟气组分外，还有过剩空气，此时的烟气量被称为实际烟气量。如果燃烧不完全，烟气中还将出现 CO、CH_4、H_2 等可燃组分。

当沼气与空气混合到一定浓度时，遇到明火会引起爆炸，这种能爆炸的混合气体中所含沼气的浓度范围被称为爆炸极限，常用百分比表示。在常压下，沼气与空气混合的爆炸极限是 8.8%～24.4%。

4.2 沼气收集净化

沼气的净化一般包括沼气的脱水、脱硫。沼气从厌氧发酵装置产出时含有大量水分，高温发酵与中温发酵含水量更大。一般情况下，$1m^3$ 沼气的饱和含湿量在 30℃时为 35g，而到 50℃时则为 111g。当沼气在管路中流动时，由于温度、压力等外界条件的变化，露点降低，水分析出造成管理中两相流动，使系统的阻力增大，甚至使管路堵塞。硫化氢是具有臭鸡蛋味道的气体，在高浓度条件下能使人嗅觉麻痹，使人突然中毒死亡。沼气中的硫化氢燃烧后产生二氧化硫，易与水蒸气结合产生亚硫酸，加速管路及阀门、流量计等设备的腐蚀。同时，燃烧产生的二氧化硫后还会对大气环境造成污染，影响人体健康。因此需要对沼气进行脱水和脱硫处理。

4.2.1 沼气脱水

沼气脱水常见的方法主要有两种：气水分离器和凝水器。

(1) 气水分离器

沼气的气水分离器一般安装在输送气系统管道上脱硫塔之前，沼气从侧向进入气水分离器，经过气水分离器后从上部离开进入沼气管网。根据沼气量的大小，常见的气水分离器规格如表 4-2-1 所示。

表 4-2-1 常见气水分离器规格

气水分离器外径/mm	进出口管径/mm	适用情况
600	150～200	沼气量>1000m³/d
500	100～150	沼气量 500～1000m³/d
400	50～100	沼气量<500m³/d

（2）凝水器

沼气凝水器类似于城市管道煤气的凝水器，一般安装在输送气管道的埋地管网中，按照地形与长度在适当的位置安装沼气凝水器。冷凝水应定期排除，否则可能增大沼气管路的阻力，影响沼气输送气系统工作的稳定性。凝水器有自动排水和人工手动排水两种形式，根据沼气量的大小，常见的凝水器规格如表 4-2-2 所示。

表 4-2-2　常见凝水器规格

气水分离器外径/mm	进出口管径/mm	适用情况
600	150～200	沼气量＞1000m³/d
500	100～150	沼气量 500～1000m³/d
400	50～100	沼气量＜500m³/d

此外，在沼气净化间内所有管道的最低位置应设排水阀。由于沼气从发酵装置内出来时温度较高，此时的沼气中水分含量接近饱和，在进入净化间后，由于周围环境温度的降低使沼气中的水分凝结，当季节变化时，会有大量的冷凝水析出，最终会汇集在管路低点，如果不能排出将会导致管道的堵塞。如果有地下沼气管路，应设计不小于 1‰的坡度，并在最低点设排水井。

4.2.2　沼气脱硫

与城市燃气工程相比，沼气脱硫具有一些显著的特点。沼气中的硫化氢含量变化较大，一般在 0.8～14.5g/m³ 之间；沼气中的二氧化碳含量约为 40%，其对脱硫存在一定的不利影响。

根据脱硫原理的不同，沼气脱硫一般可以分为干法脱硫技术、湿法脱硫技术和生物脱硫技术。目前大中型沼气工程中所使用的干法脱硫技术和湿法脱硫技术均属于化学方法。生物法主要是通过脱硫细菌的代谢活动将硫化氢转化为单质硫或者硫酸盐，从而实现沼气脱硫和硫的资源化利用。

（1）干法脱硫

干法脱硫又称干式氧化法，是指将沼气以一定空速通过装有固体脱硫剂的脱硫装置，经过气-固接触交换，将气相中的 H_2S 吸附到脱硫剂上，从而达到净化沼气的目的。干法脱除沼气中的 H_2S 气体的基本原理是以氧化剂将 H_2S 氧化成硫或者硫酸盐。目前大中型沼气工程中常用的固体脱硫剂主要有氧化铁、氧化锌等，包括 TG 型系列、AS 型脱硫剂、NF 型脱硫剂和 EF-2 型氧化铁精脱硫剂等。

常温氧化铁干式脱硫技术，是将氧化铁粉末和木屑混合制成脱硫剂，在相对湿度 35%左右的情况下填充于脱硫装置内。沼气低流速从脱硫装置一端经过装有脱硫剂的填料层，脱硫剂中的氧化铁与硫化氢发生反应生成硫、硫化铁后滞留在填料层中，从而去除 H_2S。

氧化铁脱硫法的优点在于 Fe^{3+} 具有较高的氧化还原电位，能把 S^{2-} 转化为单质硫，但不会将单质硫进一步氧化为硫酸盐。氧化铁资源丰富，价格低廉，是目前使用最多、经济高效的沼气脱硫剂。

干法脱硫时，沼气在脱硫塔内的流速越小，则 H_2S 与氧化铁接触时间越长，越有利于氧化反应的进行，脱硫效果也就越充分。在脱硫过程中，随着脱硫剂中氧化铁含量的不断降低，脱硫效果将显著下降。当脱硫装置出口端净化后的沼气中 H_2S 浓度超过 $20mg/m^3$ 时就需要对脱硫剂进行再生处理。脱硫剂再生是指将失去活性的脱硫剂与空气接触，让硫化铁中的硫析出，同时生成氧化铁。一般通过空压机在管道中压入空气即可满足脱硫剂的再生要求。

常温常压氧化铁干法脱硫常用于日处理量小、含硫量低的气体处理，具有工艺成熟、简单可靠、造价低等特点，并能达到较高的净化程度，但同时也存在需要定期更换脱硫剂、单质硫回收困难等缺点。

（2）湿法脱硫

湿法脱硫是利用特定的溶剂与气体逆流接触从而脱除其中的 H_2S，溶剂可再生后重新利用。脱硫装置既可在常温下操作运行又可在加压下操作运行，脱硫率可达 99%。沼气湿式脱硫技术包括碱性溶液吸收法、络合铁法、萘醌氧化法等，其中碱性溶液吸收法和络合铁法较为常用。

碳酸钠吸收脱硫法采用碳酸钠溶液吸收酸性气体，并加入载氧剂作为催化剂，吸收沼气中的 H_2S，并将其氧化成单质硫。碳酸钠吸收法的优点是装置简单、经济可靠；缺点在于一部分碳酸钠转变为碳酸氢钠而使脱硫效果降低，一部分变成硫酸盐而被消耗，因此需要在过程中不断补充碳酸钠。

络合铁脱硫技术采用铁为催化剂，通过碱溶液吸收硫化物。H_2S 气体与碱反应生成 HS^-，高价态 Fe^{3+} 氧化 HS^- 成单质硫。同时可以通过鼓入空气氧化 Fe^{2+} 使得溶液再生。

湿法脱硫过程比较复杂、投资较大、成本较高，适用于气体处理量大、H_2S 含量高的场合。

（3）生物脱硫

生物脱硫是利用无色硫细菌，如氧化硫硫杆菌、氧化亚铁硫杆菌等，在微氧条件下将 H_2S 氧化成单质硫。

常见的生物脱硫技术包括生物过滤法、生物吸附法和生物滴滤法，三种系统均属开放系统，其微生物种群随环境改变而变化。在生物脱硫过程中，氧化态的含硫污染物必须先经生物还原作用生成硫化物或 H_2S 然后再经生物氧化过程生成单质硫，才能去除。在大多数生物反应器中，微生物种类以细菌为主，真菌为次，极少有酵母菌。常用的细菌是硫杆菌属的氧化亚铁硫杆菌、脱氮硫杆菌和排硫杆菌、最成功的代表是氧化亚铁硫杆菌，其生长的最佳 pH 值为 $2.0\sim2.2$。生物脱硫的优点有不需要催化剂、不需要处理化学污泥、耗能低、去除效率高、回收单质硫等，生物脱硫液中脱硫微生物的生长状况是影响系统脱硫效果的关键。

目前国内生物脱硫技术还未形成一定规模的工业应用。如对生物脱硫工艺进行优化，更有效地控制溶解氧，提高单位硫的产率，并与目前已得到广泛应用的湿法脱硫技术相结合，可在大中型沼气工程中具有很广阔的应用前景。

4.3 沼气提纯

沼气经脱水和脱硫处理之后，仍含有较多二氧化碳等杂质气体。为了去除沼气中的杂质组分，使沼气成为甲烷含量高、热值和杂质气体组分品质符合天然气标准要求的高品质燃气，则需要对沼气进行纯化。

沼气提纯有四种方法可以实现，分别是吸收法、变压吸附法、低温冷凝法和膜分离方法。

① 吸收提纯法是利用有机胺溶液（一级胺、二级胺、三级胺、空间位阻胺等）与二氧化碳的物理化学吸收特性来实现的，即在吸收塔内的加压、常温条件下与沼气中的二氧化碳发生吸收反应进行脱碳提纯甲烷，吸收富液在再生塔内的减压、加热条件下发生逆向解析反应，释放出高纯度的二氧化碳气体，同时富液得到再生具备重新吸收二氧化碳的能力，从而实现沼气在吸收塔内的连续脱碳提纯甲烷过程，并使得脱碳液进行连续的吸收、再生循环工作。

② 变压吸附提纯法是利用吸附剂（如分子筛等）对二氧化碳的选择性吸附特点，即在吸附剂上二氧化碳相对其他气态组分有较高的分离系数，来达到对沼气中二氧化碳进行脱除的目的。在吸附过程中，原料气在加压条件下，其中的二氧化碳被吸附在吸附塔内，甲烷等其他弱吸附性气体作为净化气排出，当吸附饱和后将吸附柱减压甚至抽成真空使被吸附的二氧化碳释放出来。为了保证对气体的连续处理要求，变压吸附法至少需要两个吸附塔，也可是三塔、四塔或更多。

③ 低温冷凝提纯法是利用二氧化碳液化温度高的特点，通过低温作用使沼气中的二氧化碳被液化，甲烷组分作为不凝气以提纯产品气排出。为了降低运行能耗，通常采用回热技术将剩余冷量进行回收。

④ 膜分离提纯法是利用不同气体组分在压力驱动下通过膜的渗透性作用的不同来实现的，通常情况下二氧化碳的渗透速度快，作为快气以透过气排出，甲烷的渗透速度慢，作为慢气以透余气形式获得提纯产品气。在工程中，为了提高甲烷气的浓度，常采用多级膜分离工艺。

四种提纯方法的技术经济指标比较见表 4-3-1。

表 4-3-1　常见沼气提纯技术比较

项目	吸收法	变压吸附法	低温冷凝法	膜分离法
甲烷回收率	高	中等	较高	低
提纯气甲烷浓度	高	高	高	较高
再生气纯度	高	较高	高	中等
运行能耗	中等	低	高	低
设备投资	中等	较高	高	高
技术成熟度	高	高	中等	低

目前，沼气提纯常用吸收和变压吸附这两种方法，低温冷凝法和膜分离法由于技术成熟度和经济性等原因应用较少。

4.4 沼气贮存

由于污泥厌氧消化装置工作状态的波动以及进料量和浓度的变化，单位时间沼气的产量也有所变化。当沼气作为生活用能进行集中供气时，虽然沼气的生产是连续的，但其使用是间歇性的，用气量随时间的波动很大。为了合理、有效地平衡产气与用气，通常采用储气的方法来解决。常见的储气方式有低压湿式储气柜、高压干式储气柜、低压干式储气柜。

对于新建沼气工程，通常没有实际沼气的消耗曲线，储气量可按月平均日供气量的百分比来确定。由于沼气的消耗变化与工业和民用用气量的比例有密切关系，因此确定储气量时必须考虑工业和民用用气量的比例。工业和民用不同用气比例时的参考储气量如表4-4-1所示。

表 4-4-1 工业与民用不同用气比例时的参考储气量

工业用量占日供气量的百分比/%	民用用量占日供气量的百分比/%	储气柜容积占月平均日供气量的百分比/%
50	50	40~45
>60	<40	30~40
<40	>60	50~60

当全部供给工业使用时应根据用气特点、用气曲线来确定。有些沼气工程除提供民用外，剩余的沼气用于烧锅炉，后者可视为缓冲用户，因此所需的储气量一般比表 4-4-1 低。国内各沼气工程集中供气系统运行经验表明，储气柜的储气容积以日供气量的50%~60%为宜。

4.4.1 储气柜的布置原则

由于沼气属于易燃易爆危险品，因此，沼气储气柜的布置需严格注意安全，应遵守以下原则。

① 湿式储气柜之间防火间距应等于或者大于相邻较大的储气柜的半径。

② 干式或者卧式储气柜之间的防火距离应大于相邻较大储气柜直径的2/3。

③ 储气柜与其他建筑、构筑物的防火间距应不小于表4-4-2中的规定。

④ 对容积小于 20m³ 的储气柜所属厂房的防火间距不限。

⑤ 储气柜区周围应有消防通道。柜区的布置应留有增建储气柜的面积。

表 4-4-2 储气柜与建筑物的防火间距   单位：m

名　　称		总容积/m³	
		<1000	1001~10000
明火或散发火花的地点，在用建筑物甲、乙、丙类液体储罐、易燃材料堆场、甲类物品库房		25	30
其他建筑耐火等级	一、二级	12	15
	三级	15	20
	四级	20	25

4.4.2 低压湿式储气柜

低压湿式储气柜属可变容积金属柜，主要由水槽、钟罩、塔节以及升降导向装置所组成。当沼气输入气柜存储时，放置在水槽内的钟罩和塔节依次升高；当沼气从气柜内倒出时，塔节和钟罩又依次降落。随着储气柜内装置的升降，储气柜内的存储容积和压力也发生变化。湿式储气柜利用水封将气柜内的沼气与外界大气隔绝。

根据导轨形式的不同，湿式储气柜可分为3种。

（1）螺旋导轨气柜

螺旋形导轨焊在钟罩或塔节的外壁上，导轮设在下一节塔节和水槽上，钟罩和塔节呈螺旋式上升和下降。这种结构一般用在多节大型储气柜上，其优点是没有外导架，因此用金属钢材较少，施工高度仅相当于水槽高度。缺点是抗倾覆性能不如有外导架的气柜，而且对导轨制造、安装精度要求高，加工较为困难。

（2）外导架直升式气柜

导轮设在钟罩和每个塔节上，而直导轨与上部固定框架连接。这种结构一般用在单节或两节的中小型沼气柜上。其优点是外导架加强了储气柜的刚性，抗倾覆性较好，导轨制作安装容易。缺点是外导架比较高，施工时高空作业和吊装工作量较大，钢耗比同容积的螺旋导轨气柜略高。

（3）无外导架直升式气柜

直导轨焊接在钟罩或塔节的外壁上，导轮在下层塔节和水槽上。这种气柜结构简单，导轨制作容易，钢材消耗量较小，但其抗倾覆性能最低，一般仅用于小型单节气柜。

为了适应各种施工条件，满足冬季防冻的要求，除了传统的全钢地上储气柜外，还常采用混凝土水槽半地下储气柜。对半地下气柜的水槽施工要求较高，不能出现渗漏，但节约钢材，减少了防腐工作量及费用，并且冬季水池具有较好的保温性能。

目前我国建造和使用低压湿式储气柜的技术已经比较成熟，具有结构简单、容易施工、运行可靠、管理方便等优点。同时也存在一些缺点：

（1）金属消耗量较多，造价较高；

（2）水槽、钟罩和塔节、导轨等常年与水接触，必须定期进行防腐处理；

（3）水槽对存储沼气而言属于无效体积；

（4）在寒冷地区的冬季，水槽要采取保温措施。

低压湿式储气柜的防冻措施可分为蒸汽加热、热水加热及隔离层防冻等方式，其中蒸汽加热方式较为常用。蒸汽加热方式一般在水槽平台上靠内侧安装环形蒸汽管，如果沼气站内装有蒸汽锅炉，可就近利用其蒸汽进行加热。蒸汽加热具有构造简单、设备费用低、加热效率高等优点。

4.4.3 高压干式储气柜

高压干式储气系统主要由缓冲罐、压缩机、高压干式储气柜、调压箱等设备组成。发酵装置产生的沼气经过净化后，先存储在缓冲罐内，当缓冲罐内沼气达到一定量后，压缩机启动，将沼气打入高压储气柜内，储气柜中的高压沼气经过调压箱调压后，进入输配管网。系统中的缓冲罐类似于小型的湿式储气柜，其主要作用是将产生的沼气暂时存储，以解决压缩机流量和发酵装置产生沼气量不匹配的问题，其容积根据发酵装置的产气量决定，一般情况下以20～30min升降一次为宜。压缩机应采用防爆电源，以保证系统的安全运行，所选择压缩机流量应大于发酵装置产气量的最大值，为避免浪费，不宜超出过多。在寒冷地区的应建设压缩机房，以确保压缩机在寒冷条件下能够正常工作。高压干式储气柜内的压力一般为0.8MPa，需在当地安检进行备案。

高压干式储气系统虽然有工艺复杂、施工要求高、需要运行维护等缺点，但与湿式低压储气柜比较，具有以下优点：

① 由于采用高压储气，出气压力较高，可显著提高输送能力，加大输送距离；

② 高压干式储气系统可有效减小占地面积；

③ 为中压输送沼气创造了条件，因此可以降低管网的建造成本，当输送距离较远时，优势尤为显著；

④ 高压干式储气系统可在寒冷地区冬季运行，无需额外的保温系统。

4.4.4 低压干式储气柜

低压干式储气柜是由圆柱形外筒、沿外筒内面上下活动的活塞和密封装置以及底板、立柱、顶板等组成。该储气柜通过活塞的上下移动调整储气量，因此与低压湿式储气柜相比，低压干式储气柜不需要水槽，从而很大程度上减轻了基础负重。在气柜底板和侧板全高三分之一的下半部要求气密，其余部位则不要求密封，便于设置洞口用于进入活塞上部对气柜进行检查和维修。

干式储气柜面临的较大问题是储气柜的气密性，即如何防止固定的外筒与上下活动的活塞滑动部分发生漏气。目前常用的密封手段有以下两种。

(1) 稀油密封

在滑动部分的间隙填充液体对装置进行密封，同时从上部补给通过间隙留下的液体量。早期一般采用煤焦油作为密封液，目前常采用润滑油系统的矿物油。

(2) 柔膜密封

在外筒部下端与活塞边缘之间贴有可挠性的特殊合成树脂膜，膜随活塞上下滑动而卷起或放下达到密封的目的。

低压干式储气袋较典型的有利浦储气柜。为满足储气袋的安全使用，常在气袋外围建有圆筒形钢外壳，它对气袋主要起到保护罩作用，而没有严格的密封要求。气袋材质可采用进口塑胶，在 $-30℃$ 仍能使用。由于气袋壁厚的不同，其使用寿命也各不相同，低压干式储气袋与湿式储气柜相比虽然防腐费用以及工程造价较低，但由于储气压力低，供气时需提供额外动力，增加了能耗。

单膜/双膜系列储气柜由内膜、外膜和底膜三部分组成，内膜和底膜形成封闭空间存储沼气，外膜和内膜之间则通入空气，起控制压力和保持外形等作用。储气压力约为 $0\sim5kPa$。单膜储气柜由抗紫外线的双面涂覆PVDF涂层的外膜材料制作，特点是单层结构，保温效果好于钢结构，但差于双层膜结构；双膜储气柜采用双层构造，内层采用沼气专用膜，外层采用抗老化的外膜材料，同时可以起到保持外形和保证恒定工作压力的作用。

4.5 沼气利用

沼气作为能源利用已有很长的历史。我国的沼气最初主要为农村户用沼气池，20世纪 70 年代初，为解决的秸秆焚烧和燃料供应不足的问题，我国政府在农村推广沼气事业，沼气池产生的沼气由用于农村家庭的炊事逐渐发展到照明和取暖。

目前，我国沼气的利用主要可分为两大类：一是作为一种可再生能源用于发电机组、蒸汽锅炉、民用灶具等；二是作为农业生产资料用于大棚生产、粮食存储、水果保鲜等。其中，城市污水处理厂所产生的沼气常作为可再生能源加以利用。

在发达国家，沼气的能源应用技术被广泛应用于污泥处理、垃圾填埋等大型工程中，是一种经济有效的资源化技术，受到了广泛的关注与深入的研究。美国在沼气发电领域有许多成熟的技术和工程，处于世界领先水平，其现有 61 个垃圾填埋场使用内燃机发电加上使用汽轮机发电的装机，总容量已达 340MW。欧洲用于沼气发电的内燃机，较大的单机容量在 0.4～2MW。

4.5.1 沼气发电

沼气发电机组根据沼气与空气的混合形式可分为机械外混式机组和电控外混式机组，根据冷却循环方式可分为闭式机组、开式机组、半开式机组。

机械外混式机组使用时，沼气通过专用的混合器在进气管前与空气按一定比例混合后进入各气缸燃烧室内，可根据机组运行工况对沼气进气量进行手动微调，其优点是燃气和空气混合效果好，机组结构相对简单，维护调整方便。但该类型机组由于进气管内始终有混合气，在气密性较差的情况下，易发生回火放炮的现象。电控外混式机组采用了稀薄燃烧技术和闭环控制，可根据沼气成分的变化及机组运转工况的变化自动调整空燃比，很好地解决了燃气回火放炮的问题。沼气通过混合器与空气混合，经增压、中冷、进气自动调节阀后进入燃烧室，可适应低压燃气。

闭式机组的冷却循环系统配置风扇、水箱和风扇传动装置，组成闭式冷却循环系统，特别适合寒冷、干燥地区或者场地有限、水质较差的条件。在寒冷地区可加装油水预热装置。开式机组的冷却循环系统不带风扇、水箱，用户需自行设置冷却水散热装置，适合水源充足、水质较好且气候较炎热地区。半开式机组的冷却循环系统由机组内循环系统和用户配置的外循环系统组成，综合了闭式机组和开式机组的优点，具有散热效果好，环境适应性强的特点。

沼气发电机组对沼气有一定要求，其组分中的甲烷含量应大于 60%，硫化氢含量应小于 0.05%，供气压力不低于 6kPa，所含的颗粒物小于 $3\mu m$，空气的含尘量不超过 $2.3～11.6mg/m^3$。

由于沼气中的二氧化碳既能减缓火焰传播速度，又能在发动机高温高压下工作时起到抑制"爆燃"倾向的作用，使沼气较甲烷具有更好的抗爆特性，因此可以在高压缩比下平衡工作，从而获得较大的功率。沼气发电机组可较容易实现热电联产，发电机组热效率可达 40% 以上。

目前国内对沼气发电技术的研究开发已较为成熟，国内数家研究院所和大型企业针对市场需求开发出不同规格的沼气发电机组系列产品。在大机组方面，胜利油田胜利动力机械集团已全面开发出了纯燃沼气内燃机的沼气发电机组，并在污水处理等行业成功应用。值得一提的是，国内新一轮开发的沼气发电机组，已经大大缩小了与国外先进机组技术指标上的差距，可以为国内沼气发电的实施提供有力支持，目前成熟的国产沼气发电机组的功率规格主要集中在 24～600kW 区段。

4.5.2 沼气锅炉

沼气除发电以外，也常作为锅炉燃料，主要为发酵罐冬季增温保温及沼气工程厂内供热或供蒸汽。沼气锅炉可采用热水锅炉，也可采用蒸汽锅炉，主要取决于对热能形式的要求。与沼气发电的热电联产相比，沼气锅炉的热效率较高，一般在 90％以上，即可将沼气中能量的 90％以上转化为热水或者蒸汽加以利用，远高于其他沼气应用方式的转化效率。

在使用沼气作为锅炉燃料时，可分为两种情况。一是在沼气量不是很充足的情况下，将沼气作为辅助燃料，与煤进行混燃，常用于配套沼气燃烧器的改装煤锅炉。优点是安全性较好，并有效地提高煤的热效率；缺点是如果脱硫不够彻底，易损伤锅炉。二是采用专门设计的燃气锅炉，由于采用了全自动的安全检查、吹风、点火等措施，使用方便，热效率较高，安全性也较好。

此外，沼气作为民用燃料也是一种较为常见的沼气利用方式。沼气的热值高于城市煤气而低于天然气，是一种优良的民用燃料。沼气在经过净化、脱水和过滤后通过沼气输送管道进入用户，整个输配气系统类似于煤气。但由于沼气的燃烧速度较低，其燃烧器需要专门设计或到专用设备厂商处购买。

第5章

沼液污染控制与
资源化利用

沼液是污泥厌氧消化处理的必然产物，沼液不仅含有较高浓度的污染物，而且含有较高浓度的氮、磷营养物质，因此，对于一个污泥厌氧消化处理系统来说，除考虑污泥本身的厌氧消化处理外，必须综合考虑沼液的处理和资源化利用问题。本章在阐述沼液的性质基础上，介绍了沼液处理技术和资源化利用。

5.1 沼液性质

污泥厌氧消化技术在我国的应用日益广泛，该技术不仅有助于减轻温室效应和调节气候变化，而且还可以通过富含营养物的终产物的利用来促进营养物质的循环，用以替代部分石油、煤炭等化石燃料，因而已成为解决能源与环境问题的重要途径之一。

有机物质在污泥厌氧消化过程中，除了碳、氢、氧等元素逐步分解转化，最后生成甲烷、二氧化碳等气体外，其余各种养分元素基本都保留在发酵后的剩余物中，其中一部分水溶性物质保留在沼液中，另一部分不溶解或难分解的有机、无机固形物则保留在沼渣中。

从资源化利用角度来看，沼液作为污泥厌氧消化后的重要产物，含有多种水解酶：蛋白酶、淀粉酶、纤维素酶等；多种维生素：B、B1、B2、B5、B6、B11、B12；多种氨基酸：不少于 17 种；多种植物激素：吲哚乙酸、赤霉素、细胞分裂素；抗生素：多烯类抗生素；腐殖酸；微量金属元素：铁、钙、铜、锌、锰、钼等。

从污水处理角度来看，虽然沼液性质受污泥性质和厌氧消化过程影响比较大，但总体上沼液具有 COD 浓度高、可生化性差、NH_3-N 浓度高、总磷浓度高等特点，沼液直接处理达标的难度较大。某污泥厌氧消化工程的沼液性质如表 5-1-1 所示。

表 5-1-1　某污泥厌氧消化工程沼液性质

COD/(mg/L)	NH_3-N/(mg/L)	TP/(mg/L)	SS/(mg/L)
2000	1000	150	500

5.2 沼液处理技术路线

污水处理厂污泥厌氧消化后的沼液处理主要有以下 2 条技术路线：

(1) 预处理后输送至污水处理厂的水线；

(2) 直接达标处理。

路线 (1) 适用于污水处理厂自有污泥厌氧消化后的处理，路线 (2) 则适用于独立的污泥厌氧消化工程或者外来污泥比重较大污水处理厂污泥消化工程。

每条路线根据工程实际情况和沼液性质又有不同的适用技术。沼液处理技术路线如图 5-2-1 所示。

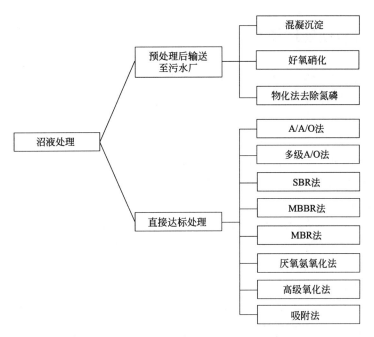

图 5-2-1　沼液处理技术路线图

5.3　沼液处理技术

沼液处理技术根据污泥厌氧消化工程的情况主要分为预处理技术和达标处理技术两类。污泥厌氧消化工程若作为污水处理厂泥线的组成部分，其产生的沼液通常经过预处理后返回污水处理厂的水线；污泥厌氧消化设施若作为独立的工程项目则需完整的工艺流程将沼液处理到达标排放。

5.3.1　沼液处理要求

对于预处理后返回污水处理厂水线的情况，沼液处理并无明确的要求，运行人员应提高氮磷去除率，以减轻沼液对污水处理过程的冲击；对于直接达标处理的情况，目前并无针对性的沼液处理标准，主要参考《城镇污水处理厂污染物排放标准》（GB18918—2002）和《污水排入城镇下水道水质标准》（CJ343—2010）。

沼液直接处理达到《城镇污水处理厂污染物排放标准》（GB18918—2002）难度较大，既面临高浓度氮磷的去除，也需要考虑难降解 COD 的问题，在生化处理之后可能需要设置高级氧化设施；沼液处理后达到《污水排入城镇下水道水质标准》（CJ343—2010）的难度相对较小，高浓度的氮是处理的重点，脱氮碳源严重不足，若通过常规的硝化-反硝化模式需要投加大量的外碳源，而采用厌氧氨氧化工艺可在无外加碳源的情况下实现脱氮，但是该工艺对设计和运行均提出很高的要求，因此目前的工程实例较少。

5.3.2 沼液预处理技术

污泥厌氧消化后产生的沼液直接返回水线将对污水生化处理工程产生一定的冲击，因此必须采取措施对沼液进行预处理，重点去除沼液中的氮磷。

(1) 混凝沉淀

混凝沉淀是污水处理中的重要方法，主要用于去除水中的悬浮固体和胶体，可用于各种工业废水的预处理、市政和工业废水深度处理、污泥处理等。沼液中 SS 和 TP 浓度较高，因此混凝沉淀是沼液最常见的预处理技术。

① 混凝机理

混凝沉淀是指颗粒的化学脱稳和通过异向絮凝而形成较大颗粒并进行重力分离的全部反应和机理。混凝沉淀的机理比较复杂，不同水质条件和不同混凝剂类型的作用机理均不相同，目前主要有电性中和作用、吸附架桥作用和网捕作用。

a. 电性中和作用

根据胶体颗粒聚集理论，要使胶粒通过布朗运动碰撞聚集，必须降低或者消除排斥能峰，因此向水中投加与胶体电荷相反的混凝剂，通过吸附-电性中和、压缩双电层等机制，降低胶体表面的电位，提高胶体相互吸附聚集的能力。

b. 吸附架桥作用

高分子物质通过吸附作用在分子链的一端吸附了某一胶粒后，另一端又吸附了另一胶粒，形成"胶粒—高分子—胶粒"的絮凝体，高分子物质在系统中起到了胶粒之间相互结合的桥梁作用，称为吸附架桥作用。

c. 网捕作用

当铝盐或铁盐混凝剂投量很大而形成氢氧化物沉淀时，可以网捕、卷扫水中胶粒产生沉淀分离，称为卷扫或网捕作用。网捕作用所需混凝剂与原水杂质含量呈反比。

② 混凝剂

混凝剂是能够使水中胶体脱稳并相互聚集的化学药剂的统称。混凝剂种类繁多，按化学式成分可分为无机絮凝剂和有机絮凝剂两大类，按分子量大小又分为低分子无机混凝剂和高分子混凝剂。

a. 无机絮凝剂

城市污水化学絮凝一级强化处理中，采用的无机絮凝剂主要有铝盐、铁盐和石灰等。铁盐和铝盐投入水中，三价的金属离子会与水中的磷酸盐以及氢氧根离子发生反应，与磷酸根 (PO_4^{3-}) 结合会产生难溶的化合物 $AlPO_4$ 或 $FePO_4$。通过沉淀的方法就可以去除磷。与氢氧根反应生成金属氢氧化物 $Fe(OH)_3$ 和 $Al(OH)_3$，通过凝聚作用、絮凝作用、沉淀分离，可以去除污水中的胶体性的物质和细小的悬浮物。由于进水磷酸盐的溶解性受 pH 值的影响，所以不同的絮凝剂各有其最佳的 pH 值范围。铁盐的最佳 pH 值范围是 6～7，铝盐的范围是 5～5.5。

金属絮凝剂对磷的去除率很高，一般情况下，出水总磷含量可满足低于 1.0mg/L 的排放要求。金属离子（铁盐和铝盐）虽然除磷效果好，但由于降低了污水碱度，所以会对后续处理中的硝化带来一定影响。

采用 $Ca(OH)_2$（熟石灰）作为絮凝剂时，会与硫酸根离子反应生成羟磷灰石沉淀。由于随着 pH 值的升高，羟磷灰石的溶解性降低，所以对于 $Ca(OH)_2$ 作絮凝剂的 pH 值要求高于 8.5。

b. 有机絮凝剂

有机絮凝剂主要是指合成的有机高分子絮凝剂，如聚丙烯酰胺（PAM）等，具有用量少、絮凝速度快、形成的矾花密实等优点，但价格普遍较高，一般用于辅助絮凝。据有关试验研究，采用不同的絮凝剂，其投加量和一级强化处理效果如表 5-3-1 所示。

表 5-3-1　化学絮凝一级强化处理效果表

絮凝剂		最佳投加量/(mg/L)	COD 去除率/%			浊度去除率/%		
			自然沉降去除率	强化去除率	总去除率	自然沉降去除率	强化去除率	总去除率
无机絮凝剂	硫酸铁	60	7.3	43.9	49.3	11.4	65.7	71.2
	三氯化铁	60	6.1	48.5	54.3	25.6	58.2	73.1
	硫酸铝	60	31.1	40.1	58.7	14.3	55.8	62.8
	聚合硫酸铁	50	16.4	28.4	44.2	13.5	54.2	61.4
	聚合氯化铝	30	19.4	32.9	48.2	11.4	58.9	65.4
有机絮凝剂	阳离子型聚丙烯酰胺	2	15.2	36.8	48.6	27.9	55.5	70.0
	壳聚糖	2	12.3	50.5	59.9	28.6	58.5	72.0
	PA331	2	17.4	55.5	63.4	28.1	58.0	71.7
	PA362	2	11.2	47.0	59.7	27.4	49.2	65.7

正确选择絮凝剂和其加注量，对污水处理工艺的有效运行、污泥产量的减少和运行成本的降低起到重要作用。化学一级强化处理工艺絮凝剂的选择主要达到以除磷（但也有 BOD_5、COD 和 SS）为主的目标，从有关文献中可知，典型的金属盐（如铁、钙、铝）投加量的变化范围是 1.0～2.0mol 金属盐/mol 磷去除，若同时配合使用聚丙烯酰胺 PAM 作为助凝剂，产生的污泥比单独采用混凝剂生成的污泥结构更紧密，沉降性能更好，一般聚丙烯酰胺 PAM 投加量为 0.5mg/L，可减少混凝剂 10mg/L 的投加量。

③ 影响混凝效果的主要因素

a. 水温影响

水温对混凝效果有明显影响。水温高时，黏度降低，布朗运动加快，碰撞的机会增多，从而提高絮凝效果，缩短混凝沉没时间。但温度过高，超过 90℃时，易使高分子絮凝剂老化生成不溶性物质，反而降低絮凝效果。

b. pH 值影响

pH 值也是影响混凝的重要因素，其影响程度视混凝剂种类而定。以硫酸铝为例，水的 pH 值直接影响 Al^{3+} 的水解聚合反应，即影响铝盐水解产物的存在形态。用以去除悬浮物时，最佳 pH 值在 6.5～7.5 之间，絮凝作用主要是氢氧化铝聚合物的吸附架桥和羟基配合物的电性中和作用，而用以去除色度时，pH 值则宜控制在 4.5～5.5 之间。对于任一混凝过程，都有相对最佳的 pH 值存在，使混凝反应速度最快，絮体溶解度最小，混凝作用最大。最佳 pH 值一般要通过试验获得。

④ 水中悬浮物浓度的影响

水中悬浮物浓度低时，颗粒碰撞率大大减小，混凝效果较差，而悬浮物浓度过高时，所需的混凝剂投加量将大大增加。悬浮固体浓度过高或过低均不利于混凝沉淀。

(2) 化学除磷

化学除磷是常见的沼液预处理的技术之一，主要通过化学沉析过程完成，化学沉析是指通过向污水中投加无机金属盐药剂，其与污水中溶解性的盐类，如磷酸盐混合后，形成颗粒状、非溶解性的物质，这一过程涉及相转移过程，以铁盐为例，反应方程如式（5-3-1）。实际上投加化学药剂后，污水中进行的不仅仅是沉析反应，同时还进行着化学絮凝反应，但是化学沉析和化学絮凝存在本质的差异。化学沉析是水中溶解状的物质，大部分是离子状物质转换为非溶解、颗粒状形式的过程，而絮凝则是细小的非溶解状的固体物互相粘结成较大形状的过程。

$$FeCl_3 + K_3PO_4 \longrightarrow FePO_4 \downarrow + 3KCl \qquad (5-3-1)$$

在污水净化工艺中，絮凝和沉析都是极为重要的，但絮凝是用于改善沉淀池的沉淀效果，而沉析则用于污水中溶解性磷的去除。如果利用沉析工艺实现相的转换，则当向污水中投加了溶解性的金属盐药剂后，一方面溶解性的磷转换成为非溶解性的磷酸金属盐，也会同时产生非溶解性的氢氧化物（取决于 pH 值）。另一方面，随着沉析物的增加和较小的非溶解性固体物聚积成较大的非溶解性固体物，使稳定的胶体脱稳，通过速度梯度或扩散过程使脱稳的胶体互相接触生成絮凝体。最后通过固-液分离步骤，得到净化的污水和固-液浓缩物（化学污泥），达到化学除磷的目的。

根据化学沉析反应的基础，为了生成磷酸盐化合物，用于化学除磷的化学药剂主要是金属盐药剂和氢氧化钙（熟石灰）。许多高价金属离子药剂投加到污水中后，都会与污水中的溶解性磷离子结合生成难溶解性的化合物。出于经济原因，用于磷沉析的金属盐药剂主要是 Fe^{3+}、Al^{3+}、Fe^{2+} 和石灰。二价铁盐仅当污水中含有氧，能被氧化成三价铁盐时才能使用。Fe^{2+} 在实际中为了能被氧化常投加到曝气沉砂池或采用同步沉析工艺投加到曝气池中，其效果同使用 Fe^{3+} 一样，反应式如式（5-3-2）和式（5-3-3）所示。

$$Al^{3+} + PO_4^{3-} \longrightarrow AlPO_4 \downarrow \qquad pH = 6 \sim 7 \qquad (5-3-2)$$

$$Fe^{3+} + PO_4^{3-} \longrightarrow FePO_4 \downarrow \qquad pH = 5 \sim 5.5 \qquad (5-3-3)$$

与沉析反应相竞争的反应是金属离子与 OH^- 的反应，所以对于各种不同的金属盐产品应注意的是金属的离子量，反应式如式（5-3-4）和式（5-3-5）所示。

$$Al^{3+} + 3OH^- \longrightarrow Al(OH)_3 \downarrow \qquad (5-3-4)$$

$$Fe^{3+} + 3OH^- \longrightarrow Fe(OH)_3 \downarrow \qquad (5-3-5)$$

金属氢氧化物会形成大块的絮凝体，这对于沉析产物的絮凝是有利的，同时还会吸附胶体状的物质、细微悬浮颗粒。需要注意的是有机物在以化学除磷为目的化学沉析反应中的沉析去除是次要的，但分离时有机性胶体以及悬浮物的凝结在絮凝体中则是决定性的过程。

除了金属盐药剂外，氢氧化钙也用作沉析药剂。在沉析过程中，对于不溶解性的磷酸钙的形成起主要作用的不是 Ca^{2+}，而是 OH^-，因为随着 pH 值的提高，磷酸钙的溶解性降低，采用 $Ca(OH)_2$ 除磷要求的 pH 值为 8.5 以上。磷酸钙的形成是按反应式（5-3-6）进行的：

$$5Ca^{2+} + 3PO_4^{3-} + OH^- \longrightarrow Ca_5(PO_4)_3OH \downarrow \qquad pH \geqslant 8.5 \qquad (5\text{-}3\text{-}6)$$

但在 pH 值为 8.5～10.5 的范围内除了会产生磷酸钙沉析外，还会产生碳酸钙，这也许会导致在池壁或渠、管壁上结垢，反应式如式（5-3-7）所示。

$$Ca^{2+} + CO_3^{2-} \longrightarrow CaCO_3 \downarrow \qquad (5\text{-}3\text{-}7)$$

与钙进行磷酸盐沉析的反应除了受到 pH 值的影响，另外还受到碳酸氢根浓度（碱度）的影响。在一定的 pH 值情况下，钙的投加量是与碱度成正比的。

（3）好氧硝化法

许多污水处理厂由于冬季温度低，硝化菌生长速率慢，硝化效果不佳，不少污水处理厂通过向污水处理系统投加硝化菌以提高氨氮去除效果。依据美国 EPA 推荐技术，可利用污泥厌氧消化后的高氨氮浓度沼液为原料培养硝化菌，并将硝化菌投到好氧反应池，根据研究结果，可将污水处理系统的硝化能力提高 10%。

5.3.3 沼液处理技术

污泥厌氧消化产生的沼液若不能输送至现有污水处理厂，则需通过单独的污水处理工艺流程进行处理。常用的沼液处理工艺为 A/O、多段 A/O、SBR、MBBR 等，为提高沼液的污染物去除率，MBR、厌氧氨氧化工艺、高级氧化工艺和吸附法也在试验推广中。

5.3.3.1 A/A/O 系列工艺

（1）A/A/O 工艺发展

国外从 20 世纪 60 年代开始，研究城市污水生物脱氮工艺，采用了硝化和反硝化方法。20 世纪 70 年代，美国和丹麦等相继开发了 A/O 生物除磷工艺，并将脱氮和除磷相结合，称之为 A/A/O（Anaerobic-Anoxic-Oxic）法。A/A/O 工艺是传统活性污泥工艺、生物硝化和反硝化工艺及生物除磷工艺的结合，可以同时去除有机物、脱氮、除磷，且处理成本较低，因而得到广泛应用。

典型 A/A/O 工艺流程如图 5-3-1 所示，工艺流程中包含厌氧、缺氧和好氧 3 个功能区，厌氧池主要进行释磷过程。缺氧区主要进行反硝化过程，好氧区主要进行硝化和吸磷过程。好氧池混合液进入沉淀池进行泥水分离，二沉池污泥回流至厌氧池以维持系统的污泥量，硝化液由好氧池回流至缺氧区以完成反硝化过程。典型 A/A/O 工艺适应性强，在我国拥有数百个应用实例。

由于生物脱氮和除磷分别由硝化菌和聚磷菌两类不同菌种进行，而它们有各自不同的适存条件，使得同步脱氮除磷工艺很难调控，主要存在泥龄、碳源和硝酸盐等矛盾。为解决 A/A/O 工艺机理上存在的矛盾，提高脱氮除磷的效率，不断有改进措施和工艺被提出。

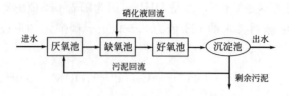

图 5-3-1 A/A/O 工艺流程示意图

目前，国外对 A/A/O 工艺的改进方法主要有 3 种，其中之一是在形式上的改变，以提高脱氮除磷效果，如 Eimco 公司的 Bardenpho 工艺。丹麦 Puritek 公司（得利满集团）的 OCO 污水处理技术也是一种形式上改进的 A/A/O 工艺。A/A/O 工艺的第二类改进是利用污泥发酵产生的易降解有机物（VFA），补充到 AA/O 工艺中的厌氧段或缺氧段，以提高脱氮除磷效率。主要有美国的 Owasa、挪威的 NTH、丹麦的 Hypro Concept、加拿大的 UBC 和德国 EASC 等工艺类型。A/A/O 工艺的改进还可从需氧量方面考虑，即它的第三种改进途径。有研究发现，在实际的 A/A/O 系统中，聚磷菌在缺氧状态下也能大量吸收磷，亦即聚磷菌也能进行反硝化。基于反硝化除磷现象开发出了两种最新脱氮除磷工艺：Dephanox 工艺和 BCFS 工艺。

(2) A/A/O 工艺特点

A/A/O 工艺作为我国应用范围最广的工艺之一，具有以下特点：

① 可以同时实现脱氮除磷功能，出水水质稳定；

② 剩余污泥中的含磷量较高；

③ 反硝化反应以城市污水中的有机物作为反硝化碳源，一般不需要外加碳源，经过反硝化后，部分有机物得以去除；

④ 厌氧池可起生物选择器的作用，改善活性污泥的沉降性能，以利控制污泥膨胀。

该工艺的主要问题在于回流污泥中的硝酸盐对厌氧释磷过程产生干扰，使得生物除磷效果受到影响。

(3) A/A/O 工艺主要运行控制参数

① 温度

硝化菌活性易受到温度影响，温度过高过低都将导致硝化速率的降低。硝化反应的适宜温度在 20～30℃；15℃ 以下时，硝化速率下降；5℃ 时反应完全停止，温度高至 50～60℃ 硝化反应也完全停止。

② 泥龄

硝化菌属于世代时间较长的细菌，为了保持生物反应器内硝化菌浓度，污泥龄必须大于硝化菌最小的世代时间，一般泥龄至少为硝化菌最小世代时间的 2 倍以上，即安全系数应大于 2，当温度比较低时，泥龄应该明显提高。

③ 溶解氧

氧是硝化反应过程中的电子受体，反应器内溶解氧的高低，影响硝化反应的进程。从硝化反应过程中可看出，1mol 原子氧化成硝酸氮，需 2mol 分子氧，即 1g 氮完成硝化反应，需 4.57g 氧，这个需氧量称为"硝化需氧量"（NOD）。一般在进行硝化反应的曝气池内，溶解氧含量不能低于 1mg/L。

④ 碳源

反硝化菌为异养型兼性厌氧菌，所以反硝化过程需要提供充足的有机碳源，通常以污水中的有机物或外加碳源（如甲醇、乙醇）作为反硝化菌的有机碳源。一般认为，当废水中 BOD_5/TN 的比值＞3 时，可认为碳源充足；若 BOD_5/TN 的比值＜3，则需要另外投加碳源。但是投加碳源会提高运行管理成本，最好应通过工艺改进，充分利用污水中原有碳源。

5.3.3.2 多段 A/O 工艺

(1) 多段 A/O 工艺发展

多段 A/O 工艺是一种基于传统 A/O 工艺而发展起来的工艺，它最早由国外研究人员于 20 世纪 90 年代初提出并试验研究，其水力停留时间短、所需池容小、脱氮效率高、无需内循环，适用于各种规模污水处理厂的升级改造和新厂建设。目前，多段分点进水脱氮除磷工艺已在美国、日本、新西兰等国污水处理厂投入生产应用。1991 年纽约市的 Tallman 岛污水处理厂将原有传统阶段曝气系统中的每一段都设置了缺氧区和好氧区，进行了分段进水的硝化/反硝化可行性示范研究，示范结果和其他一些污水处理厂的实例研究表明，由于采用分段进水，提高了前面几段的 MLSS 浓度，可有效减小池容。典型多段 A/O 工艺如图 5-3-2 所示。

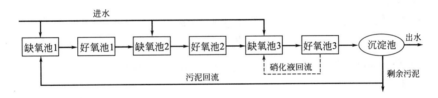

图 5-3-2　多段 A/O 工艺流程示意图

(2) 多段 A/O 工艺特点

连续流分段进水生物脱氮除磷工艺一般由多个 A/A/O 或 A/O 段串联组合而成，A 区和 O 区可设在同一池体，也可分建。工艺采用各段缺氧区或厌氧区多点进水的方式，一般不设置硝化液内回流设施，只需将二沉池污泥回流至反应器首段。在第一段的厌氧区聚磷菌利用部分进水易生物降解有机物充分地释磷，缺氧区反硝化菌只需将污泥回流液中的硝态氮还原，聚磷菌以硝态氮为电子受体发生部分反硝化吸磷反应，好氧区进行硝化菌的硝化反应和聚磷菌的生物吸磷反应，反应后的混合液和部分进水进入第二段的缺氧区，后续各段反应功能同第一段。

多段 A/O 工艺由于采用分段多点进水方式，因此具有一些特定工艺优势：

a. 有机底物沿池长均匀分布，负荷均衡，缩小了供氧速率与耗氧速率之间的差距，有利于降低能耗，又能够充分发挥活性污泥微生物的降解功能。

b. 污水分段进入，提高了反应器对水质水量冲击负荷的适应能力。

c. 混合液中活性污泥浓度沿池长逐步降低，出流混合液浓度较低，减轻了二沉池的负荷，有利于提高二沉池的固液分离效果。

d. 污水沿池分段进入而回流污泥在首端进入，系统的 SRT 比相同容积的推流系统长。分段进水系统在不增加反应池出流 MLSS 浓度的情况下，使污泥龄得以增加。

e. 硝化液从各段的好氧区直接流入下一段的缺氧区，从而简化了工艺流程。

工艺结构排列形式本身的优势：

a. 硝化液从各段好氧区直接进入下一段缺氧区，不用设置硝化液内回流设施，简化了工艺流程，节省了动力费用。

b. 各段厌氧区或缺氧区只进入部分原水，反硝化菌优先利用原水中易降解有机物进行反硝化反应，减少了好氧区异养菌对有机物的竞争，因此反硝化可以最大限度地利用原水碳源，尤其适用于解决低 C/N 城镇生活污水生物处理中碳源不足的问题。

c. 反硝化出水直接进入好氧区，在一定程度上弥补了硝化反应对碱度的需求，减少碱度物质投加量。

d. 缺氧好氧环境交替存在，有效抑制了丝状菌的繁殖生长，防止丝状菌污泥膨胀的发生。

e. 对现有污水处理厂的升级改造相对简单，只需将污水改为分段进入主体反应池体，部分池体改为缺氧运行，其他设施无需改动，一般无需增加处理构筑物。

(3) 多段 A/O 工艺主要运行控制参数

多段 A/O 工艺运行控制参数除了溶解氧、污泥浓度、污泥回流比之外，还包括各 A/O 段的进水分配。

① 进水分配比例

进水分配比例是多段 A/O 工艺的特有运行参数，进水分配比例与各 A/O 的反应停留时间密切相关，对于具体的多段 A/O 工艺和污水处理要求，存在合理的进水分配比例使整个 A/O 处理系统的效能最佳。在多段 A/O 工艺的设计运行过程中可利用仿真模型计算进水分配比例。

② 污泥浓度

多段 A/O 工艺由于分点进水的原因，每段 A/O 反应池的污泥浓度均不相同，第一段 A/O 的污泥浓度最高，可超过 5000mg/L；最后一段 A/O 的污泥浓度最低，与同处理条件下的单点进水系统的污泥浓度接近；因此多段 A/O 工艺的平均污泥浓度高于其他单点进水的连续流工艺，这也使多段 A/O 工艺在相同的水力停留时间下能够处理更大的水量。

③ 溶解氧浓度

溶解氧浓度是影响耗氧污染物去除的重要因素，由于多段 A/O 工艺是缺氧池、好氧池交替串联的形式，好氧池溶解氧浓度过高，将会影响整个系统的脱氮除磷效果。

5.3.3.3 SBR 工艺

间歇式活性污泥法（Sequencing Batch Reactor，简称 SBR）又称序批式活性污泥法，是一种不同于传统的连续流活性污泥法的污水活性污泥处理工艺。SBR 法以其独特的优点，近年来在世界各地得到发展。为了解决 SBR 工艺无法处理连续进水的问题，工程上采用了多池系统，使各个池子按进水顺次运行，进水在各个池子之间循环切换。

(1) SBR 工艺的发展

SBR 法是活性污泥法创始之初的充排式反应器（Fill-and-Draw Reactor）的一种改进模式。1893 年 Wardle 处理生活污水所采用的就是这种充排式工艺。1914 年，Arden 和 Lackett 首次提出活性污泥法这一概念时，采用的也是这种系统。当时，他们使用容积为

2L、3L 的烧瓶进行试验研究，将原水与微生物絮体混合，然后进行曝气，停止曝气后混合液开始沉淀，最后排除上清液留下的污泥再开始新的处理过程。第一座生产规模的活性污泥法污水处理厂采用的依然是充排式的运行方式，并且证明可以达到很好的处理效果。

随着技术的发展，人们对 SBR 的生化动力学及其在工艺上的优越性有了更深的了解。20 世纪 50 年代初，美国 Hoover 及其同事对 SBR 法处理制酪工业废水进行了探索。20 世纪 70 年代，美国印第安纳州 Natre 大学的 Irvine 教授对 SBR 和连续流活性污泥处理工艺做了系统的比较研究后，美国、澳大利亚、日本、原联邦德国等许多国家和地区都展开了对 SBR 法的研究和应用工作，使 SBR 法在世界范围得到越来越深入的研究和越来越广泛的应用。

随着人们对 SBR 研究的深入，新型的 SBR 工艺不断出现。20 世纪 80 年代初，出现了连续进水的 SBR-ICEAS，后来 Goranzy 教授相继开发了 CASS 和 CAST。20 世纪 80 年代，SBR 与其他工艺的结合上的研究也有了比较大的进步。20 世纪 90 年代，比利时的 SEGHERS 公司以 SBR 的运行模式为蓝本，开发了 UNITANK 系统，把 SBR 的时间推流与连续系统的空间推流结合起来。

最初 SBR 工艺被连续式工艺取代的原因主要有两个：曝气头堵塞和操作过于复杂。近年来，机械曝气装置和新型曝气头的开发，使间歇运行曝气装置的堵塞问题已经得到解决；同时，各种可控阀门、定时器、监测器的可靠程度已经相当高，程控机、电子计算机，特别是微型电脑自动控制技术的发展以及溶解氧测定仪、ORP 计、水位计等对过程控制比较经济而且精度高的水质检测仪表的应用，使得 SBR 工艺的运行可以完全实现自动化。困扰 SBR 发展的两个主要因素解决后，SBR 工艺得到了越来越广泛的应用。

（2）SBR 工艺特点

① 工艺流程简单、基建与运行费用低

SBR 系统的主体工艺设备是一座间歇式曝气池，与传统的连续流系统相比，无需二沉池和污泥回流设备，一般也不需要调节池。许多情况下，还可省去初沉池。这样 SBR 系统的基建费用往往较低。根据 Ketchum 等的统计结果，采用 SBR 法处理小城镇污水比用传统连续流活性污泥法节省基建投资 30% 以上。SBR 法无需污泥回流设备，节省设备费和常规运行费用。此外，SBR 法反应效率高，达到同样出水水质所需曝气时间较短。反应初期溶解氧浓度低，氧转移效率高，节省曝气费用。但对于大型污水处理厂，若采用 SBR 法，其建设费用与运行费用就不一定低，所以 SBR 法只适于中小型城市污水处理或工业废水处理。SBR 工艺流程示意图见图 5-3-3。

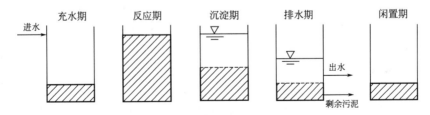

图 5-3-3　SBR 工艺流程示意图

② 生化反应推动力大、速率快、效率高

SBR 法反应器中底物浓度在时间上是一理想推流过程，底物浓度梯度大，生化反应推动力大，克服了连续流完全混合式曝气池中底物浓度低、反应推动力小和推流式曝气池中水流返混严重，实际上接近完全混合流态的缺点。Irvine等的研究还表明，SBR法中微生物的RNA含量是传统活性污泥法中的3～4倍。因为RNA含量是评价微生物活性的最重要指标，所以这也是SBR法有机物降解效率高的一个重要原因。

③ 可有效防止污泥膨胀

SBR法底物浓度梯度大，反应初期底物浓度较高，有利于絮体细菌增殖并占优势，可抑制专性好氧丝状菌的过分增殖。此外，SBR法中好氧、缺氧状态交替出现，也可抑制丝状菌生长。因此，在一般的情况下，SBR法不易产生污泥膨胀。

④ 操作灵活多样

SBR法不仅工艺流程简单，而且可以根据水质、水量的变化，通过各种控制手段，以各种方式灵活运行，如改变进水方式、调整运行顺序、改变曝气强度及周期内各阶段分配比等来实现不同的功能。例如在反应阶段采用好氧、缺氧交替状态来脱氮、除磷，而不必像连续流系统建造专门的A/O、A²/O工艺。

⑤ 耐冲击负荷能力较强

SBR法虽然对于时间来说是理想推流过程，但就反应器中的混合状态来说，仍属于典型的完全混合式，也具有完全混合曝气所具有的优点，一个SBR反应池在充水时相当于一个均化池，在不降低出水水质的情况下，可以承受高峰流量和有机物浓度上的冲击负荷。此外，由于无需考虑污泥回流费用，可在反应器内保持较高的污泥浓度，这也在一定程度上提高了它的冲击负荷能力。

⑥ 沉降效果好

沉淀过程中没有进出水水流的干扰，可避免短流和异重流的出现，是理想的静止沉淀，固液分离效果好，具有污泥浓度高、沉淀时间短、出水悬浮物浓度低等优点。

(3) SBR的主要运行控制参数

SBR工艺的主要运行参数包括：运行周期、充水比、溶解氧浓度、污泥浓度等。

① 运行周期

运行周期是SBR特有的运行参数，典型SBR工艺的周期包括进水（搅拌）、反应（曝气）、沉淀、滗水和闲置五个阶段，运行周期根据SBR池数量和水力停留时间共同确定，并随处理需要进行优化以提高处理效果并降低运行能耗，为方便管理，SBR周期通常可被24整除。

② 充水比

充水比是SBR的另一特有运行参数，充水比受污泥沉降性能和水质的影响，运行周期一定的情况下，充水比越大，污水处理量越大，水力停留时间越短，沼液中的COD和NH_4^+-N浓度较高，宜采用低充水比以保证系统脱氮效果。

③ 溶解氧浓度

与连续流污水处理工艺不同，SBR反应池的需氧量随时间的变化非常明显，因此反应池中的溶解氧浓度变化也比较大，反应初期溶解氧浓度较低，而耗氧污染物浓度逐步下降，SBR反应池中的溶解氧浓度不断上升，根据硝化动力学方程，溶解氧浓度大于2.0mg/L之后进一步增加溶解氧浓度对硝化速率的影响较小，可根据实际运行过程中的溶解氧变化实施优化控制，使反应过程中的溶解氧浓度控制在2.0～3.0mg/L。

④ 污泥浓度

活性污泥浓度是 SBR 工艺的重要运行参数，直接决定系统的污水处理效能，特别是 COD 和 NH_4^+-N 等耗氧污染物。在处理污泥厌氧消化产生的沼液时，可将生化反应池的污泥浓度维持在 4000～5000mg/L。

⑤ 进水模式

SBR 是间歇进水工艺，在处理城市污水时每个周期进水一次，而在处理高浓度废水时，可在一个周期内多次进水，每次进水为系统带来反硝化所需的碳源，在进水过程中进行反硝化，降低反应池中的硝酸盐浓度并补充部分碱度；进水结束后进行好氧硝化反应，将新增的氨氮转化为硝酸盐，并利用下一次进水中的碳源进行反硝化。若反硝化碳源充足，总氮的去除率与进水次数之间的关系如式（5-3-8）所示，假定进水 TN 浓度为 1500mg/L，充水比为 0.1，则周期内进水 3 次，系统的 TN 去除率为 96.7%。

$$P = 1 - \frac{\lambda}{n} \tag{5-3-8}$$

式中　λ——为充水比；

　　　n——周期内进水次数。

5.3.3.4 MBBR 工艺

移动床生物膜反应器是在 20 世纪 90 年代由挪威 Kaldnes M ijecpisknogi 公司与 SNTEF 研究所共同开发而成，目的是在原有活性污泥处理系统的基础上提高负荷，增加脱氮除磷能力。该系统将生物膜法与活性污泥处理工艺结合起来形成，能够保持较高的微生物量，提高了系统的有机负荷和效率。悬浮型填料相对密度接近于水，无需固定支架，在池中可随曝气搅拌悬浮于水中并全池均匀流化，能耗较低，避免了固定式填料在使用中常遇到的堵塞、结团、布气布水不均匀等问题。MBBR 通常作为 A/A/O 和 SBR 系列的好氧反应部分，常用填料如图 5-3-4 所示。

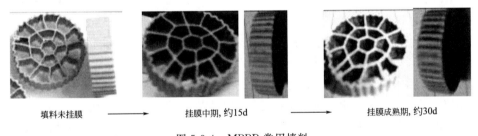

填料未挂膜　——→　挂膜中期，约15d　——→　挂膜成熟期，约30d

图 5-3-4　MBBR 常用填料

MBBR 是介于固定填料生物接触氧化法和生物流化床之间，将活性污泥法和生物膜法相结合的一种新工艺，与活性污泥法和其他生物膜法相比，具有一些独特的工艺优点。MBBR 克服了活性污泥法占地大、会发生污泥膨胀以及污泥流失等缺点；解决了固定床生物膜法需定期反冲洗、清洗滤料和更换曝气器等复杂操作问题；克服了接触氧化法填料易堵塞、生物膜过厚易结团的缺点；同时也解决了生物流化床三相分离困难、动力消耗高的问题。将其应用于污水的处理，既提高污水处理厂的脱氮效率，改善运行效果，又不需要增加原有反应器的容积。

总体说来，移动床生物膜反应器工艺的优势，概括体现在以下几个方面：

① 微生物量大，污泥浓度是普通活性污泥的 5～10 倍，净化功能显著提高；

② 载体密度轻，流化过程能耗低，加大了传质速率，氧转移效率高，不需要反冲洗，水损失小，不发生堵塞，无需污泥回流，剩余污泥量少；

③ 耐冲击负荷，对水质、水量变动有较强的适应性，并能处理高浓度污水；

④ 结构紧凑，占地少，能耗低，易于运行和管理，减少污泥膨胀问题，投资和运行费用低；

⑤ 生化池的设计弹性大，适于已建污水系统的扩建。

5.3.3.5 MBR 工艺

膜分离技术作为一种新型、高效的流体分离单元操作技术，近年来取得了令人瞩目的飞速发展，已广泛应用于国民经济各个部门，如化学工业、食品加工、水处理、医药技术等，在节能降耗、清洁生产和循环经济中发挥着重要作用，目前已经工业化的膜分离技术包括微滤、超滤、反渗透、电渗析和气体膜分离技术等。2011 年，世界上包括膜制品、装置以及膜分离相关工程的市场规模在 430 亿美元左右，其中膜制品为 100 亿美元；国内，2011 年分离膜制品市场为 60 亿元人民币，加上相关工程，市场规模达 200 亿元人民币，而在水处理和水回用方面的份额就占到 90% 以上。

(1) MBR 工艺的发展

膜-生物反应器是最近 50 年发展起来的污水处理新技术，其研究和发展大致经历以下三个阶段。

① 第一阶段（1966～1980 年）

1966 年，美国的 Dorr-Oliver 公司首先将膜-生物反应器用于船运的废水处理，采用外置式板框组件来实现膜过滤，要求高的进水压力，但是渗透通量低。20 世纪 70 年代初期，好氧 MBR 处理城市污水的试验规模进一步扩大，同时，厌氧 MBR 研究也相继开始进行。由于当时膜组件的种类很少，膜的寿命通常很短，这就限制了 MBR 工艺长期稳定地运行，从而也限制了 MBR 技术在实际工程中的推广应用。

② 第二阶段（1980～1995 年）

MBR 在商业化应用方面得到了发展。于 1980 年成立的 Zenon 环境公司开发了一种 MBR 系统，即早期的第一代 ZenoGem 浸没式 MBR 工艺，到 1993 年 Zenon 公司成功推出了第一套浸没式中空纤维（HF）膜的 ZeeWeed 组件-ZW145 系列，随后又研发成功 ZW130 系列、ZW150 系列等产品。同一时期，日本对膜分离技术在废水处理中的应用进行了大力开发和研究，使膜-生物反应器开始走向实际应用。Kubota 作为其中的公司之一，研制了平板式微滤膜，用于浸没 MBR 工艺。到 1993 年，已有 39 套外置式 MBR 系统用于日本的卫生和工业领域。

③ 第三阶段（1995 年至今）

MBR 技术的快速发展和应用阶段。20 世纪 90 年代中期，膜生产成本的降低与浸没式系统结合，有效降低了 MBR 系统的运行成本，导致 MBR 处理系统以指数形式增长。越来越多的发达国家将 MBR 用于生活污水和工业废水的处理。

（2）MBR 工艺特点

MBR 技术与传统污水处理工艺相比具有如下优点：膜可直接置于生物反应器中泥水分离，取代传统活性污泥法中的二沉池，出水水质良好且稳定；实现反应器水力停留时间和污泥龄的完全分离，使运行控制更加灵活稳定；维持生物反应器内高浓度的微生物量，处理装置容积负荷高，占地面积小；有利于增殖缓慢的微生物（如硝化细菌）的截留和生长，提高系统硝化效率；剩余污泥产量低，降低了污泥处理费用；易实现自动控制，操作管理方便。

（3）MBR 工艺的膜污染控制

膜污染是由膜与活性污泥中的污染物质相互作用引起的，通常是指溶质在膜表面和膜孔内吸附聚集，以及因为浓差极化使溶质浓度超过饱和浓度而在膜表面产生沉淀或结晶，形成"凝胶层"或者"泥饼层"，从而引起膜通量衰减的过程。膜污染有可逆和不可逆污染之分。在 MBR 中，膜污染常能使实际运行通量低于清水通量的 5％，对膜过程有很大的影响。

膜污染通常可分为可逆污染和不可逆污染。可逆污染主要由是指由于悬浮物、胶体、溶解性物质在膜表面沉积形成的污染层引起，可很容易通过物理清洗消除；而不可逆污染主要由溶解性物质或小分子胶体物质或可溶物质吸附、堵塞膜孔内部引起，通过化学清洗可以消除。众多研究表明，由污染层引起的可逆污染被认为是 MBR 中膜污染的主要部分，Lee 等报道了膜孔堵塞及饼层阻力分别占膜过滤总阻力的 8％ 和 80％，Ramesh 等在用 MBR 过滤城市生活污水时发现泥饼层阻力占膜总阻力的 95％～98％。

活性污泥的超滤过程，必然同时存在膜孔的堵塞和沉积层的形成。一般在过滤初期较短的时间内（几分钟），以膜孔的堵塞为主，之后，沉积层开始控制膜过滤。由于理想的分离是筛分，因此要尽量避免一次吸附和阻塞的发生。

（4）膜污染影响因素

长期以来，膜污染影响因素的分析一直是 MBR 领域的研究热点。影响膜污染因素的研究对于控制或延缓膜污染至关重要。影响膜污染的因素有很多，主要可分为：膜的理化性质、反应器运行操作条件、进水和活性污泥混合液特性。

① 膜的理化性质对膜污染的影响

膜本身的特性如膜孔径、孔隙率、表面能、电荷、粗糙度以及亲、憎水性对膜污染有直接的影响。

膜按材质分为无机膜和有机膜，从形态上可分为均质膜和非对称膜。均质膜是指各向同性的致密膜或多孔膜，其通量一般较小。非对称膜一般由两层组成，表面皮层非常薄，从几十纳米到几十微米，下面的多孔支撑层较厚，约 100 多微米。皮层起分离作用，对分离膜的性能起决定性的影响。

膜过滤过程中通常希望膜具有良好的机械性能、高的膜通量和高的选择性。而后面两个要求实际上是相互矛盾的，因为高的选择性通常只能通过较小的孔径获得，而较小的孔径必然引起较大的水力阻力和较低的膜通量。膜通量与膜的开孔率成正比，孔隙率越大越好。膜的阻力还与膜的厚度成正比。再者，较宽的孔径分布范围必然使膜的选择性变差。因此膜的最理想的物理结构是厚度薄、孔径范围窄并且表面孔隙率高。研究考察膜本身性质对膜污染的影响，对于膜过滤工艺中膜的选择具有指导意义。

② 反应器运行操作条件对膜污染的影响

a. 错流速率的影响

理论与试验研究均揭示错流速率对膜污染具有重要影响。错流速率通过剪切力和剪切诱导扩散影响颗粒物在膜表面积累，进而影响污染层的厚度。Tardieu 等采用 100L/（m² · h）的高通量在错流速率 4m/s 时可以保持 100h，而采用 25L/（m² · h）的通量在 0.5m/s 时仅可以保持 6h。通过对陶瓷膜直接观察，发现在高错流速率下，絮体不会在膜表面沉积。一般来说，在污泥浓度较高时，膜面流速增加到一定值后，水流的剪切力对沉积层的影响减弱，膜通量增加的速度减小。从膜通量和泵的能量利用率的双重方面考虑，在每一污泥浓度下，存在与此相应的最佳膜面流速范围，使在保持较高能量利用效率的条件下获得较大的膜通量。

b. 曝气的影响

在一体式 MBR 中，曝气不但为微生物提供氧气，满足有机物降解和细胞合成的要求，还产生工艺所需的错流速率，使混合液处于悬浮状态冲刷膜面使膜污染减轻。曝气引起的错流可以有效地去除或者减轻膜面的污染层。理论上可以计算出安装有挡板的内循环生物反应器的错流速率，一般在浸没式 MBR 中，错流速率为 0.3～0.5m/s。

c. HRT 和负荷

MBR 中采用较短的 HRT 会为微生物提供较多的营养物质，因而污泥增长速率较高，MLSS 浓度升高快。MLSS 浓度直接受到污泥负荷率的影响。Hideke 等与 Veda 等都证明，过短的水力停留时间会导致溶解性有机物的积累，吸附在膜面上而影响通量。因此需要控制 HRT，以维持溶解性有机物的平衡。

d. 泥龄的影响

污泥停留时间直接影响剩余污泥的产量、组成、生物特性和浓度，例如在批量处理系统中，微生物处于内源呼吸期时，大量微生物死亡，上清液中可溶性代谢产物积累，从而加剧膜的生物污染。SRT 延长无疑会增加 MLSS 浓度。很长的 SRT 会使 EPS 浓度略有减少，污泥颗粒尺寸略有增加。有研究表明当 SRT 从 5d 增加到 20d 时，MLSS 从 3g/L 增加到 7.5g/L，较长的 SRT 使膜污染减轻。但是也有报道高 MLSS 浓度会导致高的污泥黏度，从而加重膜污染，认为应定期排泥以保持较低的黏度。

③ 进水和活性污泥混合液特性对膜污染的影响

许多研究者研究了污泥中不同组分对于膜污染的贡献，但结论差别较大。Wisniewski 等把活性污泥分离为三部分：可沉降颗粒（颗粒粒径大于 $100\mu m$）、胶体部分（颗粒粒径介于 $0.05\sim100\mu m$）和溶解性物质（采用 $0.05\mu m$ 的膜进行过滤所得），发现溶解性物质是膜污染主要原因（悬浮固体、胶体、溶解性物质对膜阻力的贡献分别为 23％、25％、52％）。Defrance 等报道悬浮固体是主要原因（三者贡献依次为 65％、30％、5％）。Bouhabila 等认为胶体是主要原因（三者的贡献依次为 24％、50％、26％）。Chang 等认为 EPS 是膜阻力的主要贡献者。后两个研究还认为每一种组分引起的膜阻力的代数和大于所测得的总阻力值，说明各种组分引起的膜阻力不是简单的加和关系。这些结论的差异可能是污泥性状、膜的特性、过滤、系统水力条件以及分离手段的不同造成的，说明活性污泥中的不同组分都有可能成为污染的主要因素。

5.3.3.6 厌氧氨氧化工艺

厌氧氨氧化是指在厌氧条件下利用 NH_4^+ 作为电子供体将 NO_3^- 或 NO_2^- 转化为 N_2 的过程。1977 年，奥地利理论化学家 Broda 从化学反应热力学出发，预言了厌氧氨氧化反应和厌氧氨氧化菌的存在。1990 年，荷兰 Delft 技术大学 Kluyver 生物技术实验室开发出 ANAMMOX 工艺。由于该过程是自养的，因此不需要另外有机物支持反硝化作用，省去了外源电子供体。SHARON 工艺与 ANAMMOX 工艺联合在一起，组成了一种全新的生物脱氮工艺，即 SHARON-ANAMMOX 组合工艺，该工艺具有耗氧量少、污泥产量少、可解决可能出现的脱氮碳源不足问题。

(1) 厌氧氨氧化的反应机理

① 厌氧氨氧化的生化反应方程式

$$NH_4^+ + 2O_2 \longrightarrow NO_3^- + H_2O + 2H^+ \quad \Delta G^{0'} = -349kJ \text{（传统硝化反应）} \quad (5\text{-}3\text{-}9)$$

$$NH_4^+ + NO_2^- \longrightarrow N_2 + 2H_2O \quad \Delta G^{0'} = -358kJ \text{（厌氧氨氧化反应）} \quad (5\text{-}3\text{-}10)$$

式（5-3-9）是好氧条件下传统硝化反应方程式，式（5-3-10）是厌氧条件下 Mulder 等人推测的厌氧氨氧化的反应方程式。根据化学热力学理论，$\Delta G < 0$ 说明反应产能，可以自发进行，ΔG 越小说明反应越容易发生；因此比较式（5-3-9）和式（5-3-10）可以清楚地发现，厌氧氨氧化反应是一个产生能量的过程，理论上比传统的好氧硝化反应更容易发生。

② 厌氧氨氧化的生物代谢途径

厌氧氨氧化有多种可能的代谢途径，典型的有以下 3 种：

① 氨被氧化成羟氨，羟氨和亚硝酸盐生成 N_2O，N_2O 进一步转化为氮气。

② 氨和羟氨反应生成联氨，联氨被转化成氮气并生成 4 个还原态，还原态 [H] 被传递到亚硝酸还原系统形成羟氨。

③ NH_4^+ 被氧化为羟氨，羟氨经 N_2H_4、N_2H_2 被转化成氮气。

Van de Graaf 等利用流化床反应器分别添加硝酸盐、亚硝酸盐、NH_2OH、NO 和 N_2O 作氧化剂进行了一系列同位素标记试验，发现在厌氧氨氧化过程中产生的一分子 N_2 中，一个氮原子来自 NO_2^-，另一个氮原子来自 NH_4^+，羟胺和联胺是反应的中间产物，羟胺是最可能的电子受体，而羟胺本身是由亚硝酸盐产生。推测可能的代谢途径是电子受体亚硝酸盐在亚硝酸盐还原酶的催化作用下产生羟胺，按着羟胺把氨氧化成联胺，然后在羟胺氧还酶的作用下，联胺被转化成氮气，副产物硝酸盐是在 ANAMMOX 菌同化合成细胞过程中产生的。

(2) 厌氧氨氧化的影响因素

① 基质的影响

Van de Graaf 等在连续培养实验中证明，添加有机电子供体（葡萄糖、乙酸盐等）可降低厌氧氨氧化菌的活性；基质亚硝酸盐浓度过高也对其产生抑制，但是亚硝酸盐的抑制浓度报道不一，Van de Graaf 认为亚硝酸盐浓度超过 20mmol/L 将产生抑制作用，当超过 50mmol/L，若维持时间较长（12h），厌氧氨氧化菌将失去活性，还有报道说亚硝酸盐浓度超过 100mg/L 时，厌氧氨氧化被完全抑制，不过这种抑制可以通过添加少量中间产物

（联氨、羟胺等）来解除；磷酸盐也可影响厌氧氨氧化菌的活性，Thamdrup 认为超过 2mmol/L 将造成活性失去，Van de Graaf 等实验证明，厌氧氨氧化菌富集培养物只能耐受 1mmol/L 磷酸盐，当浓度达 5mmol/L 时，活性可完全丧失。

② 温度和 pH 值的影响

Jetten 等认为厌氧氨氧化工艺的温度范围为 20～43℃，最佳为 40℃；pH 值范围为 6.7～8.3，最佳为 8.0。Thamdrup 认为有活性的温度范围为 6～43℃。Straous 等试验研究了 SBR 反应器中厌氧氨氧化的生理学参数，其适宜的温度和 pH 值范围与 Jetten 等的研究一致。Egli 等发现在生物转盘中厌氧氨氧化菌存在活性的温度和 pH 值范围是 11～45℃和 6.5～9，最佳条件是温度为 37℃，pH 值为 8。

③ 其他因素的影响

厌氧氨氧化菌对光敏感，光线可降低其活性（30%～50%）；厌氧氨氧化菌受氧抑制。

5.3.3.7 高级氧化工艺

高级氧化技术以产生具有强氧化能力的羟基自由基（·OH）为特点，在高温高压、电、声、光辐照、催化剂等反应条件下，使大分子难降解有机物氧化成低毒或无毒的小分子物质。根据产生自由基的方式和反应条件的不同，可将其分为光催化氧化、Fenton 氧化、催化湿式氧化、声化学氧化、臭氧氧化、电化学氧化及相应的催化氧化等。

（1）臭氧氧化法

臭氧具有极强的氧化性能，水处理过程中，臭氧对有机物的降解，主要分为臭氧分子的直接作用和臭氧分解产物·OH 的间接氧化作用。臭氧分子是选择性氧化剂，与电子供体基团结合有高反应性；而与电子受体结合则反应性下降。·OH 与各种有机物和无机物反应没有选择性，其反应速率主要受扩散作用的限制。对于饮用水而言，·OH 对与臭氧反应较慢的化合物起重要作用；而对于污水而言，由于存在很多·OH 抑制剂，在臭氧浓度低时，臭氧直接氧化占主导。

① 臭氧分子

臭氧在工业废水处理中应用比较普遍，它的强氧化性可用于降低 BOD、COD、脱色、除臭、除味、杀藻，除铁、锰、氰、酚等，其中以脱色应用尤为重要。着色有机物一般是具有不饱和键的多环有机物，用臭氧进行处理时能够打开不饱和化学键，使分子断键，从而使水变清。在印染废水处理中，微量的臭氧就能起到良好的效果。

另外，臭氧适用于处理污染物浓度高的化工、矿业类废水，此类废水毒性大而且有的废水中含盐量非常高，是最难处理的废水。因废水中含有毒有害物质，微生物难以生长，采用传统的生物处理方法的处理效果差，难以达到排放标准。而臭氧可以有效地使污染物分子的化学键断裂，使大分子变为小分子，从而降低污染物的毒性，提高废水的可生化性并有利于后续生化处理。

② 臭氧分解产物——羟基自由基

由于臭氧分子的氧化具有选择性，臭氧的分解容易受到水质的影响，用臭氧进行废水深度处理时，很难将有机物彻底矿化，处理效果也容易受水中共存化合物的影响。而通过臭氧与其他水处理技术结合，形成氧化性更强反应选择性较低的羟基自由基，从而提高了臭氧的利用率和氧化能力，能够实现有机物的矿化。

a. O_3/UV 高级氧化

在紫外光照射下可促使臭氧分解产生大量·OH，而且 O_3 还可直接作用于水中有机物分子，有利于氧化反应进行，因此对水中有机污染物的去除效果较好。·OH 产生过程如下：

$$O_3 + h\nu \longrightarrow O + O_2$$

$$O + H_2O \longrightarrow 2 \cdot OH$$

$$O_3 + H_2O + h\nu \longrightarrow H_2O_2 + O_2$$

$$H_2O_2 + h\nu \longrightarrow 2 \cdot OH$$

$$O_3 + H_2O_2 \longrightarrow 2 \cdot OH + O_2$$

O_3/UV 高级氧化法始于 20 世纪 70 年代，主要用来处理有毒有害且无法生物降解的有机物，80 年代以后，开始应用于饮用水的深度处理。在处理工业废水中，可用于去除水中的铁氰酸盐、溴酸盐等无机物，氨基酸、醇类、农药、氯代有机物、含氮或硫或磷有机物等有机污染物；O_3/UV 法用于苯酚的降解，不同 pH 值下，酚的降解可达 81%～92%；实验研究表明，O_3/UV 处理 TNT 炸药废水时用 254nm 的紫外光配合臭氧，去除效率很高，臭氧在紫外光的协同作用下，由于羟基自由基的形成，有效地破坏了有机物的分子结构并最终使之矿化。

b. O_3/H_2O_2 高级氧化

O_3/H_2O_2 高级氧化技术将 O_3 和 H_2O_2 同时用于水处理中，H_2O_2 可以使臭氧迅速分解，并产生·OH，从而提高有机物的降解速率，并可使大部分污染物完全矿化。反应过程如下：

$$O_3 + OH^- \longrightarrow HO_2^- + O_2$$

$$H_2O_2 \longrightarrow HO_2^- + H^+$$

$$O_3 + HO_2^- \longrightarrow \cdot OH + O_2^-$$

$$O_3 + O_2^- \longrightarrow O_3^- + O_2$$

$$O_3^- + H^+ \longrightarrow \cdot OH + O_2$$

需要注意的是，必须针对处理的水质确定适宜的 H_2O_2 的投加量，H_2O_2 的投加不但会影响处理的效果，还会影响处理的成本。

O_3/H_2O_2 高级氧化技术处理被汽油中的 MTEB（甲基叔丁基醚）污染过的地表及地下水被证明是一种较有前途方法。

c. O_3/AC 高级氧化

O_3/AC 组合工艺，即将臭氧氧化与活性炭吸附相结合。O_3/AC 工艺的原理是臭氧和活性炭表面基团之间的相互作用可导致·OH 的产生。在反应过程中先进行臭氧氧化，后进行活性炭吸附，在活性炭吸附中又可继续臭氧氧化。

任何事物都具有两面性，臭氧在使用过程中也存在着一些问题，例如：低浓度臭氧处理有机物时不能将其完全氧化为二氧化碳和水，而是生成一系列中间产物，如醛、羧酸等；臭氧溶解度低，限制了臭氧在水处理中的应用；臭氧生产中对进入发生器的空气质量要求高，且臭氧有腐蚀性，要求设备和管路使用耐腐蚀材料或作防腐处理；臭氧极不稳定，质量浓度为1%以下的臭氧在常温（常压）的空气中的半衰期为16h，水中臭氧浓度为3mg/L时，半衰期仅30min左右；产生·OH速度较慢。

（2）湿式氧化技术

湿式氧化法（简称WAO）是在高温、高压下，利用氧化剂将废水中的有机物氧化成二氧化碳和水，从而达到去除污染物的目的。与常规方法相比，具有适用范围广，处理效率高，极少有二次污染，氧化速率快，可回收能量及有用物料等特点，因而受到了世界各国科研人员的广泛重视，是一项很有发展前途的水处理方法。

① 湿式氧化过程

湿式氧化过程比较复杂，一般认为有两个主要步骤：空气中的氧从气相向液相的传质过程；溶解氧与基质之间的化学反应。其化学反应机理如下。

根据研究，普遍认为湿式氧化去除有机物所发生的氧化反应主要属于自由基反应，共经历诱导期、增殖期、退化期以及结束期四个阶段。在诱导期和增殖期，分子态氧参与了各种自由基的形成。生成的HO·、RO·、ROO·等自由基攻击有机物RH，引发一系列的链反应，生成其他低分子酸和二氧化碳。整个反应过程如下：

a. 诱导期

$$RH + O_2 \longrightarrow R\cdot + HOO\cdot$$
$$2RH + O_2 \longrightarrow 2R\cdot + H_2O_2\cdot$$

b. 增殖期

$$R\cdot + O_2 \longrightarrow ROO\cdot$$
$$ROO\cdot + RH \longrightarrow ROOH + R\cdot$$

c. 退化期

$$ROOH \longrightarrow RO\cdot + HO\cdot$$
$$ROOH \longrightarrow R\cdot + RO\cdot + H_2O$$

d. 结束期

$$R\cdot + R\cdot \longrightarrow R-R$$
$$ROO\cdot + R\cdot \longrightarrow ROOR$$
$$ROO\cdot + ROO\cdot \longrightarrow ROH + R_1COR_2 + O_2$$

以上各阶段链式反应所产生的自由基在反应过程中所起的作用，主要取决于污水中有机物的组成，所使用的氧化剂以及其他试验条件。

氧化反应的速度受制于自由基的浓度。初始自由基形成的速率及浓度决定了氧化反应"自动"进行的速度。由此可以得到的启发是，若在反应初期加入过氧化氢或一些C—H键薄弱的化合物（如偶氮化合物）作为启动剂，则氧化反应可加速进行。例如，在湿式氧化条件下，加入少量H_2O_2，形成HO·，这种增加的HO·缩短了反应的诱导期从而加快了氧化速度。当反应进行后，在增殖和结束期，自由基被消耗并达到某一平衡浓度，反应速率也将恢复到初始的速度。

为提高自由基引发的速度，另一种有效的方法是加入过渡金属化合物。可变化合价的金属离子M可以从饱和化合价中得到或失去电子，导致自由基的生成并加速链式反应。

然而，当催化剂 M 浓度过高时，由于形成下列反应又会抑制氧化反应速率，这就是反催化作用。

在湿式氧化反应中，尽管氧化反应是主要的，但在高温高压体系下，水解、热解、脱水、聚合等反应也同时发生。因此在湿式氧化体系中，不仅发生高分子化合物 α—C 位 C—H 键断裂成低分子化合物这一自由基反应，而且也发生 β 或 γ—C 位 C—C 键断裂的现象。而在自由基反应中所形成的诸多中间产物本身也以各种途径参与了链反应。

② 湿式氧化系统的工艺流程

湿式氧化系统的主要设备如下：

a. 反应器

反应器是 WAO 设备中的核心部分。工作条件是高温、高压，且所处理的污水通常有一定的腐蚀性，因此对反应器的材质要求较高，需有良好的抗压强度，且内部材质需耐腐蚀，如不锈钢、镍钢、钛钢等。

b. 热交换器

污水进入反应器之前，需要通过热交换器与出水的液体进行热交换，因此要求热交换器有较高的传热系数，较大的传热面积和较好的耐腐蚀性，且有良好保温能力。

c. 空气压缩机

为了减少费用，常采用空气作为氧化剂，当空气进入高温、高压的反应器之前，需要使空气通过热交换器升温和通过压缩机提高空气压力，以达到需要的温度和压力。

d. 气液分离器

氧化后的液体经过热交换器后温度降低，使液相中的 O_2、CO_2 和易挥发的有机物从液相进入气相分离。分离器内的液体再经过生物处理或直接排放。

湿式氧化系统的工艺流程具体过程简述如下：

污水通过贮存罐由高压泵打入热交换器，与反应后的高温氧化液体换热，使温度上升到接近反应温度后进入反应器。反应所需的氧由压缩机打入反应器。在反应器内，污水中的有机物与氧发生放热反应，在较高温度下将污水中的有机物氧化成二氧化碳和水，或低级有机酸等中间产物。反应后气液混合物经分离器分离，液相经热交换器预热进料，回收热能。高温高压的尾气首先通过再沸器（如废热锅炉）产生蒸汽或经热交换器预热锅炉进水，其冷凝水由第二分离器分离后通过循环泵再打入反应器，分离后的高压尾气送入透平机产生机械能或电能。

因此，这一典型的工业化湿式氧化系统不但处理了污水，而且对能量进行逐级利用，减少了有效能量的损失，维持并补充湿式氧化系统本身所需的能量。

③ 湿式氧化法的应用

湿式氧化法的应用主要为两大方面，一是用于高浓度难降解有机废水生化处理的预处理，提高可生化性；二是用于处理有毒有害的工业废水。

湿式氧化法在实际推广应用方面仍存在着一定的局限性：湿式氧化一般要求在高温高压的条件下进行，其中间产物往往为有机酸，故对设备材料的要求较高，须耐高温、高压，并耐腐蚀，因此设备费用大，系统的一次性投资高；由于湿式氧化反应中需维持在高温高压的条件下进行，故仅适于小流量高浓度的废水处理，对于低浓度大水量的废水则很不经济；即使在很高的温度下，对某些有机物如多氯联苯、小分子羧酸的去除效果也不理想，难以做到完全氧化；湿式氧化过程中可能会产生毒性较强的中间产物。

（3）其他高级氧化技术

① Fenton 试剂法

Fenton 试剂即由亚铁离子与过氧化氢组成的一种试剂，利用这种试剂的反应称为 Fenton 反应。其实质是二价铁离子链式反应催化生成·OH，反应中 Fe^{2+} 起着催化剂的作用，它与 H_2O_2 之间的反应很快，生成氧化能力很强的羟基自由基。

② 光化学氧化和光化学催化氧化法

光化学氧化法是向废水中加入适量氧化剂（如从 H_2O_2、Cl_2、O_3 等），在紫外光（或可见光）作用下产生强氧化性的·OH，它能够将大部分有机物氧化成 CO_2、H_2O 和其他小分子有机物。具有反应速度快、耗时短、反应条件温和、操作条件易于控制等优点。

光催化氧化法是在光化学氧化基础上发展起来的。与光化学氧化相比，光催化氧化法具有更强的氧化能力，对有机物降解效果更好。

③ 电化学氧化法

电化学氧化法是使污染物在电极上发生直接的电化学反应（直接电化学反应），或者利用电极表面产生的强氧化性活性物种使污染物发生氧化还原反应（间接电化学反应），生成无害物的过程。

电化学法除对所需降解的有机物具有良好的选择性外，还有如下特点：在氧化过程中不添加任何物质；具有消毒的作用；能量利用率高，低温下亦可进行；设备较简单，操作费用低，易于自动控制；无二次污染，被称为"环境友好型处理技术"。

5.4 沼液的资源化利用

沼液中含有较高浓度氮磷，如能回收不仅可以获得氮磷资源，而且可以减少沼液对污水处理厂脱氮除磷系统的影响，这对提高高氮低碳污水处理的达标率至关重要。

5.4.1 鸟粪石除氮磷概述

鸟粪石（$MgNH_4PO_4 \cdot 6H_2O$，即 MAP）是一种难溶于水的白色晶体，正菱形晶体结构。常温下，在水中的溶度积为 2.5×10^{-13}。其 P_2O_5 含量约为 58%，是一种极好的缓释肥，自然界中的储量极少。当溶液中含有 Mg^{2+}、NH_4^+、PO_4^{3-}，且各离子的离子浓度积大于溶度积常数时会自发沉淀生成鸟粪石，反应式如下：

$$Mg^{2+} + PO_4^{3-} + NH_4^+ + 6H_2O \longrightarrow MgNH_4PO_4 \cdot 6H_2O \tag{5-4-1}$$

$$Mg^{2+} + HPO_4^{2-} + NH_4^+ + 6H_2O \longrightarrow MgNH_4PO_4 \cdot 6H_2O + H^+ \tag{5-4-2}$$

$$Mg^{2+} + H_2PO_4^- + NH_4^+ + 6H_2O \longrightarrow MgNH_4PO_4 \cdot 6H_2O + 2H^+ \tag{5-4-3}$$

1939 年，Rawn 在消化污泥上清液管道发现积累的鸟粪石晶体。1963 年，人们在 Hyperion 污水处理厂消化污泥池的滤网下部发现鸟粪石晶体沉积物。通过稀释消化污泥可以缓解晶体物质积累。但 5 年后，消化污泥管路上鸟粪石晶体沉积物使得管径从 12in 减小到 6in（1in＝2.504cm），使得原本重力自流的污泥输送工艺不得不改用泵输送。虽然关于鸟粪石堵塞管路的报道不少，但人们也发现，污水中生成鸟粪石的同时可以降低氮和磷的含量，从而减少污泥回流时带给污水处理工艺的氮、磷，提高出水水质。因此人们对利用污水中的氮和磷生成鸟粪石做了大量试验研究，已有许多国家在实际污水处理厂运行鸟粪石回收磷工艺，并取得较好的效果。

5.4.2　鸟粪石除氮磷工艺

通常鸟粪石除氮磷工艺分为沉淀法和结晶法。沉淀法多通过曝气、搅拌产生沉淀；结晶法主要采用流化床工艺。Hirasawa 等认为鸟粪石晶体形成过程中，过饱和度在 0.0015mol/L 以下时，晶体增长速度与过饱和度成线性增长关系；过饱和度大于 0.0015mol/L 时，晶体表面变得粗糙，并出现细颗粒，会增加后面的过滤工艺的负荷，因此实际运行过程中要控制过饱和度。Münch 等采用 1mm 左右的压碎过筛的鸟粪石颗粒作为晶种启动处理设备，结晶效果良好。Battistoni 等处理低磷浓度污水处理厂厌氧上清液 [30～50mg（PO_4-P）/L]，不需投加晶核，鸟粪石晶体在流化床内成核效果良好。流化床底部排放颗粒直径不超过 0.5mm，除磷率 75%。当聚电解质从污泥脱水工艺流到流化床时，流化床底部逐渐变为固定床，除磷效果有所降低，但仍含有 45%～55%，固定床底部排放颗粒直径可达 1.4mm。

5.4.3　鸟粪石除氮磷主要影响因素

鸟粪石除氮磷工艺的主要影响因素包括反应时间、氨氮浓度、镁磷物质的量比和 pH 值。

（1）反应时间

由于形成鸟粪石是一个化学反应过程，与大多数化学反应类似，鸟粪石的形成一般在较短的时间内就能完成。Stratful 等用自配水样进行实验，研究显示，反应从 1～180min，正磷的去除率仅提高了 4%，但是鸟粪石晶体粒径从 0.1mm 增长到 3mm。Lee 等在用鸟粪石方法去除养猪场废水中的磷时发现，氮和磷的去除主要在反应开始的 1min 内，与反应 10min 后，磷的去除率变化不大。Münch 等处理消化污泥离心液时发现，水力停留时间 1～8h 均不影响除磷效果。Booker 等也认为氮磷的去除在反应开始的几分钟内完成。诸多研究表明，反应时间对磷去除率的影响不大，但鸟粪石晶体粒径会随反应时间延长而增长。

（2）氨氮浓度

要生成鸟粪石，镁、氨氮、磷的理论物质的量比为 1:1:1。但研究表明，磷的去除率随氨离子浓度的增长而提高，而且剩余氨离子可提高鸟粪石纯度。Stratful 等在 pH 值为 10、初始磷酸盐 318mg/L、镁离子 80mg/L、氨离子 60～150mg/L 的情况下，做了剩余氨氮对鸟粪石纯度的影响试验，剩余氨在 30～80mg/L 时，鸟粪石纯度高；剩余氨过低或过高，鸟粪石纯度都有所降低。

（3）镁磷物质的量比

镁磷物质的量比大于 1 时，鸟粪石形成迅速，磷的去除率随物质的量比增长而增长。

但投加的镁达到一定浓度后，磷的去除率不再变化。大多研究中，镁磷物质的量比为1.1～1.6。镁磷物质的量比与反应的 pH 值有一定关系。Katsuura 认为 pH 值为 9.0 时，磷的去除率在镁磷物质的量比大于 1.3 时不再增长。而根据 Nelson 等报道，当 pH 值大于 9.0 时，提高 Mg^{2+} 浓度对除磷效果并无显著影响。Jaffer 等的小试试验中，镁磷物质的量比至少为 1.05，但也建议为避免钙离子对磷酸盐的竞争作用，镁磷物质的量比应为1.3。在污泥厌氧消化沼液处理过程中，应通过试验确定合理的镁磷物质的量比。

(4) pH 值

pH 值是控制鸟粪石形成的重要参数，不仅影响鸟粪石的生成量，也影响鸟粪石的成分。通过模型预测，若反应平衡 pH 值为 7.5～10，会有大量鸟粪石生成；pH 值高于 10，沉淀的主要成分为更难溶的 $Mg_3(PO_4)_2$（$K_{sp}=9.8\times10^{-25}$）；pH 值高于 11，沉淀的主要成分为 $Mg(OH)_2$。大多数文献在研究鸟粪石方法除磷时，采用的 pH 值范围为 8.0～10.7，最佳 pH 值因污水水质和处理工艺而异。常用的 pH 值调节方法有投碱法和吹脱 CO_2 法，大多研究都采用投加 NaOH 调节 pH 值，也有人采用 $Mg(OH)_2$。Battistoni 等以流化床工艺处理厌氧上清液，采用吹脱 CO_2 法提高 pH 值，发现 pH<8.0 时，鸟粪石形成十分缓慢，而持续曝气（150min）不但可以提高 pH 值，还可以减少晶体形成所需时间。

5.4.4 沼液制鸟粪石工艺前景

当今主要的磷肥是三过磷酸钙（TSP），含 47% 的 P_2O_5；磷酸氢二铵（DAP），含 18% 的氮，46% 的 P_2O_5；磷酸铵镁（MAP），含 12% 的氮和 52% P_2O_5。这 3 种化肥磷的主要组分可溶于水，且经常与其他物质如钾和硫等结合以能够供应充足的养分。其中鸟粪石是一种品质极好的磷肥。100m³ 污水中可以结晶出 1kg 的鸟粪石。污泥回收 75% 的磷可减少 3%～3.8% 的污泥干固体质量。回收磷后，污泥焚烧后灰分的产量也将显著下降，可减少 12%～48%。而且鸟粪石除磷工艺产生的污泥体积很小，仅是化学除磷产生的污泥体积的 49%。

目前，国外鸟粪石工艺回收磷酸盐工艺有很好的市场前景。我国对磷回收的研究只处于起步阶段。目前回收的磷酸盐产品的销售价格还不可能成为磷回收的主要推动力，而诸如减少污泥产生量、改进污泥管理、可持续发展（磷危机）的压力、改进生物磷去除性能等因素才是磷回收的主要推动力。

采用鸟粪石工艺回收磷酸盐，可以提高处理工艺的除磷效率、减少污泥生成量，而且回收利用的磷酸盐产品还能带来经济效益，因此该工艺必定有更大的发展空间。我国目前已有许多鸟粪石处理高浓度氨氮废水的研究，但回收磷工艺的研究相对较少，且多集中在小试阶段，研究的内容尚缺乏深度与广度。

鸟粪石工艺产业化的主要问题是运行成本高、回收鸟粪石纯度低，对鸟粪石在农业实用性的研究少。鸟粪石工艺的运行成本高主要在于需要投加镁源。针对鸟粪石工艺发展所面临的问题，今后研究重点将是降低生产运行成本、提高鸟粪石产量和纯度、简化回收鸟粪石程序及其作为肥料在农业生产中的实用性等。

第6章

污泥厌氧消化系统设计

　　根据污泥厌氧消化处理工艺流程，其设计工艺主要由污泥消化处理和沼气收集利用两个系统组成。污泥消化处理系统主要对经浓缩的各种污泥进行厌氧消化处理，降解污泥中的有机物质，产生沼气供消化处理系统和污泥干化处理系统利用，使污泥得到稳定化和减量化处理；沼气收集利用系统主要对消化产生的沼气进行处理和储存，以作为污泥消化处理系统的加热热源和脱水干化处理系统的干化能源。本章重点介绍了厌氧消化池和沼气系统设计。

6.1 设计参数

污泥厌氧消化池的设计由污泥停留时间 SRT、有机负荷率等确定。低负荷消化池有机负荷一般为 0.64～1.6kg VS/（m³·d）。带有搅拌和加热的高负荷消化池有机负荷为 1.6～3.2kg VS/（m³·d）。关于中温消化的 SRT 典型值，低负荷消化是 30～60d，高负荷消化是 10～20d。SRT 为总污泥质量与每天排出的污泥质量之比。对于没有内循环的厌氧消化池，其 SRT 和 HRT 是相等的。

为确保必需的微生物增长速率同每日消耗速率相同，厌氧消化过程必须保证最小 SRT ，这一临界 SRT 又因不同成分而不同。对于脂肪代谢的细菌是增长最慢的，因而需要较长的 SRT，而对于纤维代谢的细菌却要求较短的 SRT，如图 6-1-1 所示。

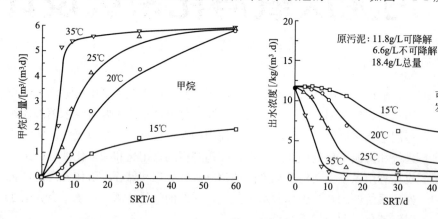

图 6-1-1　SRT（左）和温度（右）对甲烷生产模式及有机物降解的影响

当 SRT 在临界时间以下时，系统控制将失败，最小 SRT 值如表 6-1-1 所列，它是温度的函数，对氢来说还不到 1d，而对污泥来说是 4.2d。升高温度会使最佳运行的必要 SRT 缩短，会使产气量增加。一般高负荷中温消化池至少 10d。然而为了运行稳定和控制，防止浮渣和粗砂积累，防止产生搅拌不良等原因，大多数消化池的运行停留时间在 15d 以上。

表 6-1-1　不同基质厌氧消化污泥停留时间最小值　　　　　　　　　　　单位：d

基质	35℃	30℃	25℃	20℃
乙酸	3.1	4.2	4.2	
丙酸	3.2		2.8	
乳酸	2.7			
长链脂肪酸	4.0		5.8	7.2
氢	0.95①			
污泥	4.2②		7.5②	10

①为 37℃；②为计算值。

本尼菲尔德（Benefield）和兰德尔（Randall）1980 年发表了无循环完全混合反应动力学模式。由此模型可以估算临界 SRT，如式（6-1-1）所示：

$$1/\theta_c^m = (Y_t k S_o / k_s + S_o) - K_d \qquad (6\text{-}1\text{-}1)$$

式中　$\theta_c{}^m$ ——临界 SRT，d；

　　　Y_t ——产率系数；

　　　k ——给定底物最大消耗速率，d^{-1}；

　　　S_o ——进料底物浓度，单位体积质量；

　　　k_s ——饱和常数，单位体积质量；

　　　K_d ——降解系数，d^{-1}。

劳伦斯（1971）给出的污泥的产率系数和降解系数分别为 0.04 和 $0.015d^{-1}$，欧拉克（O'Rourke）1968 年给出的值分别为：k 为 $6.67d^{-1}$，35℃以 COD 计，k_s 为 2224mg/L，k 和 k_s 值在 35℃以下必须加以校正。

当临界 SRT 求得或由实验而得后，设计用 SRT（$\theta_c{}^m$）还需有一个合适的安全因子（SF），如式（6-1-2）所示：

$$SRT = SF \times SRT \qquad (6\text{-}1\text{-}2)$$

$$或 \qquad \theta_d^m = SF \times \theta_c^m$$

劳伦斯和麦卡蒂（1974）推荐的安全因子 SF 是 2～10，根据负荷变化和粗砂浮渣积累而变化，小的消化池应该选择较高的 SF。

设计 SRT 可利用小试或中试研究确定，考察有代表性的进料和使用合适的动力学方程求算常数。在工业污染物含量很大时就必须如此。工业废弃物对厌氧消化具有一定的影响，因而须预先测定污染物的污染特性。

根据合适的 SRT，由日常污泥量可计算消化池容积，式（6-1-3）所示：

$$V_R = V_S \theta_d^m \qquad (6\text{-}1\text{-}3)$$

式中　V_R ——消化池容积，m^3；

　　　V_S ——每日污泥负荷，m^3/d。

6.2　厌氧消化池设计

6.2.1　工艺设计

（1）消化池尺寸

确定消化池尺寸的关键是 SRT，对于无循环的消化系统，SRT 与 HRT 相同。也常用有机物负荷率，有机物负荷率直接与 SRT 或 HRT 相关。消化池尺寸的确定还应该兼顾污泥产率变化和浮渣、粗砂积累等影响。

（2）污泥停留时间

污泥停留时间的选择一般还是根据经验确定，典型值是低负荷消化池 30~60d，高负荷消化池 10~20d。设计者在确定合适的污泥停留时间时必须考虑到污泥生产过程的变化范围。

帕金（Parkin）和欧文（Owen）提出了一个更为合理设计 SRT 的方法，尽管该方法使用的数据很有限。这种方法是以安全系数 SF 去修正 SRT 从而得出一个设计 SRT。如果以给定的消化效率为依据并假定消化池以完全混合方式运行，则这一修正 SRT 如式（6-2-1）所示：

$$SRT_{min} = \{ [Yk S_{eff} / (K_c + S_{eff})] - b \}^{-1} \qquad (6\text{-}2\text{-}1)$$

$$S_{eff} = S_0(1 - e)$$

式中　SRT_{min}——消化池运行要求的修正 SRT；

$\quad Y$ ——厌氧微生物的产率，g VSS/g COD；

$\quad k$ ——给定基质最大消耗速率，g COD/(g VSS·d)；

$\quad S_{eff}$——消化池内消化污泥中可生化降解基质的浓度，g COD/L；

$\quad S_0$——进料污泥中可生化降解基质浓度，g COD/L；

$\quad e$ ——消化效率，部分降解；

$\quad K_c$——进料污泥中可生化降解基质的半饱和浓度；

$\quad b$ ——内源衰减系数，d^{-1}。

针对污水处理厂的初沉污泥，在温度 25~35℃时，式（6-2-1）中的常数建议值可以参照：

$$K = 6.67 \text{g COD/(g VSS·d)} (1.035^{T-35})$$

$$K_c = 1.8 \text{g COD/L} (1.112^{35-T})$$

$$b = 0.03 \text{ d}^{-1}(1.035^{T-35})$$

$$Y = 0.04 \text{g VSS/g COD}$$

消化池运行使用修正 SRT 来计算，其厌氧消化过程的 SF 可按式（6-2-2）计算：

$$SF = SRT_i / SRT_{min} \qquad (6\text{-}2\text{-}2)$$

表 6-2-1 总结了美国厌氧消化设施 SRT 的调查数据。SRT 的平均值大约为 20d。运用式（6-2-1），给定进料污泥可生化降解 COD 浓度为 19.6g/L，消化效率为 90%，设计温度为 35℃，得出最小 SRT 为 9.2d。20d 的设计 SRT 安全系数为 2.2。意味着短期负荷增加导致实际消化池 SRT 减少至低于设计 20d 的 50%，会产生消化池效率下降，会造成消化池的扰动。

对于含有大量难降解物质的污泥，尤其是脂肪，常数值不一定适用。在这些情况下，需要持续保持较高有机物降解率有一定困难，表 6-2-1 中更长的设计 SRT 是合适的。对于不含生物污泥的初沉污泥，稍低的设计 SRT 值可能更合适。

为将消化池扰动的可能性降至最小，应当考虑不利运行情况下选择设计 SRT，例如短时期的高污泥负荷、粗砂和浮渣在消化池的积累、消化池停止运行等。

表 6-2-1　不同污泥厌氧消化停留时间的污水处理厂数量　　　　　　单位：个

SRT/d	每一范围设施百分比	
	仅有初沉污泥	初沉污泥＋剩余污泥
0～5	0	9
6～10	0	15
11～15	0	9
16～20	11	12
21～25	45	25
26～30	11	3
31～35	11	15
36～40	0	6
41～45	0	0
46～50	22	0
＞50	0	6
污水处理厂数量	12	132

注：数据来源于美国土木工程协会，1983 年，厌氧消化运行调查，纽约。

（3）有机物负荷

负荷标准一般基于持续的投加情况下。为避免短时间的过高负荷，通常设计持续高峰有机物负荷率为 $1.9 \sim 2.5 \mathrm{kg\ VS}/(\mathrm{m}^3 \cdot \mathrm{d})$，有机物负荷率的上限一般由有毒物质积累速率、氨或甲烷形成的冲击负荷来决定，$3.2 \mathrm{kg\ VS}/(\mathrm{m}^3 \cdot \mathrm{d})$ 是常用的上限。

过低的有机物负荷率会造成建设和运行费用较高。建设费用高是由较大的池容积造成，运行费高是由于产气量不足以供给维持消化池温度所必需的能量。

（4）污泥产率

在高峰负荷下保持最低 SRT 对运行成功的消化池来说有一定的风险。为识别临界高峰负荷，设计者必须考虑到高峰月和高峰周的最大污泥产量，季节的变化也得考虑在内。设计者还必须估计到短期的污泥产量增加对 SRT 的影响，可从短期产率增加引起 SRT 安全系数变化方面考虑。

高峰污泥负荷的估算要包括进厂污水中 BOD 和 TSS 变化，并以此为基础计算污泥量，估算还必须预见高峰负荷时期浓缩不理想的情况造成污泥量增加。

（5）有机物去除率估算

有机物量可按 40%～60% 估计或者根据有机物量与停留时间的关系式来估算。对于一般负荷的消化系统，可用式（6-2-3）估算。

$$V_d = 30 + t/2 \qquad (6-2-3)$$

式中　V_d——有机物去除率，%；

　　　t——消化时间，d。

对于高负荷消化系统：

$$V_d = 13.7 \ln(\theta_d{}^m) + 18.94 \qquad (6-2-4)$$

进入两相消化系统二级消化池的污泥 TS*，可按式（6-2-5）估算；

$$TS^* = TS - (A \times TS \times V_d) \qquad (6-2-5)$$

式中 TS——进入消化池总污泥量，kg/d；

  A——有机物含量，%；

  V_d——一级消化池去除的有机物，%。

式（6-2-4）可用于污泥进入二相消化池时确定两相消化池的尺寸，确定污泥浓缩的百分比和最终处置要求的贮存周期。然而，在很多情况下二级消化池容积设计与一级消化池相同。

(6) 气体产量和质量

气体产量可以按 $0.8 \sim 1.1 m^3/kg$ VS 估算，在足够 SRT 和搅拌良好的情况下，由于油脂成分代谢缓慢，油脂含量越高，产气量越高。气体产量如式（6-2-6）所示：

$$G_v = G_{sgp} V_s \tag{6-2-6}$$

式中 G_v——气体产生的总体积，m^3；

  V_s——有机物降解量，kg；

  G_{sgp}——给定气体产率，$0.8 \sim 1.1 m^3/kg$ VS。

甲烷产量可根据有机物的去除量来计算，关系式如式（6-2-7）所示：

$$G_m = M_{sgp} (\Delta OR - 1.42 \Delta X) \tag{6-2-7}$$

式中 G_m——甲烷产量，m^3/d；

  M_{sgp}——给定单位质量有机物甲烷产率，按 BOD 或 COD 去除率计，m^3/kg；

  ΔOR——每日有机物去除率，kg/d；

  ΔX——产生的生物量。

由于消化气体中约有 2/3 是甲烷，消化池气体总量如式（6-2-8）所示：

$$G_T = G_m/0.67 \tag{6-2-8}$$

式中 G_T——总气体产量，m^3/d。

不同消化池的甲烷成分变化范围为 $45\% \sim 75\%$，CO_2 浓度变化范围为 $25\% \sim 45\%$，若存在硫化氢，必须调查工业污染源或盐水渗入等。消化气热值是 $24 MJ/m^3$，而甲烷热值大约是 $38 MJ/m^3$。

6·2·2 池型和构造

厌氧消化池外形有矩形、方形、圆柱形、卵形等。矩形池用于场地条件受限制的场所。它的造价最省，但操作困难，搅拌不均易形成死区。

以前使用普遍的构造形式是带圆锥底板的低圆柱形池，该圆柱形池一般为钢筋混凝土结构。垂直边壁高度一般为 $6 \sim 14m$，直径约 $8 \sim 40m$。圆锥形底便于清扫，底板坡度为 $(1:3) \sim (1:6)$，底坡大于 $1:3$，有利于清理砂粒，但较难建设。然而中等坡度池底相对于平底消化池，又没有较大改进。在中央设有一根排放管，或者按照圆饼状分区，每区设置一根排放管，同传统圆锥形设计相比造价要高，但减少了清掏频率和建设费用。根据需要，有的地方圆柱形消化池外层采用砖砌，中间有空气夹层，内填土、聚苯乙烯塑料、玻璃纤维和绝热板材料等。

目前使用较多的构造形式是卵形消化池，如图 6-2-1 所示。上部的陡坡和底板的锥体有利于减少浮渣和砂粒造成的问题，减少消化池清掏的工作量。与传统圆柱形池相比，卵形消化池的搅拌要求要少，卵形消化池底大部分搅拌能量用于维持砂粒悬浮和控制浮渣形成。

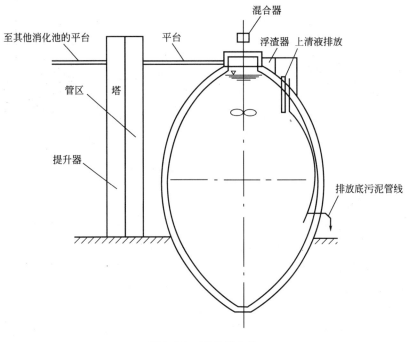

图 6-2-1　卵形消化池

6.2.3　搅拌系统

(1)　搅拌方式

卵形消化池搅拌系统有三种基本形式：气体搅拌、机械搅拌和水泵搅拌，如图 6-2-2 所示。大多数卵形消化池在池底的锥形部分备有气体和水力冲洗装置，便于冲洗积存在底部的砂粒。尽管气体搅拌和机械搅拌极少可能同时使用，但一个消化池内可能有多种搅拌系统，并且在任何一天都能操作。卵形消化池由钢筋混凝土制成，外表面用氧化铝作绝热层，起到保护或绝热的作用。

评价搅拌系统性能的方法有多种，包括污泥浓度断面分析、温度特点分析和痕量分析等。

① 污泥浓度断面分析

污泥浓度断面分析，是从消化池内部中央深度（一般 1～1.5m）取样分析 TS 浓度。当消化池整个深度内测得浓度，与消化池平均浓度的差别不超过给定值的 5%～10% 时，可以认为搅拌效果良好。浮渣层和底部污泥层可以容许较大的偏差。对于初沉或初沉和剩余污泥混合的消化系统而言，污泥浓度剖析方法的缺点是，即使不搅拌也不会产生很大的层叠作用。所以，搅拌不充分不能仅仅由污泥浓度断面剖析来表达。

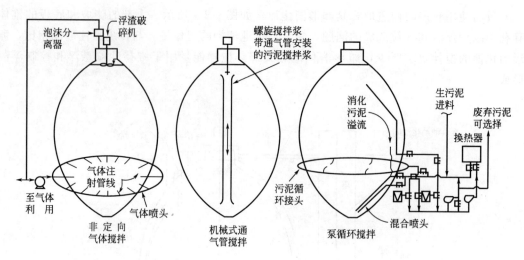

图 6-2-2　蛋式消化池的搅拌系统

② 温度特点分析

温度特点分析是描述温度特征的方法,与污泥浓度分析方法有类似之处。温度数据是从消化池内不同深度处获得。如果任何点的温度都不偏离平均值或者与其相差在 0.5～1.0℃之内,可以认为搅拌充分。这种方法的缺点是,在搅拌不足的情况下,通过足够的热扩散也能保持相对均匀的温度特征,在消化池 SRT 较长时尤其如此。

③ 痕量分析

痕量分析是评价搅拌效果的最为可靠的方法,通过向消化池里注入痕量物,分析其仍保存在池内的痕量物浓度。可使用连续进料法,但实际操作上有困难,这是因为在测试过程历时较长的情况下会消耗大量的痕量物质。消化污泥样品收集后分析痕量物含量。完全混合的理想消化池,滞留在消化池的痕量物质浓度可按式(6-2-9)给出:

$$C = C_0^{(-t/HRT)} \qquad\qquad (6\text{-}2\text{-}9)$$

式中　C——t 时刻痕量物浓度,mg/L;

$\qquad C_0$ ——t 为 0 时刻,理论初始痕量物浓度(注入的痕量物总量/消化池总容积),mg/L;

$\qquad t$——自加注痕量物之后的延续时间,取 1h;

$\qquad$ HRT——消化池水力停留时间,h。

以自然对数替换,上述公式可以转化为式(6-2-10):

$$\ln C = \ln C_0 - (V/V_0) \qquad\qquad (6\text{-}2\text{-}10)$$

式中　V——t 时刻进料的污泥体积,m³;

$\qquad V_0$——消化池总容积,m³。

这种方法评估搅拌效果较为准确,但该方法要求仔细监测消化池进料和排放速率,要求大量分析消化池内痕量物浓度,因此比其他任何讨论过的方法都复杂。

(2) 设计计算

不同的搅拌方式有着不同的优缺点。搅拌方式选择的主要依据是成本、维护要求、构筑物型式、进料的粗砂和浮渣含量等。确定消化池搅拌系统规模，设计的参数包括单位能耗、速率梯度、单元气体流量和消化池翻动时间等。

单位能耗是单位消化池容积的动力功率。单位能耗的建议值为 5.2～40W/m³。经过试验，40W/m³ 对完全混合反应器是足够的。

坎伯（Camp）和史泰因（Stein）发表了以速度梯度为指标衡量混合程度。如式（6-2-11）、式（6-2-13）所示：

$$G=(W/\mu)^{1/2} \tag{6-2-11}$$

式中　G——速度梯度的平方根，s^{-1}；

　　　W——单位容积消耗的能量，$Pa\cdot s$；

　　　μ——绝对黏度，$Pa\cdot s$（水 35℃时为 720$Pa\cdot s$）。

$$W=E/V \tag{6-2-12}$$

式中　E——能量；

　　　V——池容积，m^3。

$$E=2.40P_1Q\ln P_2/P_1 \tag{6-2-13}$$

式中　Q——气体流量，m^3/s；

　　　P_1——液体表面绝对压力，Pa；

　　　P_2——气体注入深度绝对压力，Pa。

这些公式可以计算必要的能量需求、压缩机气流流量和注气系统的动力。黏度是温度、污泥浓度、有机物浓度的函数。温度升高，黏度下降；污泥浓度增加，黏度增加。VS 增加 3%以上，黏度才会增加。速度梯度平方根的典型值为 50～80s^{-1}。

单位气体流量与速度梯度平方根之间的关系可用式（6-2-14）所示：

$$Q/V=\mu G^2/P_1\ln P_2/P_1 \tag{6-2-14}$$

对免提升系统气流量/池容积的建议值是 76～83mL/m³，吸管式系统的建议值是 80～120mL/m³。

翻动时间是消化池容积除以气管内气体流速。这一概念一般仅用于通气管气体和机械泵送循环系统。典型的消化池翻动周期为 20～30min。

机械搅拌经常采用的有螺旋桨式搅拌机和喷射泵式搅拌机。

螺旋桨式搅拌机设备的计算公式见表 6-2-2。

表 6-2-2　螺旋桨式搅拌机计算公式

名称	公式	符号说明
螺旋桨搅拌的污泥量	$q=\dfrac{mV_0}{3600t}(m^3/s)$	V_0——每座消化池的有效容积，m^3； m——设备安全系数，1～3； t——搅拌一次所需时间，一般取 2～5h
污泥流经螺旋桨的速度	$v_0=q/F_0(m/s)$ $F_0=F(1-\zeta^2)(m^2)$ $F=\pi d^2/4(m^2)$	F——螺旋桨有效断面/m^2； d——螺旋桨直径，m，通常 $d=D-0.1$，D 为中心管直径，m； ζ——螺旋桨叶片所占断面积系数，一般采用 0.25
螺旋桨转速	$n=\dfrac{v_0\times 60}{h\times\cos^2\varphi}(r/min)$ $h=\pi d\tan\varphi(m)$	h——螺旋桨的螺距，m； φ——螺旋桨叶片的倾斜角，一般采用 8°15′

名称	公式	符号说明
螺旋桨所需功率	$N=\dfrac{qH}{102\eta}(\text{kW})$	H——螺旋桨所需扬程克服惯力与水力阻抗所需水头，m，可采用 1.0m； η——搅拌机效率，取 0.8
中心管的计算	$D=\sqrt{4q/\pi c}(\text{m})$	c——中心管流速，m/s，一般取 0.3～0.4m/s

注：当计算所得螺旋桨直径>1000mm 时，可以考虑用多个螺旋桨。

喷射泵式搅拌机，即射流器，在 15～20m 水头的压力下，将污泥压入直径 50mm 的喷嘴，污泥在离开喷嘴时在混合室产生很大的压降，在负压作用下，污泥从消化池的污泥液面吸入混合室，通过立管，从消化池的底部排出。污泥泵的压力应大于 0.2MPa。

用泵压入的污泥量与吸入污泥量之比，采用（1∶3）～（1∶5）。混合室一般浸入污泥面下 0.2～0.3m。喉管长度采用 300mm，扩散室圆锥角采用 8°～15°，喷口倾角采用 20°。当消化池直径大于 10m 时，应考虑设 2 个或 2 个以上射流器。污泥泵的吸泥管与新鲜污泥投配池相连通，搅拌与投配新鲜污泥经常一起进行。这种方法搅拌可靠，但效率较低。

(3) 设备选型

机械搅拌是在消化池内装设搅拌桨或搅拌涡轮；泵循环搅拌是在消化池内设导流筒，在筒内安装螺旋推进器，使污泥在池内实现循环；气体搅拌是将消化池气相的部分沼气抽出，经压缩后再通入池内对污泥进行搅拌，气体搅拌系统又可分为定向气体注射系统和不定向气体注射系统两种形式。常用的空压设备有罗茨鼓风机、滑片式压缩机和液压式压缩机。

不同搅拌方式各有利弊，具体与消化池的形状有关系。一般而言，细高形消化池适合用机械搅拌，粗矮形消化池适合用气体搅拌，但设计上对此也有不同意见，具体与搅拌设备的布置形式及设备本身的性能有关，但卵形消化池肯定用气体搅拌最佳。一般池内各处污泥浓度的变化范围不超过 10% 时，就可认为符合混合均匀的要求。搅拌设备应能在 2～5h 内至少将全池的污泥搅拌一次。

各种搅拌方式的计算及设备叙述如下：

① 机械搅拌

机械搅拌系统使用旋转螺旋桨搅拌时，搅拌机安装在排气筒内的低速涡轮或高速桨叶，排气筒可安装在消化池内部或者外部，机械搅拌和水泵搅拌的流动方向是从池顶到池底，机械搅拌系统的缺点是对液位敏感，搅拌浆易被垃圾缠绕。传动轴经过池顶需密封，应特别设计。

② 水泵搅拌

水泵搅拌系统使用安装在池外的水泵从顶部中央吸取生物污泥，经水泵加压后通过喷嘴以切线方向在池底注入消化池，液相表面安装破碎浮渣用的喷嘴，破碎积累的浮渣。高流量低水压输送污泥的水泵有轴流泵、混流泵和离心螺旋泵等。

③ 气体搅拌

消化池产生的沼气，经压缩机加压后送入池内进行搅拌。其特点是没有机械磨损，故障少，搅拌力大，不受液面变化的影响，并可促进厌氧消化，缩短消化周期。

a. 气提泵式

利用气提泵的原理，将沼气压入设在消化池中导流管的中部或底部，污泥与沼气混合后，密度减小，含气泡的污泥沿导流管上升到泥位以上，形成沿垂直方向循环搅拌的流态。气提泵式搅拌机见图6-2-3。

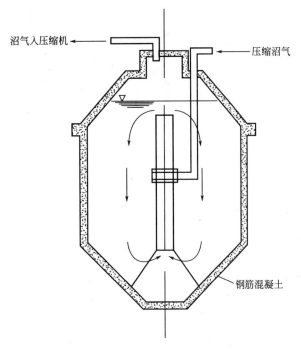

图 6-2-3　气提泵式搅拌机

此种气体搅拌装置按气体提升泵设计，其中压缩气体出口的浸没深度根据计算决定，一般应大于提升高度。压缩机的气量，一般按导流筒内提升污泥量的 2~3 倍设计。压缩的沼气取自贮气柜或消化池顶部的集气罩。排气管的数量依消化池大小而定，一般消化池直径 18m 以上，就需超过一根排气管。经压缩的气体从顶部的释放口或沿底部侧壁进入排气管，单管排气系统可以用支架固定在池底部，由压缩机供气。为了同时进行污泥循环加热，导流管的管壁有时设计为双层夹套式换热器，夹套之间流动热水，当污泥搅拌时，同时加热套管中心的流动的污泥。排气管一般是用钢板制作，其典型尺寸是直径 0.5~1.0m，外圈可装加热套，如图 6-2-4 所示。为了检修方便，有时将上述的气体搅拌与加热的混合式换热器置于池外，形成池外间接加热的混合式气体搅拌。

b. 多路曝气管式（气通式）

多路曝气管式是根据消化池的不同直径，布置不同数量的沼气曝气立管。管口延伸到距池底 1~2m 的同一平面上，或在地壁与池底连接面上。压缩的沼气通过配气总管，通向各根曝气立管，每根立管按通过的气体流速为 7~15m/s 配管。其单位用气量通常取 5~7m³/（1000m³ 池容·min）。

另外，有的是将压缩机的沼气通过配气选择器通向各根曝气管，用不同的时间选择器，依次接通各根曝气管，每根曝气管将按预先选定的时间间隔，接受沼气压缩机的全部气量，进行逐点搅拌。气体通过所有的管子连续排放或经旋转阀门调节，顺序地从一根管切换至另一根管，旋转阀门的操作一般按预先设定的时间选择器自动控制，喷气管大约位

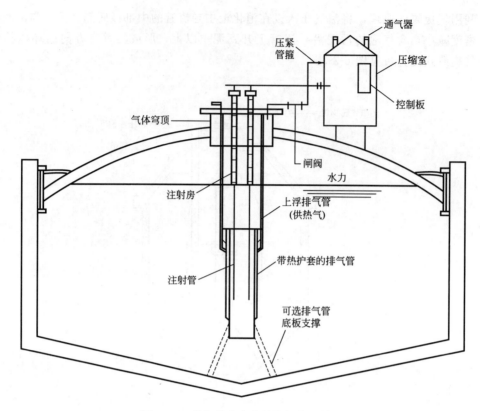

图 6-2-4　带加热夹套的单排气管搅拌机

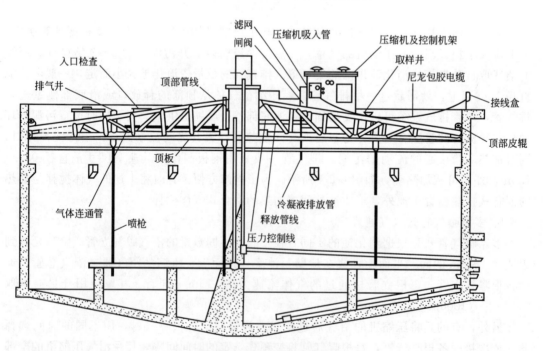

图 6-2-5　多点顺序式搅拌机

于消化池中心 2/3 处。为保证中心部位的混合，在离中心几米处会增设一根喷枪。系统要求有压缩机和控制设备。沼气压缩机与配气选择器共同安装在消化池池顶以上，布置系统简单紧凑。

图 6-2-5 描述了多点顺序喷气系统的剖面图，气体管直径有 50mm，设计方案须尽可能使它们集中。喷枪的淹没深度是决定气体流量的重要因素。图 6-2-6 是喷枪系统的平面图，13～15m 直径的消化池需备有 6 支喷枪系统。

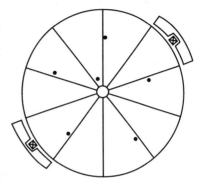

图 6-2-6　顺序操作下降式喷枪的相对位置

c. 气体扩散搅拌

在消化池底部，根据消化池的不同直径布置不同数量的气体扩散装置。压缩沼气通过气体扩散器，使消化池内的污泥与循环的沼气相混合，其供气量一般可取 10～20m³/（每米圆周长·h）的气量进行计算，或按平均 0.8m³/（m²·h）计算。

气体搅拌所选用的空气压缩机的功率，可按式（6-2-15）进行核算（单位池容的功率一般为 5～8W/m³ 池容）：

$$W = N/V \tag{6-2-15}$$

式中　N——空气压缩机电动机的功率，W；

　　　V——消化池有效容积，m³。

速度梯度，一般控制为 50～80L/s，即：

$$G = \sqrt{W/\mu} \times 10.1 \tag{6-2-16}$$

式中　W——单位池容所消耗的功率，kW；

　　　μ——液体的黏度，通常取 35℃水的黏度为 7.3×10^{-5} kg·s/m²。

6.2.4　加热系统

(1) 加热方式

为使污泥的厌氧生物处理系统经常维持要求温度，以保证消化的过程，必须对消化池进行加热。加热方式分池内加热和池外加热两类。

池内加热系热量直接通入消化池内，对污泥进行加热，有热水循环和蒸汽直接加热两种方法，见图 6-2-7。前一种方法的缺点是热效率较低，循环热水管外侧易结泥壳，使热传递效率进一步降低；后一种方法热效率较高，但能使污泥的含水率升高，增大污泥量。两种方法一般均需保持良好的混合搅拌。

早期的消化池采用固定在边壁上的内部加热盘管，盘管内部有热水循环，这些盘管易于受损，导致换热效率下降。修这些盘管需要操作人员关闭消化池，清空内容物。带加热夹套的排气筒式搅拌器也可以在内部对污泥加热，然而内部加热系统由于维护困难而较少使用。

池外加热系指将污泥在池外进行加热，有生污泥预热和循环加热两种方法，见图 6-2-8。前者系用泵将生污泥循环至水浴加热换热器，在预热池内首先加热到所要求的温度，再进入消化池；通过泵送热水进出预热池可以提高换热效率，外部换热器使用循环泵，使物料

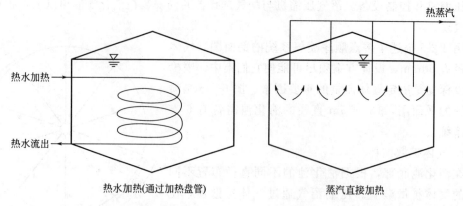

热水加热(通过加热盘管)　　　　蒸汽直接加热

图 6-2-7　池内加热系统示意

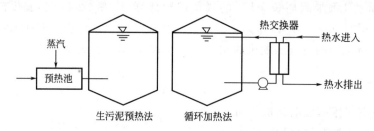

生污泥预热法　　　循环加热法

图 6-2-8　池外加热系统示意

在进入消化池之前被加热，但这种加热并不充分。后者系将池内污泥抽出，加热至要求的温度后再打回池内。

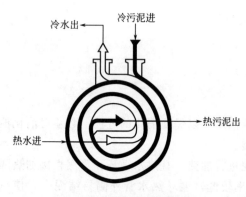

图 6-2-9　螺旋式换热器示意

循环加热方法采用的热交换器有三种：套管式、管壳式、螺旋板式。前两种为常见的形式，套管式换热器由两根同心管组成，一条为生物污泥，另一条为热水，两层流体逆向流动，但因有 360°转弯，易堵塞；螺旋板式系近年来出现的新型热交换器，是由两根长条形板相互包裹形成两个同轴通道，螺旋板式换热器的流程也是逆向的，内层板的设计须让其最大可能地易于清洗和防止堵塞，尤其适于污泥处理，其结构形式见图 6-2-9。为防止结块，水温须保持在 68℃以下。

外部换热器的换热效率为 $0.9 \sim 1.6 kJ/$（$m^2 \cdot ℃$）。内部盘管式换热效率为 $85 \sim 450 kJ/$（$m^2 \cdot ℃$），根据生物污泥中污泥含量不同而变。

常用的热源是锅炉循环水加热，锅炉的专用能源一般都是消化池沼气，设计方案也须考虑到天然气、煤、油等辅助燃料。

在很多污泥处理系统中，以上加热方法常联合采用。例如，利用沼气发动机的循环冷却水对消化池进行池外循环加热，同时还采用热水或热蒸汽进行池内加热；以池内蒸汽加热为主，并在预热池进行池外初步预热。

（2）设计计算

供给消化池的热量，主要包括使新鲜污泥温度提高到要求值的耗热量，补充消化池池盖、池壁、池底及管道的热损失以及从热源到池子及其他构筑物沿途的热损失。厌氧生物化学反应以及污泥水蒸发为沼气也都消耗热量，但数量很少，所以在工程上可不考虑。

① 提高新鲜污泥温度的耗热量

为把消化池的新鲜污泥全日连续加热到所需要的温度，每小时的耗热量为：

$$Q_1 = \frac{V'}{24}(T_D - T_S) \times 1163 \qquad (6\text{-}2\text{-}17)$$

式中　Q_1——新鲜污泥的温度升高到消化温度的耗热量，W；

　　　V'——每日投入消化池的新鲜污泥量，m^3/d；

　　　T_D——消化温度，℃；

　　　T_S——新鲜污泥原有温度，℃。

当 T_S 采用全年平均污水温度时，计算所得 Q_1 为全年平均耗热量。

当 T_S 采用日平均最低的污水温度时，计算所得 Q_1 为最大的耗热量。

② 池体的耗热量

消化池散失的耗热量，取决于消化池结构材料和池型，不同的结构材料有不同的传热系数。从减少散热损失考虑，最经济的消化池型式，是直径与深度相等的圆柱形池体。

消化池池体散热损失的耗热量，表示为：

$$Q_2 = \sum (FK)(T_D - T_A) \times 1.4 \qquad (6\text{-}2\text{-}18)$$

式中　Q_2——池子向外界散发的热量，即池体耗热量，W；

　　　F——池盖、池壁及池底的散热面积，m^2；

　　　K——池盖、池壁、池底的传热系数，W/（$m^2 \cdot$ ℃）；

　　　T_A——池外介质温度（空气或土壤），℃。

当池外介质为大气时，计算全年平均耗热量，须按全年平均气温计算。

当计算最大耗热量时，可参考《工业企业采暖通风和空气调节设计规范》（TJ19—75），按历年平均每年不保证 5d 的日平均温度作为冬季室外计算温度。

K 值按式（6-2-19）计算：

$$K = \frac{1}{\frac{1}{\alpha_1} + \sum \frac{\delta}{\lambda} + \frac{1}{\alpha_2}} \qquad (6\text{-}2\text{-}19)$$

式中　α_1——内表面热转移系数，污泥传到钢筋混凝土池壁为 350W/（$m^2 \cdot$ ℃），气体传到钢筋混凝土池壁为 8.7W/（$m^2 \cdot$ ℃）；

　　　α_2——外表面热转移系数，即池壁至介质的热转移系数；介质为空气时，$\alpha_2 = 3.5 \sim 9.3$W/（$m^2 \cdot$ ℃），介质为土壤时，$\alpha_2 = 0.6 \sim 1.7$W/（$m^2 \cdot$ ℃）；

　　　δ——池体各部结构层、保温层厚度，m；

　　　λ——池体各部结构层、保温层导热系数，混凝土或钢筋混凝土池壁的 λ 值为 1.55W/（$m^2 \cdot$ ℃）。其他类型的保温层 λ 值详见《给水排水设计手册》（第 5 册）。

③ 加热管、热交换器等散发的热量

加热管、热交换器等散发的耗热量计算如下：

$$Q_3 = \sum (FK)(T_m - T_A) \times 1.4 \qquad (6\text{-}2\text{-}20)$$

式中 Q_3——加热管、蒸汽管、热交换器等向外界散发的热量，W；

  K——加热管、蒸汽管、热交换器等的传热系数，W/（m²·℃）；

  F——加热管、蒸汽管、热交换器等表面积，m²；

  T_m——锅炉出口和入口的热水温度平均值，或锅炉出口和池子入口蒸汽温度的平均值，℃。

当计算消化池加热管的全长，热交换器套管的全长及蒸汽吹入量时，其最大耗热量按下列条件考虑：

$$Q_{max} = Q_{1max} + Q_{2max} + \cdots \qquad (6\text{-}2\text{-}21)$$

④ 污泥加热方法的计算

a. 池外加热法

池外加热时，一般采用热交换器进行补充热量。通过实际应用，对于套管式泥水热交换、螺旋板换热器，一般内管采用不锈钢管，外管采用铸铁管。污泥在内管流动，流速一般采用 1.5～2.0m/s。热水在内外两层套管中与内管污泥向相反的方向流动，热水流速一般采用 1.1～1.5m/s。这种方法设备费用较高，但因污泥与热水都是强制循环，传热系数较高。由于设备置于池外，清扫和修理比较容易。

套管的长度用式（6-2-22）求得：

$$L = \frac{Q_{max}}{\pi D K \Delta T_m} \times 1.4 \qquad (6\text{-}2\text{-}22)$$

式中 L——套管的总长，m；

  Q_{max}——污泥消化池最大的耗热量，W；

  D——内管的外径，m；

  K——传热系数，约 698W/（m²·℃）。

  K 值也可以按下式计算：

$$K = \frac{1}{\dfrac{1}{\alpha_1} + \dfrac{1}{\alpha_2} + \dfrac{\delta_1}{\lambda_1} + \dfrac{\delta_2}{\lambda_2}} \qquad (6\text{-}2\text{-}23)$$

式中 α_1——加热体至管壁的热转移系数，一般可选用 3373W/（m²·℃）；

  α_2——管壁至被加热体的热转移系数，一般可选用 5466W/（m²·℃）；

  δ_1——管壁厚度，m；

  δ_2——水垢厚度，m；

  λ_1——管子的导热系数，W/（m²·℃），钢管为 45～58W/（m²·℃），一般选用平均值；

  λ_2——水垢的导热系数，W/（m²·℃），一般选用 2.3～3.5W/（m²·℃），当计算新换热器时，δ_2/λ_2 可不计，而对该式乘以 0.6，进行校正；

  ΔT_m——平均温差的对数，℃。

ΔT_{m} 可由式（6-2-24）计算：

$$\Delta T_{\mathrm{m}} = \frac{\Delta T_1 - \Delta T_2}{\ln \dfrac{\Delta T_1}{\Delta T_2}} \qquad (6\text{-}2\text{-}24)$$

式中　ΔT_1——热交换器入口的污泥温度（T_{s}）和出口的热水温度（T'_{w}）之差，℃；

　　　ΔT_2——热交换器出口的污泥温度（T_{s}）和入口的热水温度（T_{w}）之差，℃。

如果污泥循环量为 Q_{s}（m^3/h），热水循环量为 Q_{w}（m^3/h），T'_{s} 和 T'_{w} 可按式（6-2-25）、式（6-2-26）计算：

$$T'_{\mathrm{s}} = T_{\mathrm{s}} + \frac{Q_{\max}}{Q_{\mathrm{s}} \times 1000} \qquad (6\text{-}2\text{-}25)$$

$$T'_{\mathrm{w}} = T_{\mathrm{w}} + \frac{Q_{\max}}{Q_{\mathrm{w}} \times 1000} \qquad (6\text{-}2\text{-}26)$$

式中　T_{w}——一般采用 $60 \sim 90$℃。

所需的热水量 Q_{w} 为全日供热时，按式（6-2-27）计算：

$$Q_{\mathrm{w}} = \frac{Q_{\max}}{(T_{\mathrm{w}} - T'_{\mathrm{w}}) \times 1000} \qquad (6\text{-}2\text{-}27)$$

式中　　Q_{w}——所需热水量，m^3/h；

$(T_{\mathrm{w}} - T'_{\mathrm{w}})$——一般采用 10℃ 左右。

b. 直接注入蒸汽的方法

直接往污泥中注入高温蒸汽的方法，设备投资省、操作简单。由于能够充分利用汽化热和冷凝水的热量，所以热效率较高。局部污泥虽有过热现象，会使厌气菌暂时受到抑制，但以后繁殖很快，能立即恢复代谢作用，尚未发现危害。由于增加了冷凝水，消化池的容积一般需增加 $5\% \sim 7\%$。蒸汽锅炉的用水需随时补充软化水。

注入的蒸汽量按式（6-2-28）计算：

$$G = \frac{Q_{\max}}{I - I_{\mathrm{D}}} \qquad (6\text{-}2\text{-}28)$$

式中　G——蒸汽量，$\mathrm{kg/h}$；

　　　$Q_{\max}$——污泥消化池最大耗热量，$\mathrm{kJ/h}$；

　　　I——饱和蒸汽的含热量，$\mathrm{kJ/h}$，见表 6-2-3；

　　　I_{D}——消化温度的污泥含热量，$\mathrm{kJ/h}$，其数值可与污泥温度相同。

表 6-2-3　饱和蒸汽的含热量

温度/℃	绝对压力/kPa	含热量/(kJ/kg)	温度/℃	绝对压力/kPa	含热量/(kJ/kg)
100	103.3	2674.7	160	630.2	2757.6
110	146.1	2690.2	170	807.6	2763.8
120	202.5	2705.2	180	1022.4	2777.7
130	275.4	2719.5	190	1279.9	2786.0
140	368.5	2733.3	200	1585.6	2792.7
150	485.4	2745.8			

用蒸汽直接加热时，其蒸汽管道在伸入污泥前应设止回阀，防止污泥倒流入蒸汽管道内。

⑤ 锅炉供热设备的选用及热量输送

a. 当选用热水锅炉时，锅炉的加热面积按式（6-2-29）计算：

$$F = (1.28 \sim 1.40) \frac{Q_{max}}{E} \tag{6-2-29}$$

式中　F——锅炉的加热面积，m^2；

　　Q_{max}——最大耗热量，包括提高新鲜污泥温度的耗热量、池体的耗热量、加热管、热交换器等散发的热量等，W；

　　E——锅炉加热面的发热强度，W/m^2，根据锅炉样本采用；

1.28～1.40——热水供应系统的热损失系数，对于下行式系统，配水和回水干管敷设在管沟内时，采用1.28；敷设在不采暖的地下室时，采用1.40。对于上行式系统，回水干管敷设在管沟内时，采用1.34；敷设在不采暖的地下室时，采用1.40。

当实际设计时，往往可以根据制备热水所需的热量，再乘以热水供应系统的热损失系数，通过计算，直接从样本中选用锅炉，而不必计算出 F 值。

b. 当选用蒸汽锅炉时，锅炉容量可按式（6-2-30）计算：

$$G_1 = \frac{G (I - I_1)}{l} \tag{6-2-30}$$

式中　G_1——锅炉容量（即蒸发量），kg/h；

　　I——饱和蒸汽的含热量，J/kg；

　　I_1——锅炉给水的含热量，J/kg，其数值可与给水的温度相同；

　　l——常压时100℃的水汽化热，为2256J/kg；

　　G——实际蒸发量，kg/h。

G 可按式（6-2-31）计算：

$$G = \frac{Q_{max}}{I_2} \times (1.4 \sim 1.5) \tag{6-2-31}$$

式中　Q_{max}——最大耗热量，W/h；

　　I_2——常压时锅炉产生蒸汽的含热量，J/kg。

锅炉台数宜在2台以上，以免发生故障或定期检查时完全停止供热。

锅炉的燃烧、温度、给水等操作，有条件时最好能自动控制。

锅炉房的工艺布置、结构要求，应按有关技术规定设计，并应尽量设在消化池附近。但必须保持防火、防爆距离。

锅炉用水，应根据水质情况，设置软化装置。

在蒸汽管道中，为了不使分离出的冷凝水倒流，蒸汽管道应按与蒸汽流动方向相同的坡度安装。管内的压力也可用来输送冷凝水，沿管道应设排除冷凝水的措施。

加热管由于温度升高，发生热膨胀，引起管道收缩或偏心，应设置伸缩管。

当锅炉停止工作时，蒸汽管内出现负压，污泥会倒流入管内，应设置真空破坏阀。

⑥ 保温措施

为了减少消化池、热交换器及热力管道外表面的热损失，一般均应敷设保温结构。

消化池的池盖、池壁、池底的主体结构，一般均为钢筋混凝土，热交换器等为钢板制品。保温层一般均设在主体结构层的外侧，保温层外设有保护层，组成保温结构。

凡是导热系数小、密度较小、吸水性小并具有一定机械强度和耐热能力的材料，一般均可作为保温材料，常用的有泡沫混凝土、膨胀珍珠岩等。最近采用聚苯乙烯泡沫塑料、聚氨酯泡沫塑料等保温材料。

消化池保温结构，采用两种以上的保温材料时，其传热系数应按之前列出的公式计算。

保温结构的总厚度，应使热损失不超过允许数值。$K \leqslant 1.16\mathrm{W}/(\mathrm{m}^2 \cdot \text{℃})$ 时，说明保温良好。

在计算消化池的保温层厚度时，应将消化池分为几部分，即池盖、池壁与空气接触部分、池壁与土壤接触部分、池底与土壤接触部分、池底与地下水接触部分，分别按本部分钢筋混凝土厚度及保温层厚度计算传热系数 K 值，不超过一定的允许值，最后决定保温层厚度。固定盖消化池各部分的传热系数，当能满足以下数值时，其保温结构厚度被认为是满意的。各部分传热系数允许值见表 6-2-4。

表 6-2-4 各部分传热系数允许值

消化池部位	$K/[\mathrm{W}/(\mathrm{m}^2 \cdot \text{℃})]$
池盖	$\leqslant 0.80$
池壁	$\leqslant 0.70$
池底	$\leqslant 0.52$

固定盖形式的消化池，池体为钢筋混凝土时，其各部保温材料的厚度也可按下式简化计算：

$$\delta_B = \frac{1000\dfrac{\lambda}{K} - \delta_G}{\dfrac{\lambda_G}{\lambda_B}} \tag{6-2-32}$$

式中 δ_B——保温材料的厚度，mm；

λ_G——池顶、池壁和池底部分钢筋混凝土的导热系数，$\mathrm{W}/(\mathrm{m}^2 \cdot \text{℃})$；

K——各部分传热系数允许值，$\mathrm{W}/(\mathrm{m}^2 \cdot \text{℃})$；

δ_G——各部分钢筋混凝土的结构厚度，mm；

λ_B——保温材料导热系数，$\mathrm{W}/(\mathrm{m}^2 \cdot \text{℃})$。

热交换器和热力管道的保温结构，国内已有通用图纸，一般可参见"全国通用动力设施标准图"，包括"热力设备保温图集（R04）"和"热力管道保温图集（R401）"。

保护层的作用是为了避免外部的水蒸气、雨水以及潮湿泥土中水分进入保温材料，增加导热系数，降低保温效果，避免保温材料遭受机械损伤，同时可使外表平正、美观、便于涂色。常用的有石棉砂浆抹面、砖墙、金属铁皮、铝皮、铝合金板及压形彩色钢板。

表 6-2-5 和表 6-2-6 可用于计算消化池各部分的热损失。表 6-2-5 列出的是不同结构材质的换热系数；表 6-2-6 描述的是不同部位的换热系数。

表 6-2-5　不同结构材质换热效率

材质	换热效率	
	kg·cal·m/(m²·h·℃)①	Btu·in/(h·sqft·℉)②
混凝土,不绝热	0.25~0.35	2.0~3.0
钢,不绝热	0.65~0.75	5.2~6.0
绝热/矿物棉	0.032~0.036	0.26~0.29
砖	0.35~0.75	3.0~6.0
材料间夹气孔隙	0.02	0.17
干土	1.2	10
湿土	3.7	30

① 除以厚度（以 m 计），得 kg·cal/(m²·h·℃)；

② 除以厚度（以 in 计），得 Btu/(h·sqft·℉)。

注：数据来源 Baumeister1978；1974 年手册，美国环保局。

表 6-2-6　消化池不同部位换热系数

池部位	典型换热系数	
	kg·cal/(m²·h·℃)	Btu/(ch·sqft·℉)
固定式钢盖,6mm(0.25in)	100~200	20~25
固定式混凝土盖,280mm(9in)	1.0~1.5	0.20~0.30
混凝土墙,370mm(12in)		
暴露在空气中	0.7~1.2	0.15~0.25
加 25mm(1in)空气间隙和 100mm(4in)砖	0.3~0.5	0.07~0.10
混凝土底板,370mm(12in)		
暴露于干土,3m(10ft)	0.3	0.06
暴露于温土,3m(10ft)	0.5	0.11

注：小的数值代表着高的绝热能力。

当池壁或池顶由两种以上材质做成时，有效换热系数可由式 6-2-33 计算：

$$1/U_e = 1/U_1 + 1/U_2 + \cdots \tag{6-2-33}$$

式中　U_e——有效换热系数；

U_1，U_2——各独立材质的有效换热系数。

计算热损失时，一般假定消化池内温度相同。环境温度 T_2，是消化池附近空气和与之接触的土的温度。

计算热量需求时，应考虑到可能的操作条件的变化。换热系统的加热能力须考虑到最低温度下可能的最大污泥投配率。一般而言，计算是根据最低温度周的最大产泥量来进行的。加热系统配备足够的切换设施可在平均需热量和最小需热量之间调整。换热要求还需包括换热器的热效率，它的变化范围一般是 60%~90%。

至于环境温度，需考虑风对消化池换热的影响。风使消化池的热损失加大，需通过增大换热系数来计算。表 6-2-6 列出了增加的换热系数，风速超过 30km/h 时，每增加 1km/h，其换热系数增加 1%。

6.2.5 药剂投配系统

碱度、pH 值、硫化物以及重金属浓度的变化需投药进行调节，投加的药剂有碳酸氢钠、氯化铁、硫酸铁、石灰和明矾等。尽管加药泵和其他加药设备在开始阶段可以不安装，但须预留管嘴和空法兰等接口。

消化池加药系统，理想的做法是与整个污水处理厂加药系统的设备放置在一起。这便于设备安装的优化组合，因为消化池加药系统不需要每天使用。

配备加药有两种主要原因：pH 值/碱度控制和控制抑制物/毒性物质。碳酸氢钠、碳酸钠、石灰是常用的碱。氯化铁、硫酸铁和铝盐可用于抑制物质的沉淀或共聚以及控制消化气中的硫化氢含量。

化学加药设施包括交通工具、卸载和贮存设备、溶解/稀释设备、计量和传输设备。根据化学药剂的供货商可知，卸载设备可能有磅秤、水龙带、大漏斗、斜槽、空气压缩或真空泵、卸料泵等。大多数供货商都会提供详细清单。注明化学药剂在不同浓度时材料、处置方法、安全、贮存、温度、通风、再利用、应急设备等要求。

溶解/稀释成使用浓度是由流量调节设备来完成。该设备能保持按操作人员给定的化学药剂与用水量的比例。

化学计量是最易实现的操作，使用计量泵将贮存的药剂以恒定速度输送实现计量。依据预期的沉淀反应动力学和消化池设备的效率，为高效使用化学药剂，必要时须附加搅拌。

6.3 沼气系统设计

6.3.1 集气罩

消化池顶罩用以收集气体，减少臭气，保持内部恒温，维持厌氧条件。还可支撑搅拌设备，深入水池内部。传统有固定罩和浮动罩两种顶盖。

消化池固定罩及其附属物如图 6-3-1 所示。它们由钢筋混凝土或钢制成扁平状或穹顶状。钢筋混凝土顶罩一般内衬 PVC 或钢板便于贮存气体。固定罩的问题是引入空气会形成爆炸性气体，或在池内形成正压或负压。

浮动罩可以分成两类：停留于液体表面和停留于壁边缘浮于气体之上的。套式浮动罩如图 6-3-2 所示，在液相表面占用较大的面积便于气体收集。浮力作用于罩子外边缘使之成为一个浮筒。下降式浮动罩通过增加罩与液相表面的接触从而减少液相上方的占用空间。附加的重物用于增加顶罩的浮力抵消气压或平衡罩子上安装设备造成的荷载。浮动罩普遍使用在一级消化池，它使进料和排放操作分开，将浮渣压入液相，使之控制方便。浮动罩的缺点是泡沫严重时会产生倾斜。

集气罩式顶盖能增加气体贮存空间，气体贮存空间允许产气量和污水处理厂使用负荷的变化。集气罩式顶盖是经改进的浮动罩，它浮于气相而不是液相。改进措施增加边缘有

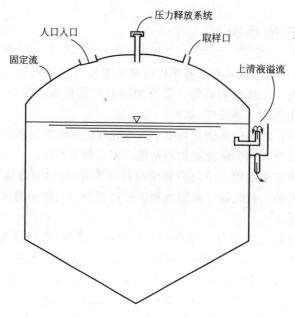

图 6-3-1 固定式消化池顶盖

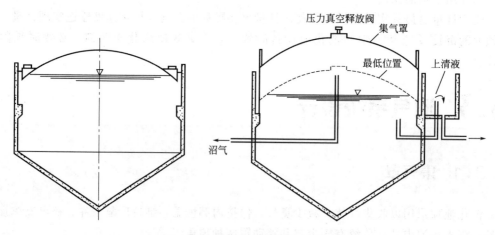

图 6-3-2 套式浮动罩消化池顶盖

利于贮存沼气,增加特别的导引系统使罩子稳定地浮于气相上。这种式样的顶盖在设计时须考虑侧面风荷载和由此导致的侧向力。

近来发展的集气罩式顶盖是膜式盖(如图 6-3-3)。这种盖由中央小型集气穹顶支撑结构和弹性气膜组成。鼓气系统通过给两膜之间空隙打入空气来改变贮气空隙的体积。随着产气体积的增加,通过空气释放使空气体积减小。随着产气量的减少,通过鼓风机向空隙补充空气。

6.3.2 产气收集输送系统

污泥厌氧消化产生的沼气既可以用来使用,也可以用来燃烧以避免产生气味。由于沼

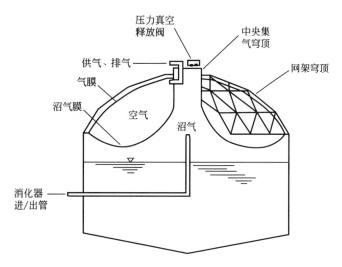

图 6-3-3 膜式集气罩顶盖

气通过污泥产生,因此气体是在消化反应器液面上方得到收集,并且释放的。沼气可以由管道输送即刻进行设备的供电或加热,也可以由储气装置储存以备后用,或直接通入废气燃烧炉作为废气燃烧掉。

沼气的收集和转输系统必须维持在正压条件下,以防止由于不小心混入周围的空气而发生爆炸。当空气与消化气的混合气含有5%～20%的甲烷浓度时即会有爆炸的可能性。沼气的储存、运输及阀门的布置应满足下面的设计要求:即当消化污泥的体积改变时,沼气(不是空气)应被抽回到消化池中而不是被其他气体所替代。

大多数的消化系统是在小于3.5kPa(0.5psi)的压力下运行的,同时压力应以毫米水柱来表示。由于操作压力较低,沿程损失,泄压阀装置的设计及控制设备易于维护都应受到重视。这些都是确保系统正常运转应注意的设计要点。

(1)气体管线系统

由厌氧消化反应器出来的集气总管的直径一般最小为65mm,而消化气进口处应高于消化池上部污泥浮渣层最高液面高度至少1.2m。考虑到减少固体颗粒及泡沫进入集气管路,这段距离应适当放大。对于较大的沼气体收集系统,集气管的直径应为200mm或更大。消化池应按总产气量来确定排气管的大小,这是因为当气体混合系统启动时,总气量为设计最高月产气量与循环气量之和。

集气管的坡降为20mm/m且输送浓缩气体的管道坡降不得小于10mm/m。消化池管路中气体的最大流速限制在3.4～3.5m/s左右,保持这么低的流速是为了使管路压力损失适当,防止携带存水弯处产生的湿气。湿气可以对仪表、阀门、压缩机、电机和其他设备产生腐蚀作用。为防止由于不恰当的安装、内部压力及地震所造成的破坏作用,应确保有足够的管路支撑设施。管路与设备之间应有柔性接头。

(2)气体储存

厌氧消化过程的产气量是波动的。因此,当沼气用作污水处理厂运行的燃料时,为满足气体供需平衡,设置气体储存装置是必备的。储存设施的容量是可调的,这样可以为使用气体的设备提供恒定的气压。

储气的能力应为至少25%~33%的日产气量（或6~8h），混合气体利用系统的储存容量应更大。

通常使用的储气池形式有两种：重力式和压力式。

重力式储气池为低压，集气罩为浮动式。集气罩完全浮在所产生的气体上，这种为可变容积、恒压的池子。导轨及正向挡板与顶盖和集气罩成为一体，目的是使阻力尽可能小，以及保证罩子向上运动时的限位。

压力式储气池通常为球形，内部气压一般在140~700kN/m² （20~100psi）之间，平均压力在140~350kN/m² （20~50psi）之间。气体可由一台靠消化气体运转的压缩机打入压力储气池。

由于气体管道及设备容易在地震中受损，设计时需考虑为每一个储气池提供一个地震震动关闭阀。这些阀门在预定的侧向加速作用下自动关闭，并必须由人工重新开启（在检查完集气系统之后）。

6.3.3 沼气安全设备

气体安全设备是气体处置系统的一个重要部分，作用是防止消化池气体爆炸和它的毒性危害，保护人身财产安全。设备尺寸设计合理的系统能使压力下降为最小比。设备选型易于维护也就保证了安全的操作环境。图6-3-4是气体控制系统的方案流程图。

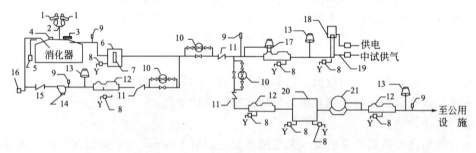

图　例			
序号	说　明	序号	说　明
1	带捕焰器的呼吸阀	12	火焰捕集装置
2	三向阀	13	压力(爆炸)释放阀
3	人孔盖	14	风机/压缩机
4	取样舱盖板	15	高压检修阀
5	顶盖位置指示器	16	高压滴阀
6	冷凝及深渣井	17	减压及火焰捕集装置
7	监视玻璃	18	废气燃炉
8	低压滴阀	19	火焰检查
9	压力计	20	气体纯化
10	流量计	21	双口调节器
11	检修阀		

图6-3-4　气体控制系统示意图（单消化池气体处理系统）

（1）捕焰器和防火阀

气体管路系统和减压阀必须配备足够的捕焰器（或称消焰器）和防火阀。根据热扩散原理熄灭火焰，灭火器在气体系统保护消化池和管路系统防止来自废气燃烧炉、气动发电机、点火器等的反闪火花。在火源的上游尽可能近地布置火焰捕集器十分关键。这样捕集器能使燃烧气体向外扩散的压力减至最小，防止管线的破坏。

防火阀由一个热力截止阀和一个捕焰器组成。如果前方火焰由捕焰器隔离但仍继续在管路系统里燃烧，热敏元素融化，释放截流挡板切断气源供应，由此使火焰熄灭。

为方便清理内部而设的捕焰器，要求日常维护，防止压降增大或灭火能力降低。带有扩展框或可拆装单元的捕焰器易于维护。

（2）检修阀

检修阀允许自消化池出来的气体单向流动。必须在系统中安装低压检修阀，在消化池内出现真空条件时阻止空气进入消化气管路系统。

（3）减压阀和压力调节装置

减压和调节装置控制管路系统的气体压力。这种装置在压力超过给定限度时释放气体，引导气体依次进入气体搅拌系统、锅炉、储存装置、发电机和废气燃炉。调节阀用于保证上游压力或者使传递至下游的压力恒定。它们通常采用隔膜精确操作。减压装置向大气或者下游管线释放过高压力，可以是重力式、盘式、隔膜式阀门。

每一个阀门须设置卸压设备，在系统压力升高时，每一个卸压设备会依次打开以满足工艺流动的要求。换言之，调节阀的功能是当消化池顶盖上的减压阀在最高设定压力开启时，以最低设定压力打开，向搅拌系统或锅炉供气。压力释放系统的设计必须是为避免消化池达到最大设计压力。

（4）废气燃炉和控制点火

废气燃炉安全地燃烧过剩气体，从而减少由于产气积累造成的危险性。正确运行的燃炉具备全天气候点火系统的控制部件。能保证废气不论是否进入燃炉都能点火。伺服火焰必须在不良气候条件下稳定工作保障可靠的监控伺服状态。设计须考虑到提供伺服失败时的报警设施和自动再点火系统，避免大量未燃烧气体散布到空气中。

稳定可靠的点火火焰只能使用天然气或甲烷作为燃料。消化池气体潮湿、肮脏、热值低，易受管线压力波动的影响。所以，仅在特别需要时才使用它作为点火燃料。

在废气燃炉和消化池或储气柜之间保持至少15m的距离，才能保证气体空气混合物不发生着火。安全操作要求冷凝液脱除、吸入压力控制和废气燃炉之前的火焰保护等设施。

特别是寒冷气候会对气体收集和使用系统部件的运行产生影响。所以，如果可能，用于燃炉的减压阀应安装于室内。为防止气体在机组内冷凝，要么使防火阀隔开，要么将其安装在燃炉下面的地下室内。位于消化池顶盖上的呼吸阀（压力式真空阀），可安装在一个隔离掩体内，让减压阀向空气中送气。这一掩体必须按其真空阀的要求保证通风良好。

（5）安全要素

如果可能，滴水阀须置于室内。如果它们位于室外须加强保护防冻。一个安全的气体收集系统应该尽可能地将大多数的管线系统和附属设备分别放在分开的构筑物内，只向外预留入口。构筑物可配备机械式气体安全设施、计量仪和气体压缩机，压缩机具有锅炉和与污泥搅拌相类似的辅助设施。考虑到人员安全和防腐，管廊和消化池控制室要有机械通风。

消化池气体摩尔质量大约是 27.2（假定混合气甲烷和二氧化碳之比是 60：40），而空气的摩尔质量是 28.3。所以，消化池气体在空气中会缓慢上升。由于甲烷和二氧化碳取代空气，消化池气体能造成缺氧窒息。为监测可燃性（指含硫化氢量）和缺氧程度，每套消化池设备都应备有气体分析仪和探测仪。此外，每一套设备都应提供现场紧急氧气罐。

第7章

污泥厌氧消化工程
建设与运行管理

　　污泥厌氧消化工程建设和管理相对复杂。在工程建设方面，不仅结构形式独特，施工难度大，而且设备数量多，安装工程量大；在运行管理方面，不仅要考虑进料、温控、搅拌等系统的正常运行，而且还要考虑沼气收集利用系统的安全操作和使用。本章重点从污泥厌氧消化工程的建设、验收、启动、运行、安全管理等方面，介绍了污泥厌氧消化工程建设与运行管理。

7.1 污泥厌氧消化工程建设概述

污泥厌氧消化工程主要包括土建工程和安装工程。具有独立施工条件并能形成独立使用功能的构筑物、建筑物，或是具有独立施工条件并能进行单独核算的工程标段项目，并作为机械设备基础进行建设或为工艺流程服务的配套建（构）筑物，通称为污泥厌氧消化系统土建工程。安装工程涉及专业面广、学科跨度大。它涵盖了机械设备工程、电气工程、电子工程、自动化仪表工程、建筑智能化工程、消防工程、电梯工程、管道工程、动力站工程、通风空调与洁净工程、环保工程、非标准设备制造和成套设备建造等，其施工活动从设备采购开始，经安装、调试、生产运行、竣工验收各个阶段，直至满足使用功能的需要或生产出合格产品为止。污泥厌氧消化系统安装工程施工内容包括管线安装工程、机电设备安装工程和自动控制及监视系统安装工程。

(1) 土建工程内容

污泥处理系统土建工程包括地基与基础工程、主体结构工程、细部构造工程、功能性检测工程、装饰装修工程等施工内容。

① 地基与基础工程

地基工程包括土石方工程、地基处理两部分内容。其中，土石方工程有基坑开挖、回填、钎探等内容。地基处理有土工合成材料地基、注浆地基、复合地基、级配砂石地基、CFG桩地基等地基形式。

桩基础工程包括各种类型的灌注桩基础、灌注桩后压浆、预制混凝土桩、钢板桩、振冲碎石桩等各种形式的桩基础。

基坑工程包括降水施工工艺、基坑支护工艺、挡水帷幕施工工艺、地下连续墙施工工艺和沉井施工工艺。其中，基坑支护工艺有土钉墙施工工艺、排桩墙施工工艺、锚杆施工工艺及水泥土墙施工工艺。

② 主体结构工程

主体结构工程包括混凝土结构工程和钢结构工程。

混凝土结构工程包括框架结构、现浇钢筋混凝土池体结构、预应力结构、预制装配式结构等。构筑物混凝土工程大部分为清水混凝土饰面，不做装修。二次结构主要为加气混凝土块、陶粒空心砌块等，部分建筑物的内隔墙部分为轻质板材。

钢结构工程包括有普通钢结构、网架结构和轻钢结构。钢结构一般应用在大跨度的厂房或仓库工程。钢结构的防腐防火要求比较高，因为其处在腐蚀性比较大的环境中。围护结构多采用彩色金属压型钢板。

③ 细部构造工程

细部构造主要是指影响构筑物工程的实体结构质量，在实体结构施工过程中处于重要地位，容易出现质量问题并容易被忽视的关键部位。细部构造工程包括实体结构中的后浇带部位、池壁下部的橡胶滑动层、接缝处止水带、密封膏等相关部位的施工内容。细部构造部位一般处于前后工序衔接部位。

④ 功能性检测工程

功能性检测工程包括池体满水试验、消化池气密性试验、管道严密性试验及强度试验等方面的内容。进行功能性检测是为了检测构筑物、建筑物工程实体结构的性能是否能满足水处理工艺流程的需要。

⑤ 装饰装修工程

作为污泥厌氧消化工程，施工重点主要集中在实现污泥处理功能的结构工程和安装工程上，装饰装修工程则放在次要位置。装饰装修工程一般仅存在于一些配套厂房、车间、泵房等工程中，做法比较简单，除了设计上有特殊要求的耐酸墙地面、隔声门窗等做法外，不论是墙面、地面工程，还是门窗工程，都是一些常规做法。施工中应严格按照设计、规范标准及相关规定执行，保证工程施工质量。

⑥ 给排水和采暖工程

给排水和采暖工程除去办公楼、辅助用房等为职工办公、生活设置外，其他车间、厂房、泵房内还考虑设备运转需要设置，如部分设备的防冻、冲洗等。给排水及采暖设施从原材料采购到施工质量，应符合设计及验收。

⑦ 电气工程

除综合办公楼、自动化控制室、配电室具有强电、弱电系统齐全外，其他工程土建施工一般为普通电气照明和绝缘、接地系统，需要暗敷和埋地的动力线管及控制信号线管要准确加以安装。

（2）安装工程内容

安装工程是污泥厌氧消化工程施工的关键内容，安装工程施工质量的好坏不仅影响着污泥厌氧消化系统的使用寿命，而且直接影响着污泥处理效果，决定着污泥厌氧消化系统运行工艺的成败。

① 管线安装工程

管线安装工程包括污水、污泥、放空、沼气、热力等工艺管线和厂内外给排水管道工程。这些管线是污泥厌氧消化系统中各种构筑物和建筑物的生产运行连接、输送、排放的功能管线，是污泥厌氧消化系统运行工艺的必需工程。不同类型的管线按照设计要求的管道压力、介质流量和介质性质选择不同的管材和管径，保证污泥厌氧消化处理工艺顺利运行和生产生活正常进行和需要。

② 机电设备安装工程

机电设备安装工程是污泥厌氧消化工程施工中的一项重要内容，是污泥厌氧消化工程运行工艺的核心，机电设备安装质量的优劣直接影响着污泥厌氧消化工程的使用寿命和运行成本。污泥厌氧消化工程主要工艺设备包括搅拌系统、水泵、鼓风机、沼气储存设备、沼气净化设备、燃烧火炬、热交换系统设备、锅炉设备、开关柜及配电柜（箱）、电力变压器等。

③ 自动控制和监视系统安装工程

计算机与PLC集成控制系统是自动控制系统中技术最先进、应用最广的控制系统，具有控制可靠、操作简便、开放性强、性能价格比高等优点，在国内污泥厌氧消化运行管理系统中发挥着巨大作用。典型的电视监控系统主要由前端监视设备、传输设备,后端控制显示设备三大部分组成。前端、后端设备有多种构成方式,它们之间的联系可通过电缆、光纤或微波等多种方式来实现。自动控制和监视系统安装工程包括调节阀、执行机构的安装,信号、连锁与保护装置的安装,调节器的安装,模拟盘及计算机控制系统安装,监控室设备安装,仪表设备安装等施工内容。

污泥厌氧消化工程因消化池具有独特结构,土建工程相应有其独有的特点,这也是整个建设过程的重点和难点,本章将着重对土建工程部分进行详细阐述。污泥厌氧消化机电设备安装工程同一般的污水处理厂等相比没有明显的特殊性。

7.2 污泥厌氧消化系统土建工程

在污泥厌氧消化处理工艺流程中,具有独立施工条件并能形成独立使用功能的构筑物、建筑物,或是具有独立施工条件并能进行单独核算的工程标段项目,并作为机械设备基础进行建设或为工艺流程服务的配套建(构)筑物,通称为污泥厌氧消化系统土建工程。

7.2.1 土建工程功能和作用

作为污泥厌氧消化系统的重要组成部分,土建工程起到了基础性的作用,厌氧消化处理功能的实现是以土建工程为基础的。土建工程建设的投资、进度、质量、安全、文明等各方面的实际运转情况,都直接影响到后续工成程(设备安装工程、仪表自控工程、场地绿化、电缆敷设等工程)的开展;尤其是土建工程的建设周期比较长,受各方面因素的影响比较大,并且各项后续工程都是以此为基础来开展工作,根据工程施工过程中的具体情况,其间各专业工程不免有交叉作业的情况存在,对各专业工程都有不同程度的影响。由此可知,土建工程的开展建设情况,直接影响到整个污泥厌氧消化处理的实现效果、整个项目的建设情况,以及污泥厌氧消化系统的投产运行。

土建工程在整个污泥厌氧消化工程中的功能和作用如下。

(1)实现污泥处理功能的基础

作为污泥处理工程项目,除去为污泥处理工艺流程服务的配套建筑物工程及配套设施,作为污泥处理工程中的主体结构——盛泥构筑物工程施工质量的优劣,直接影响到工艺流程的实现效果。作为盛泥构筑物,最基本的性能是抗冻抗渗性能,如果此两项内容不能达到要求,工艺流程的实现根本无从说起。此外,部分土建工程直接作为污泥处理工艺流程中的一部分,无须进行设备安装或其他工序,直接参与到工艺流程当中。由此可见,土建工程是污泥处理功能实现的前提。

(2)开展后续工程工作的前提

污泥处理工程作为一个整体建设项目,专业性内容比较多,不仅有土建工程,还有机电设备安装工程,仪表自控工程等方面比较专业的后续工程,而作为其他专业工程的前序工程，是各种后续工程工作开展的基础。土建工程中各种预留洞、预埋件等设置，另外还包括构筑物工程的形体结构，都是为了满足后续工程施工的需要，而进行的结构设计及建设施工，它的施工质量直接影响到后续工程的开展。因此，土建工程的施工要经常与后续工程相结合，土建工程的施工质量，是后续工程工作开展的前提。

（3）创造运行管理环境条件的保障

为了满足污泥厌氧消化处理的需要，厌氧消化构筑物工程形体结构被设计成各种形式，不管是方形、三角形、圆形，还是卵形，都要保证能满足污泥厌氧消化处理所需的体量、结构尺寸、封闭状况等各方面要求，尽量为消化系统创造有利环境条件，保障厌氧消化处理效果，并为设备和工艺装置提供必需的运行、检修和其他所需的环境条件。此外，土建建筑物工程可为污泥厌氧消化系统的日常管理、例行维护、设备检修及交通等，提供必需的建筑空间和基本环境，能保证工程管理的需要。

7.2.2　消化池结构形式和构造

（1）污泥消化池主体由集气罩、池顶、池体及下锥体等4部分组成，并附设新鲜污泥投配系统、熟污泥的排出系统、溢流系统、沼气的排出收集与储存系统、加温和搅拌设备。

（2）池体的基本形状常采用圆柱形或椭圆形（或称卵形），其气室部分应不漏气，池壁内敷设耐腐蚀涂料或衬里，池壁外部设有保温层及装饰。位于地下水位以下的池底宜采用隔水层。

（3）池顶构造分为固定盖式和浮动盖式两种，固定盖常采用弧形穹顶或为截头圆锥形。池顶中部装集气罩、池顶设有人孔和搅拌设备，池顶下沿设溢流管。

（4）工艺管道主要有污泥管、排上清液管、取样管三种，其中污泥管包括进泥管、出泥管、循环搅拌管，以上管道均应作防腐处理。

（5）搅拌分为沼气搅拌、泵搅拌、螺旋桨式搅拌、喷射泵搅拌等，其目的是使池内泥温和浓度均匀，防止污泥分层和形成浮渣，提高沼气产量。

（6）圆柱形消化池的结构形式为现浇钢筋混凝土预应力结构。池径根据需要从几米至30～40米，柱体部分的高度约为直径的1/2，总高度与池径之比为0.8～1.0，池底呈圆锥形，池盖、池底倾角一般取15°～20°。池顶上设置1个或2个0.7m的人孔，池顶集气罩直径为2～5m，高1～3m。具体形体详见图7-2-1。

（7）大型消化池可采用卵形，容积为10000m³以上。其结构形式为现浇钢筋混凝土预应力结构。卵形消化池的形体结构图详见图7-2-2。

其侧壁为圆弧形，直径远小于池高，一般大型消化池采用卵形，容积可做到10000m³以上。卵形消化池在结构方面有以下优点：

① 搅拌充分、均匀，可以有效地防止池底集泥和泥面结壳。

② 因池体接近球形，在池容相等的条件下，池子总比表面积小于圆柱形，散热面积小，故热量损失小，可节约能源。

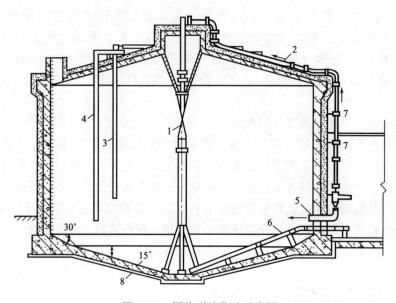

图 7-2-1　圆柱形消化池示意图

1—水射器；2—生污泥进泥管；3—蒸汽管；4—污泥气管；

5—中位管；6—熟污泥排泥管；7—水平支架；8—消化池

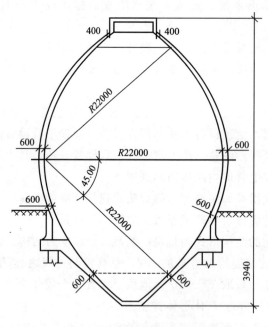

图 7-2-2　卵形消化池示意图

7.2.3　卵形消化池施工工艺

7.2.3.1　施工特点

① 卵形消化池工程一般埋层较深，基础普遍采用桩基础，因消化池的特殊性和重要

性，桩基施工应严格按照规范要求进行，并进行承载力检测。

② 卵形消化池施工技术要求较高。消化池卵形体近 1/3 埋置于地下，池体空间大，且池壁与地面不垂直（形成夹角），混凝土施工特别困难。

③ 模板和支撑体系结构特殊。模板及其内外棱所用铜管要根据池体作特殊加工。

④ 承台混凝土一次浇筑量大，在混凝土配合比设计及施工过程中，必须有效减少水化热，防止池体表面裂缝出现。

7.2.3.2 技术要求

① 卵形消化池测量控制要求曲面池壁形状符合设计，并达到精度要求。施工过程中必须严格控制池体的中心垂直度、壳体池壁的弧度。

② 消化池模板、支架施工必须满足强度、刚度及稳定性要求。

③ 消化池池壁预应力钢筋张拉应对张拉控制力和伸长值进行双控。

④ 消化池池壁预应力钢筋张拉时发生的滑脱、断丝数量不应超过结构同一截面预应力钢筋总量的 1%。

⑤ 消化池经满水试验合格后，必须进行气密性试验。气密性试验压力宜为消化池工作压力的 1.5 倍；24h 的气压降不超过试验压力的 20%。

7.2.3.3 施工准备

(1) 技术准备

① 熟悉施工图纸，结合现场的实际情况，编制针对性强的测量专项方案，以指导测量放线工作。内容应包括卵形消化池的平面控制、垂直度控制、高程控制、池壁曲线控制和沉降观测，以及建筑标高、轴线、外形尺寸的保证措施。

施工现场的测量工作，由专职测量员负责，并上报阶段测量成果，做好成果记录。

② 针对卵形消化池双曲面壳体的特点，根据施工图纸设计要求，消化池施工前应进行模板设计，确定内外模板的规格尺寸、数量和拼装方法，进行施工部署和平面布置，作为施工的具体指导性文件。

由于卵形消化池模板体系具有规格型号多、拼装复杂的特点，施工前必须根据图纸及有关规定的要求进行详尽的技术交底，按不同班组、不同工种及岗位进行认真的岗前培训，让参加作业的人员明确本岗位应完成的任务、必须达到的质量标准以及与其他工种配合的方式，各工序设专人负责协调工作，确保施工中各工种协调一致，保证模板施工的质量。

③ 根据工程中消化池预应力结构特点，结合施工图纸的设计要求和规范标准要求，编制与工程相适应的预应力工程专项施工方案。

④ 根据工程的施工进度计划，编制详细的材料采购、进场计划，保证各种材料的供应。

(2) 材料准备

① 钢筋

应有出厂合格证和出厂检测报告，进场钢筋按规定进行性能复试，钢筋检验未出结果前禁止使用，严禁不合格钢筋进场。

② 水泥

水泥品种应按设计要求选用，在设计文件中未明确规定时，水泥采用普通硅酸盐水泥（非早强，低水化热型水泥），强度等级 42.5；严禁使用过期、受潮、变质的水泥。

③ 细骨料

宜用粗砂，含泥量不得大于 3.0%，泥块含量不得大于 1.0%。

④ 粗骨料

选用碎石或卵石的粒径宜为 5~31.5mm，最大粒径不宜大于 40mm，含泥量不得大于 1.0%，泥块含量不得大于 0.5%；泵送时其最大粒径与混凝土输送管道内径之比小于或等于 1/4，吸水率不大于 1.5%；不得使用碱活性骨料。

⑤ 水

应采用不含有害物质的洁净水。

⑥ 外加剂

防水混凝土掺加的外加剂采用具有减水、膨胀、泵送、缓凝作用的复合型外加剂，其性能符合行业标准规定，其掺量应符合设计要求及有关的规定，使用时，应经试验试配后使用。

⑦ 掺和料

粉煤灰的级别不应低于Ⅱ级，掺量不宜大于 20%，硅粉掺量不应大于 3%，其他掺和料的掺量应通过试验确定。

⑧ 进场模板型号、规格等

应能满足工程的施工需要。

(3) 主要机具设备

① 现场混凝土搅拌站、混凝土输送泵、搅拌运输车、机动翻斗车、混凝土布料杆、胶轮手推车、串筒、振捣棒、铁锹等。

② 钢模板、竹木模板、脚手架工具、脚手板等。

③ 钢筋加工设备、钢筋焊接设备、预应力张拉设备等。

(4) 作业条件

① 混凝土垫层施工完成，并验收合格；垫层表面清理干净，弹好墙身控制线和控制标高。

② 钢筋、模板上道施工工序完成，预留预埋检查无误，办理隐检、预检手续。

③ 钢筋混凝土进行开盘鉴定，办理浇筑手续。

④ 地下水位高时，做好降排水设施围护和降水监测，保证地下防水工程施工期间降水效果和施工安全。

7.2.3.4 消化池施工工艺

(1) 施工工艺流程

根据工程结构特点进行施工段划分，施工缝留成水平施工缝，采用钢板止水缝。

工程整体施工工艺流程为：

桩基工程──→基坑开挖与支护──→池体结构施工──→预应力筋张拉──→闭水试验──→闭气试验──→池内壁防腐、防水──→保温工程──→外装饰工程──→附属工程──→验收

每一施工段池体结构施工顺序为：

搭设脚手架──→钢筋支架──→非预应力筋的安装──→预应力筋的安装──→隐蔽工程验收──→模板安装、加固──→预检──→混凝土浇筑──→养护

（2）操作工艺

① 施工测量

a. 施工测量主要内容

消化池的定位、消化池的垂直度控制、消化池的高度控制、消化池池壁曲线控制和沉降观测。

b. 消化池测量主要方法

平面控制采用正交线控制圆心，竖向控制采用激光铅直仪垂直投点或经纬仪带弯管天顶投点，高程采用水准仪配合钢卷尺传递高程，池壁曲线控制采用钢卷尺量距离，量距离时，要进行温度测量、尺长、倾斜、拉力修正，或者采用全站仪测距。

c. 平面控制测量

根据建设单位提供的原始坐标和高程采用极坐标法或直角坐标法进行消化池中心点定位，根据中心点作为正交线进行中心控制；用全站仪精确测角、测距进行角度距离测量，经修正无误后引测控制桩并妥善加以保护。

距消化池开挖线约 1m 远位置测设各轴线控制点，在主轴线外引埋设基准点，要求埋深不小于 0.5m，并浇筑混凝土稳固。

附属设施主轴线测设采用轴线交汇法，并引测出控制线。

消化池环形布桩点的位置放样采用极坐标法。

施工中随着工程进度，用全站仪测设池壁张拉孔和架空连廊的位置。

d. 高程测量控制

采用精密水准仪进行引测和施工测量。

e. 垂直度测量控制

采用激光铅直仪、内控法进行消化池垂直度的控制。消化池底板施工时，在池体中心位置埋设一块钢板，要求埋设时控制其顶面标高与基础混凝土表面标高相同，待准备下一施工段施工时，通过两条相交的控制线，将消化池的中心线投影在钢板上，此点将作为整个消化池结构施工测量定位的依据。在地下结构施工阶段，要将消化池中心线的两条正交线投测到已施工的池壁上，作为消化池方位的控制依据。水准点也随着施工进行引测。

f. 沉降观测

采用国家三级闭合水准线路进行观测。

g. 消化池测量工程保证措施

ⅰ. 对从原始点引测的控制桩和高程点必须通过监理单位的复核，复核无误后对控制桩和高程点加以妥善保护。

ⅱ. 控制点埋深要求不小于 0.5m，用混凝土浇筑保护，并测定高程作为工程定位放线的依据。各轴线方向控制基准点，在主控轴线外埋设基准点，并浇混凝土保护。

ⅲ. 对场内设水准点，每间隔一定时间联测一次，以作相互检校。保证消化池测量准确。

ⅳ. 土方开挖、砌毛石挡土墙等工序的放线尺寸，技术负责人必须认真进行技术复核，确认无误方可施工。

ⅴ．砌筑毛石挡土墙前必须架立坡度样尺，施工时严格按样尺砌筑和验收。

ⅵ．各个标高承台垫层标高必须严格控制，浇筑垫层混凝土前预先埋设标高控制桩。

ⅶ．因池体壁厚为变截面，施工过程中应精确计算内模板每块模板上沿和下沿标高及对应半径尺寸，通过全站仪精确测量半径和标高，调整支撑，保证模板准确就位。

ⅷ．池内脚手架搭设过程中，应吊垂线控制其中心位置。

② 桩基工程

由于卵形消化池的结构特点，大部分采用桩基来满足地基承载力要求，桩基处理类型以混凝土灌注桩居多。

根据消化池地基处理的设计要求与该地区地质情况，制定具体施工工艺方案。

③ 土方开挖

消化池的承台基础一般为 3 个台阶形状。采用机械分层开挖、人工配合清槽、毛石护坡砌筑施工，具有施工速度快、成型效果好、土方回填少的优点。

第 1 层土方开挖以 1：0.5 放坡，修坡后应根据现场土质情况以及气候环境马上进行边坡保护处理，以防止下雨冲刷边坡，泥土流入基坑不易清理。考虑到基础施工时间比较长，预应力钢筋张拉前不能回填，需要边坡护面具有较强的强度在施工过程中不易损坏，可采用挂网抹面法进行边坡护面。

具体施工做法为：垂直坡面楔入直径 12mm、长 500mm 插筋，纵横间距不大于 1m，上铺 20 号钢丝网，再在钢丝网上抹 3cm 厚的 M5 水泥砂浆。

第二层土方开挖后，随即进行毛石护坡砌筑，在砌筑毛石前应在毛石底部夯 100mm 厚碎石一层，以增加底部摩擦力。

第 3 层土方开挖方法同第二层，开挖后，随即进行毛石护坡砌筑，在砌筑毛石前应在毛石底部夯 100mm 厚碎石一层。注意不得超挖。

挖方严格按放线尺寸进行，为保证基坑成形后尺寸及坡度，放线周边尺寸预留出 50cm 左右富余量，边坡坡角在砌每台毛石护壁前，按施工要求图示尺寸，修整完毕。做好现场排水，为防止地表水流入坑内，或浸入坡体引起坍塌、滑坡。不得在基坑边沿堆载，弃土及时运至指定地点。对边坡稳定性设专人负责检查，发现问题及时处理。

④ 护壁砌筑

土方护壁在每一台土方挖完后，随即进行该台护壁砌筑，材料选用 MU20 毛石和 M10 水泥砂浆，所用的毛石成块状，其中部厚度不宜小于 15cm。施工时，毛石宜大小搭配使用。在砌筑前，架立坡度样尺，每砌 3～4 皮为一分层高度，每个分层高度找平一次，及时发现并纠正砌筑中的偏差。护坡外露面的灰缝厚度不得大于 40mm，两个分层高度的错缝不得小于 80mm。如图 7-2-3 所示。

施工中严格按操作规程的要求进行，砌体砂浆应密实饱满，组砌方法正确，不得有通缝，其内表面尺寸必须严格控制，表面平整度不得大于 20mm，以满足挡土墙兼作基础外模的要求。

护坡挡土墙基础下夯 100mm 厚碎石，以提供足够的摩擦力。

⑤ 非预应力钢筋工程

由于消化池形式较为复杂，钢筋工程除正常工艺及要点外，必须采用特殊支撑方法，才能保证钢筋不移位、不变形。

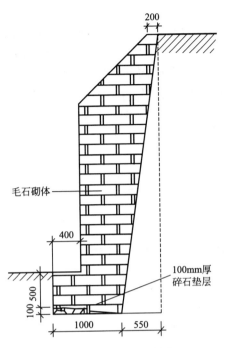

200

毛石砌体

400

100mm厚
碎石垫层

100 500

1000   550

图 7-2-3　毛石护壁砌筑（单位：mm）

钢筋工程施工时，采用基准支架预控法施工。卵形结构钢筋绑扎成型不同于一般结构，如何使其曲线形状和尺寸符合设计要求是此项目关键技术之一。施工前应认真计算，严格放样下料，在钢筋加工厂对所有水平环状钢筋及池壁竖向钢筋进行放大样下料制作。

钢筋支架安装前，先计算出钢筋支架尺寸（包括半径等）与标高的关系，在安装过程中，通过池体中心线量出相应标高的支架半径以确定支架位置。根据工程实际情况，池体±0.000以下钢筋绑扎时采用 50mm×5mm 的等边角钢制成支架，作为钢筋成型的依托。承台部分利用本身的结构钢筋作为支架，即竖向钢筋、环向钢筋和径向钢筋点焊成整体，形成立体骨架体系。支架焊接完成后，应用钢尺、水准仪对结点进行标高、半径的复核，复核无误后，方可在上面绑扎钢筋。池体±0.000以上采用 ϕ25mm 的钢筋制成平面桁架，桁架间距 1500mm。桁架通过内外层的环向钢筋及斜向短筋与竖向支架焊接而成。在钢筋支架中，竖向短筋控制标高，水平短筋控制壁厚和半径。施工过程中，必须及时复核有关数据，以确保钢筋位置准确无误。

a. 筋的特点

地下承台部分钢筋有多层环向、竖向、径向钢筋形成立体网状结构，地上壳体部分钢筋为两层由环向和竖向钢筋组成的网片；环向钢筋均为圆环状，制作必须现场用弯曲机弯曲成形，可采用电弧焊将其接头进行搭接焊形成闭合的圆环，并具有一定刚度；环向筋和沿池壁竖向筋成了壳体网状结构，其受力合理、刚度较大、不易变形；环向筋半径控制要准确，钢筋位置要求严格，钢筋安装绑扎成形后，校正难度大。

结构钢筋绑扎成型后，需着重解决两个问题：

ⅰ. 钢筋绑扎成型的依托；

ⅱ. 控制钢筋绑扎成型后的尺寸。

b. 钢筋支架

根据卵形消化池钢筋工程的特点,结合现场的实际情况,在施工过程中利用钢筋支架来解决上述两个问题。施工过程中钢筋支架的使用主要采用如下两种方法。

地上壳体部分采用ϕ48mm环形钢管固定钢筋,环形钢管纵向间距与脚手架的步距相同,在结构钢筋绑扎成型前,利用内、外脚手架相连的径向ϕ48mm钢管将环形钢管固定。在钢筋绑扎完支模板前将环形钢管拆除。如图7-2-4所示。

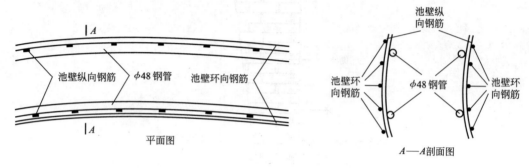

图 7-2-4 池壁钢筋支架绑扎示意图

基础底板部分钢筋采用L50mm×5mm的等边角钢支架,承台部分利用本身的结构钢筋作为支架,即将竖向筋、环向筋和径向筋点焊成整体,形成立体骨架体系,如图7-2-5所示。

钢筋支架式钢筋的依托,其位置和固定程度直接影响钢筋工程的质量。环形钢管安装前先计算出环形钢管的半径和标高的关系,按此数据加工环形钢管,然后在安装过程中,通过池体中心线量出相应标高的半径以确定环形钢管的位置。池壁钢筋支架比结构钢筋的安装要高出两至三个施工段。

c. 筋的制作

钢筋的制作(特别是环向钢筋)是在现场大样的基础上进行下料和弯曲制作,其误差控制在5mm范围内。

d. 钢筋的安装

钢筋的安装顺序是先安装结构钢筋网片,然后为开洞及洞口加固筋安装。钢筋安装前,要计算竖向筋每隔500mm高度或径向筋不同半径(间隔500mm)的间距,在安装时,先每隔500mm固定竖向筋或径向筋位置,然后安装水平筋或环向筋。为了增强结构钢筋的整体性,可适当将结构筋与支架点焊连接。钢筋安装比模板工程要提前(高出)一个施工段,钢筋接头采用闪光对焊、搭接焊(d<22mm)和帮条焊(d≥22mm)三种形式。结构钢筋施工质量主要取决于钢筋支架的质量(即钢筋支架的位置、尺寸准确程度和稳定牢固程度)。

安装和绑扎钢筋根据需要搭设临时脚手架,以解决钢筋的临时固定和人员的上下走动,但严禁人员上下来回践踏钢筋。

⑥ 模板工程

具体施工方法可参见本章有关卵形消化池模板施工工艺。

⑦ 混凝土工程

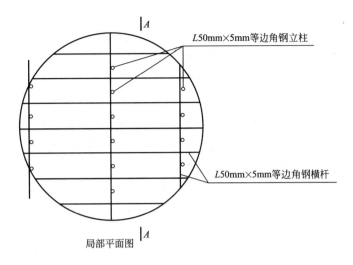

局部平面图

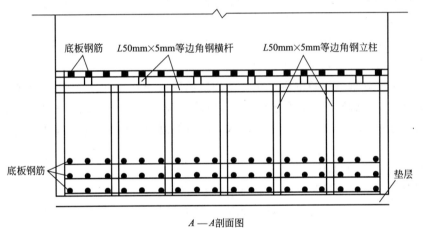

A—A剖面图

图7-2-5 基础底板钢筋支架示意图

a. 混凝土拌制

用自动化搅拌站搅拌混凝土，生产能力不小于 50m³/h，电子计量仪器按要求定期校验，骨料含水率应经常测定，雨天应增加测量次数。

搅拌时采用一次投料法，将砂、石、水泥和水一起加入搅拌筒内进行搅拌。搅拌时间不小于 150s。

b. 混凝土泵送

ⅰ. 混凝土的供应，必须保证混凝土泵连续工作；

ⅱ. 输送管线的布置应尽量直，转弯宜少且缓，管与管接头严密；

ⅲ. 泵送前应先用适量的与混凝土内成分相同的水泥砂浆润滑输送管内壁；

ⅳ. 预计泵送间歇时间超过 45min 或混凝土出现离析现象时，应立即用压力水冲洗管内残留的混凝土；

ⅴ. 泵送混凝土时，泵的受料斗应有足够的混凝土，防止吸入空气形成阻塞；

ⅵ. 输送混凝土时宜由远至近逐步拆除管。

c. 混凝土浇筑、振捣及养护

ⅰ. 根据卵形消化池平面圆形的特点，混凝土浇筑时要考虑模板朝一个方向发生倾斜的现象发生，为此在浇筑混凝土时采取分层、对称浇筑，即承台各段混凝土采取分层浇筑，池壁各段混凝土采取对称一次性浇筑到顶。在浇筑混凝土时，为了避免产生冷缝，混凝土必须连续浇筑。现场采用机械搅拌泵送混凝土施工，浇筑时，混凝土自高处倾落的自由高度不得超过1.5m，否则应设串筒或溜槽。

ⅱ. 混凝土采用插入式振捣器振捣，对流态混凝土稍加振捣即可密实，消化池混凝土振捣时间不要过长，8～10s，但振捣必须均匀，振捣器移动间距一般控制在30cm，插入下一层约5cm，在振捣时尽量避免因池壁不垂直，给混凝土浇筑振捣带来困难。在地面以下部分混凝土浇筑时，采取安全措施振捣钢筋网内振捣。

ⅲ. 混凝土养护对池壁来说是至关重要的，由于卵形消化池池壁为曲面，给混凝土养护带来困难，为了解决这个问题，在池壁模板拆除后及时用混凝土养护剂涂刷混凝土表面，使混凝土内水分不蒸发散失，以达到混凝土自养护的目的。混凝土养护剂属于水榕性材料，涂刷后有效期为15d，并随下雨溶解而消失，对混凝土表面粉刷无影响。

d. 施工缝的处理

在施工时，施工缝采用400mm×3mm钢板止水带进行止水，止水钢板连接采用双面满焊，浇筑完混凝土应清除钢板止水带上的水泥浆。

在留置施工缝处继续提筑混凝土时，已浇筑的混凝土抗压强度不小于1.2MPa（通过试件试验决定），在已硬化的混凝土表面上，清除混凝土浮浆和松动石子以及软弱混凝土层，并加以充分湿润和冲洗干净、不得积水，浇筑混凝土时应细致捣实，使新旧混凝土接合紧密。

e. 混凝土施工注意事项

在施工中应严格控制计量，外加剂称量必须由专人负责，施工人员必坍须在工地用工地材料按配合比进行试拌，观测混凝土的凝结时间、坍落度随时间的变化情况，以便在施工过程中加以控制。

承台混凝土施工中避免由于大体积混凝土浇捣后产生的水化热影响，使表面出现裂缝，可采取以下措施：

ⅰ. 在混凝土中掺加粉煤灰及复合型减水剂，尽量减少水泥用量，推迟水化热的峰值；

ⅱ. 严格控制混凝土的坍落度，消化池承台混凝土拥落度一般控制为（12±2）cm；

ⅲ. 在混凝土表面覆盖保温层。减小混凝土内外温差，加强测温，及时掌握基础内温度变化情况。

⑧ 预应力工程

具体施工方法一般参考无黏结预应力施工工艺。

⑨ 满水、闭气试验

满水闭气试验在内防腐施工完、脚手架拆除后进行。其标准比《给水排水构筑物工程施工及验收规范》（GB 50141—2008)提高10%，即满水试验过程中的允许最大渗水量由2.0L/(m²·d)降至1.8L/(m²·d)。闭气试验过程中的允许最大气压降由20%降至18%。

a. 满水试验

满水试验所采用的水为自来水，采用φ100的镀锌钢管引至消化池内，由于消化池池顶距地面高30多米，须专门采用管道离心泵进行增压处理。

注水分 3 次进行,第 1 次充水至设计容积的 1/3 水位;第 2 次充水至设计容积的 2/3 水位,第 3 次充水至设计容积的水位。相邻两次充水间隔时间为 24h。每次充水水位既可通过水表读数来控制,也可以从池顶顶孔用长 30m 带浮球钢卷尺来测读。

为了准确测定渗水量,采用镀锌薄钢板水箱作为测定蒸发量的设备。水箱使用前应仔细检查,不得渗漏。水箱悬挂在池中设计水位上方,水箱中充水深度约 20cm 左右,用钢尺测定消化池中水位的同时,测定水箱中的水位。

渗水量的测定:在充水至设计容积水位 24h 后,通过固定在井壁上的钢尺测得水位初读数,在间隔 24h 后,测得末读数,同时测出水箱蒸发量。如第一天测定的渗水量符合要求,应再测定一天;如第一天测定的渗水量超出允许标准,而以后的渗水量逐渐减少,可继续延长观测。渗水量按《给水排水构筑物工程施工及验收规范》(GB 50141—2008)中的计算公式计算,即:

$$q = A_1 / A_2 \left[(E_1 - E_2) - (e_1 - e_2) \right] \tag{7-2-1}$$

式中　q——渗水量,L/(m² · d);

A_1——水池的水面面积,m²;

A_2——水池的浸湿总面积,m²;

E_1——水池中水位测针的初读数,mm;

E_2——测读 E_1 后 24h 水池中水位测针的末读数,mm;

e_1——测读 E_1 时水箱中水位测针的读数,mm;

e_2——测读 E_2 时水箱中水位测针的读数,mm。

在满水试验过程中,要对池体进行沉降观测,每天观测一次,并做好记录工作。

b. 闭气试验

当消化池满水试验合格后,池内的水暂不排除,紧接着对设计水位以上部位的气室部分进行气密性试验,即闭气试验。闭气试验前,将与气室连通的孔口除预留安放温度计及进气孔等两孔外,全部封闭严密。

闭气试验的主要试验设备:压力计用以测量池内气压的 U 形管水压计,刻度精确至毫米水柱;温度计用以测量池内气温,刻度精确至 1℃;大气压计用以测量气压刻度精确至 daPa (10Pa)。空气压缩机 1 台 (0.3m³)。

闭气试验采用的试验压力为 1.5 倍的工作压力,即设计压力 6.0kN/m²,其值为 9.0kN/m²。池内充气试验压力稳定后,测读池内气压值即初读数,间隔 24h 测读末读数。在测读池内气压的同时,需测读池内气温和大气压力,池内气压降按式 (7-2-2) 计算:

$$P = (P_{d1} + P_{a1}) - (P_{d2} + P_{a2})(273 + t_1) / (273 + t_2) \tag{7-2-2}$$

式中　P——池内气压降,Pa;

P_{d1}——池内气压初读数,Pa;

P_{d2}——池内气压末读数,Pa;

P_{a1}——测量 P_{d1} 时的相应大气压力,Pa;

P_{a2}——测量 P_{d2} 时的相应大气压力,Pa;

t_1——测量 P_{d1} 时的相应池内气温,℃;

t_2——测量 P_{d2} 时的相应池内气温,℃。

⑩ 防腐工程施工

a. 施工程序

混凝土表面处理——→刷环氧封闭漆——→刮环氧腻子——→刷环氧厚浆漆（其中气室部分增刷一道）——→刷聚氨酯环氧防腐涂料（其中气室部分增刷一道）

b. 基层处理

对混凝土基层进行全面检查，基层表面要充分干燥，且 20mm 厚度层内的含水率不得大于 6%，否则需要用喷灯进行烘干，混凝土表面基本平整，凸出池壁部分混凝土用电动角磨机磨平。混凝土基层表面要洁净：先用钢丝刷将混凝土表面的水泥浆、油污等杂物清除，然后用软毛刷或棉纱将灰尘除净，其中应特别注意清除凹进部位的灰尘等杂物。

为了确定涂料用量、涂层厚度及涂刷方法，需在现场做样板。做样板是在钢板表面进行，先将钢板表面铁锈及杂物清除干净，然后涂第一道环氧涂料，待涂层干燥 24h 后，再涂第二道，共涂刷 9 道。每次要详细记录涂刷涂料的用量。最后用测厚仪测出每遍和总的漆膜厚度。

c. 涂层施工

待基层符合要求后，立即在基层表面涂刷环氧封闭漆。待封闭漆固化 24h 后，满刮环氧腻子层，待其固化 24h 后，表面用砂纸打磨平整，然后涂刷第一遍涂料（涂刷时用棉纱将基层表面灰尘擦净）。涂刷时均采用滚筒液涂。

所用涂料均为双组分，使用前两组份应按规定比例调配。要现配现用，施工有效时间为 10h。每道涂料施工间隔时间为 48h 以上，待最后一道涂料施工 7d 后可进行满水试验。

在施工过程中用排风机使池内通风，采用防爆灯作为池内施工照明。防腐施工操作利用结构施工所用的钢管脚手架，待防腐施工结束后拆除。

⑪ 保温及装饰工程

消化池保温层一般采用聚氨酯发泡做法，并做外装饰。

由于消化池外形为曲面壳体，聚氨醋发泡保温层只能现场喷涂，厚度一般为 100mm。外装饰如果用彩钢板饰面，其钢骨架及彩钢板必须根据现场的尺寸在工厂加工，然后运至现场进行安装。

a. 施工工艺流程

消化池池壁外表面处理——→放线——→安装镀钵连接件——→安装钢骨架——→喷聚氨醋发泡保温层——→安装彩钢板、打密封胶——→清理彩钢板——→检查验收——→脚手架拆除

b. 龙骨架制作与安装

由于消化池外形的特殊龙骨在不同部位呈现不同的弧形，加工难度较大，为此，采用在工厂加工成型（包括镀锌），现场拼装。钢龙骨架均为 A3 类钢材。

钢龙骨架安装施工操作利用结构施工中的外脚手架。先根据消化池的外形尺寸制作出五道环形工艺圆，外径分别按上、中上、中、中下、下所在部位的外径加 10cm，在工厂加工成型后，将其分若干段运到现场。按其各自位置进行安装。先根据消化池结构施工中心控制轴线，利用经纬仪测每道工艺圆的基准点，以保证五道工艺圆的水平投影为同心圆，用电焊临时固定。同时在五道工艺圆上标出 48 等分点。

按五道工艺圆的 48 等分点，安装 48 道竖向龙骨，并通过连接件使其与预埋在混凝土池壁上的预埋件固定。连接件与预埋件之间采用焊接，龙骨与连接件之间采用 M12mm×

80mm 螺栓连接（便于调整）。待对 48 道竖龙骨竖向和环向的弧度曲率检查验收合格后，开始安装环向水平龙骨（次龙骨），次龙骨沿竖向竖龙骨外侧每 1.1m 弧长设一道，水平龙骨与竖龙骨之间采用点焊连接，水平龙骨弧度要与相应标高的竖龙骨外侧的水平曲率相一致。最后安装加强肋，加强肋的两端与水平龙骨点焊连接。加强肋的弧度与相应段的竖龙骨竖向曲率一致。钢龙骨安装完后，要对焊缝、预埋件等部位进行除锈、防锈处理。

c. 聚氨酯发泡保温层喷涂

喷涂时混凝土表面要求干燥、无锈、无粉尘和无油渍。发泡保温材料采用分层喷涂，每一层喷涂厚度不超过 20mm，每层喷涂后 60s 即可喷下一层，直到喷涂到符合工程要求厚度为止。由于喷涂为手工操作，喷涂前用 10 号绑丝制成厚度卡尺，以便操作人员控制。施工环境温度 20℃ 以上为宜，当环境温度低于 20℃ 时，可采用腆钨灯对 PAPI（B 组分）适当加热。严禁在雨天进行聚氨酯发泡保温层施工。安装彩钢板前要对聚氨酯发泡保温层进行验收。

d. 彩钢板饰面加工与安装

所采用的彩钢板根据现场龙骨尺寸在工厂加工成型，现场拼装。彩铜板加工包括下料、折边、曲面处理等三方面，以及上下端曲线度的处理。

根据加工成型的彩钢板编号，将其安装在相应位置，彩钢板安装从上往下进行，彩钢板与龙骨（竖、环龙骨）之间通过自攻螺钉连接待彩钢板安装固定就位后，彩钢板与彩钢板之间 20mm 宽缝隙，先填泡沫条，然后满打密封胶。待密封胶固化后，彩钢板表面要进行清洗，并对局部涂层破坏处进行修复处理，最后分段拆除脚手架。

⑫ 细部处理

消化池施工的细部处理主要包括施工缝的处理、混凝土保护层的控制、池壁断面尺寸的控制、预应力张拉槽细部处理、模板拼装的板缝处理。

a. 施工缝的处理

施工缝处采用 400mm×3mm 止水钢板止水，止水钢板固定必须牢固，双面满焊，焊缝均匀，无夹渣。每次浇筑完混凝土安排专人清理止水钢板，保证止水钢板与混凝土良好的黏结。

在留置施工缝处继续浇筑混凝土时，已浇筑的混凝土其抗压强度不小于 1.2MPa（通过试件试验决定），在已硬化的混凝土表面上，应清除混凝土薄膜和松动石子以及软弱混凝土层，并加以充分湿润和冲洗干净、不得积水。浇筑混凝土时应细致捣实，使新旧混凝土接合紧密。

b. 混凝土保护层的控制

地下承台部分混凝土保护层控制采用 $\phi16$ 短筋焊接在结构钢筋上，然后在短筋上焊中 16 环筋以控制混凝土保护层的厚度，用钩头螺栓将结构钢筋与模板连接为一个整体。地上池壁混凝土保护层控制方法则采用加垫混凝土保护层垫块方法，截面尺寸采用整体止水型对拉螺栓控制。

c. 壁断面尺寸的控制

因池壁截面尺寸沿高度曲线变化，对拉螺栓尺寸需经过计算，根据模板配板设计，计算出对拉螺栓的中心标高及所对应的半径，然后导出对拉螺栓穿孔处截面尺寸，根据此尺寸加工对拉螺栓，施工中严格控制尺寸加工及止水片的焊缝质量，见图 7-2-6。

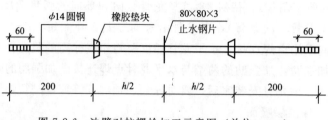

图 7-2-6　池壁对拉螺栓加工示意图（单位：mm）

d. 预应力张拉槽细部处理

在池壁上按图纸规定位置预埋张拉槽，以留设预应力张拉口。张拉槽采用 3mm 厚铜板按要求制作，槽两端头中心开洞，开洞直径应满足铺设钢绞线要求，安装时槽口朝外。为了保证钢绞线从池壁部分进入张拉槽内达到锚具处平滑发散开，防止浇筑混凝土时混凝土进入张拉槽内，另制作疏筋片配合张拉槽使用。

制作疏筋片采用 3mm 铜板，制作方法：计算出锚具处于工作状态时钢绞线对应锚具上孔的位置平滑收束到张拉槽端头处的位置，在相应位置制作直径略大于钢绞线直径的圆孔。钢绞线铺设后安装张拉槽。安装前钢绞线上套上疏筋片，整束钢绞线穿入张拉槽洞口推入张拉槽，在图纸规定位置焊接固定。调整钢绞线位置留出张拉所需长度后，将疏筋片点焊在张拉槽壁上。

7.2.3.5　质量标准

(1) 主控项目

① 消化池模板施工支架必须满足强度要求、刚度及稳定性要求。池体混凝土如采用纵、横预应力钢筋张拉，张拉顺序必须符合设计要求。

② 污泥处理构筑物的穿墙管件处混凝土应密实、不渗漏。

③ 预留孔、预埋件位置的标高、尺寸、数量应准确。

④ 消化池的检查孔封闭必须严密不漏气。

⑤ 消化池顶部内衬应做好防腐处理。

⑥ 消化池外壁保温层材质及内壁防腐材料配合比必须符合设计要求。

(2) 一般项目

① 消化池池壁预应力钢筋张拉应对张拉控制力和伸长值进行双控。

② 消化池池壁预应力钢筋张拉时发生的滑脱、断丝数量不应超过结构同一截面预应力钢筋总量的 1%。

③ 预应力钢筋张拉后严禁采用电弧、气焊切割。

④ 现浇混凝土消化池施工允许偏差应符合表 7-2-1 的规定。

⑤ 钢筋和预应力钢筋的规格、形状、数量、间距、锚固长度、接头设置应符合设计要求。

⑥ 浇筑混凝土应振捣密实，不得留置垂直施工缝，止水带安装应准备牢固。

⑦ 混凝土表面应无蜂窝、麻面，无明显错台，且应平整光洁、线型流畅。

⑧ 消化池与设备相连接的管道位置及高程应符合设计要求。

⑨ 消化池内壁防腐材料的涂料基面应干净、干燥，湿度应控制在 85% 以下。涂层不应出现脱皮、漏刷、流坠、皱皮、厚度不均、表面不光滑等现象。

表 7-2-1　现浇混凝土消化池施工允许偏差和检验方法

序号	项目		允许偏差/mm	检查方法
1	垫层、底板、池顶高程		±10	水准仪测量
2	池体直径	$D \leqslant 20m$	±15	激光水平扫描仪、吊垂线和钢尺测量
		$20m < D \leqslant 30m$	$D/1000$ 且 $\not> ±30$	
3	同心度		$H/1000$ 且 $\not> 30$	同上
4	池壁截面尺寸		±5	钢尺测量
5	表面平整度		10	2m 直尺或 2m 弧形样板尺
6	中心位置	预埋件(管)	5	水准仪测量
		预留孔	10	

注：1. D 为池直径，H 为池高度；

　　2. 卵形消化池表面平整度使用 2m 弧形尺样板尺盘测。

⑩ 板状保温材料施工时，板块上下层接缝应错开，接缝处嵌料应密实、平整。

⑪ 现浇整体保温层施工时，铺料厚度应均匀、密实、平整。

7.2.3.6　成品保护

(1) 模板工程

① 坚持模板每次使用后清理板面，涂刷隔离剂。

② 预组拼的模板要有存放场地，场地要平整夯实。模板平放要用木方垫架；立放时要搭设分类模板架，模板落地处要垫木方，保证模板不扭曲、不变形。不得乱堆乱放或在组拼的模板上堆放分散模板和配件。

③ 工作面已安装完毕的墙、柱模板，不准在吊运模板时碰撞，不准在预组拼模板就位前作为临时倚靠，防止模板变形或产生垂直偏差。工作面已完成的平面模板不得作为临时堆料和作业平台，以保证支架的稳定，防止平面模板标高和平整度产生偏差。

④ 拆除模板时要按程序进行，禁止用大锤敲击，防止混凝土表面出现裂纹。

⑤ 模板与墙面黏结时，禁止用机具吊拉模板，防止将混凝土拉裂。

⑥ 冬季施工防止混凝土受冻，当混凝土达到规范规定的拆模强度后方可拆模，否则会影响混凝土质量。

(2) 混凝土工程

① 施工中，不得用重物冲击模板，不准在吊装的模板和支撑上搭脚手板，以保证模板牢固、不变形。

② 侧模板混凝土强度应在保证其棱角和表面不受损伤时，方可拆模。

③ 混凝土浇筑完后，待其强度达到 1.2MPa 以上，方可在其上进行下一道工序施工。

④ 预留的工艺管道、电气暗管、地脚螺栓及插筋，在浇筑混凝土过程中，不得碰撞，或使之产生位移。

⑤ 应按设计要求预留孔洞或埋设螺栓和预埋钢连接件，不得以后凿洞埋设。

⑥ 要保证钢筋和垫块的位置正确，不得踩弯起钢筋，不碰动预埋件和插筋。

(3) 钢筋工程

① 钢筋原材料、成品等应分类、分规格堆放，并有遮盖措施，防止在储存、运输、安装过程中生锈。

② 混凝土浇筑时，严禁踏压钢筋，确保钢筋位置准确。

③ 混凝土浇筑过程中，应有钢筋工盯守现场，及时将变形、移位钢筋调整、扶正。

④ 止水钢板应利用支撑钢筋固定，不得直接在池壁主筋上焊接固定。

⑤ 模板安装前，应按要求加设保护层垫块，模板安装完，复查垫块加设情况，并进行补加。

7.2.3.7 安全环保措施

(1) 安全施工措施

① 施工现场用电，应严格按照用电的安全管理规定，加强电源管理，以防止发生电气火灾。

② 焊接作业点与氧气瓶、电石桶、乙炔发生器和乙炔瓶等危险物品的距离不得少于10m，与易燃易爆物品的距离不得少于30m。乙炔瓶、乙炔发生器和氧气瓶的存放距离不得少于2m，使用时两者的距离不得少于5m。

③ 在场地中做到场地平整，道路畅通，夜间灯光集中照射，避免扰民。无常流水、长明灯。建筑垃圾封闭管理，做到日集日清，集中堆放，专人管理，统一搬运。

④ 混凝土输送中的污水、冲洗水及其他施工用水要排入临时沉淀池经沉淀处理后，再排入市政下水道。为防止施工污水污染，施工临时道路要设排水。

⑤ 模板起吊前，应检查吊装用绳索、卡具及每块模板上的吊钩是否完整有效，并应拆除一切临时支撑，检查无误后方可起吊。

⑥ 支撑过程中应遵守安全操作规程，如遇中途停歇，应将就位的支顶、模板联结稳固，不得空架浮搁。拆模间歇时应将松开的部件和模板运走，防止坠下伤人。

⑦ 区域周围，应设置围栏，并挂明显的标志牌，禁止非作业人员入内。

⑧ 拆模起吊前，应检查对拉螺栓是否拆净，在确认无遗漏并保证模板与墙体完全脱离后方准起吊。

⑨ 拆模后模板或木方上的钉子，应及时拔除或敲平，防止钉子扎脚。

⑩ 高处作业时，应有安全防护。

⑪ 电气应做到：接地良好、电源不裸露，不带电检修，检修工作由电工操作。

(2) 环保措施

① 在施工过程中，自觉地形成环保意识，最大限度地减少施工产生的噪声和环境污染。

② 混凝土搅拌、泵送设备冲洗水经沉淀后，方可排入市政排水管网。

③ 严格按照当地有关环保规定执行。

7.2.4 圆柱形消化池施工工艺

(1) 圆柱形消化池为钢筋混凝土密闭池体，主要包括锥形池底、圆柱形池壁和拱顶。

(2) 圆柱形池壁高度较高，池壁施工的关键是模板，其支模方法有分段支模法及滑升模板法。前者模板与支架用量大，后者宜在池壁高度注15m时采用。

(3) 圆柱形池壁可采用分段支模整体浇筑的方法施工，每段高度约5m左右。施工缝采用钢板止水缝。模板采用定型钢模板、木框竹胶合板模板。

（4）大型污泥消化池的池壁，均施加后张预应力。污水水位较高，液面波及顶盖，造成顶盖局部受拉时，还在顶盖受拉区施加后张无黏结预应力。

圆柱形污泥消化池中的预应力形式有三种：池壁绕丝预应力、无黏结预应力、有黏结预应力。一般根据污泥消化池的内径大小、水位高低，综合考虑施工条件、材料供应等情况选定。

① 绕丝预应力工艺

预应力钢丝用烧丝机连续缠绕于池壁的外表面，预应力钢丝的端头用模型锚具股在沿池壁四周特别的锚固槽内。绕丝完毕后喷涂 500mm 厚的水泥砂浆做保护层。

绕丝预应力是圆形混凝土池、筒、罐施加预应力的常用手段，其优点是预应力钢丝布置在池壁的外表面，可减少壁内配筋的拥挤，便于浇筑池壁混凝土；此外，还可减少锚具，避免摩擦损失，节省钢材。因此，技术经济指标较好。当绕丝预应力的间距过密，其净距小于 5mm 时，会造成喷浆不实，日久影响池的安全使用。因此，绕丝预应力宜用于内径小于 25mm、水位低于 15m 的圆柱形消化池。

② 后张有黏结预应力工艺

施工时两段同时张拉，用 XM 型多根夹片锚具锚固。其施工过程为：

在绑扎普通钢筋时预埋金属波纹管──→浇筑混凝土──→穿钢丝束──→混凝土达到设计强度后，张拉钢丝束──→管道压力灌浆

后张有黏结工艺的优点是通过孔道压浆，使预应力筋与孔道壁黏结牢靠，可减轻锚具负担；但施工工序复杂，且孔道摩擦损失大。因此，该工艺不常采用，宜用于大直径和高水位的圆柱形消化池。

③ 后张拉无黏结预应力工艺

圆柱形消化池采用无黏结预应力工艺与沉淀池圆形池壁无黏结预应力相同。单根无黏筋采用 YCN-23 型前卡式千斤顶张拉，每根预应力用 2 台千斤顶在两端同时张拉。同一圈内的预应力筋也应同时张拉，配备多台千斤顶同时工作。

（5）圆柱形消化池池顶一般采用钢筋混凝土拱顶或倒锥顶，施工时，池内搭设满堂脚手架，模板采用定型模板。混凝土应在可泵送前提下控制拥落度尽量小，混凝土浇筑自拱底向拱顶浇筑，机械振捣密实。

7.3 污泥厌氧消化工程验收要点

污泥厌氧消化系统工程质量验收，包括原材料检验、检验批验收、分项（子分项）工程验收、分部（子分部）工程验收、单位工程验收、设备安装工程单机及联动试运转验收、工程交工验收、通水试运行验收和工程竣工验收。

7.4 污泥厌氧消化系统启动

厌氧消化启动的目标是实现消化池稳态运行，同时在尽可能短的时间内实现挥发性固

体含量减少目标。欲使污泥厌氧消化系统试运行成功，需在消化池投产前确保各系统和子系统设备的有效启动，包括气体处理系统、热交换器、固体输送泵、混合设备及辅助系统。下述 3 个要求对确保启动过程顺利进行很关键：

（1）维持一个特定的操作温度；

（2）连续混合；

（3）特定的挥发性固体负荷率，其日变化不超过±10%。

为了尽量减少设备或运行过程中的故障，操作者应对消化设备检查和测试，步骤如下：

（1）清除消化池内的全部碎片；

（2）检查所有阀门以确保能正常稳定运转；

（3）检查所有气体的控制、调节及安全装置，包括但不限于沉淀捕获器、泡沫分离器、压力计、废气火炬、防火帽和减压阀等；

（4）检查固体输送泵并上润滑油，检验固体泵内无残余碎片，调试驱动器正确；

（5）清洗热交换器并拧紧所有管道连接接头；

（6）调整消化池搅拌系统（机械式搅拌器或气体搅拌器），并上润滑油；

（7）消化池投产前核查锅炉系统能运行约 24h。

消化池的启动可以分为两个阶段：准备阶段和运行阶段。在准备阶段（通常是前 4d），消化池的进料以其最低水平运行，达到工作温度并启动搅拌。最初，可以向消化池输入下列任何一种液体：

① 未浓缩的剩余活性污泥（加聚合物之前）；

② 二沉池出水（未经加氯消毒）；

③ 初沉池出水；

④ 原污泥和剩余活性污泥的混合物。

消化池试运行一般需要 45d，但接种污泥可将试运行时间缩短 7~10d。接种初沉污泥和剩余活性污泥的比例应与消化池进料污泥尽可能类似。在试运行期的前 3d 里，消化池物料应混合并加热到运行温度。当消化池开始进料时，消化气系统应进入气体主管。

准备阶段末期，消化池应在要求的温度下运行，并准备接收进料污泥。此时，消化池的进料可以是以下几种：

① 初沉池出水（首选源）；

② 二沉池出水（未经加氯消毒）；

③ 未浓缩的剩余活性污泥（加聚合物之前）；

④ 原污泥和剩余活性污泥的混合物。

最初有机负荷率约为 0.16kg VSS/（m³·d），应每 3d 增加 1 次，但前提是消化过程参数控制在要求的限度之内。启动过程的关键在于对挥发性固体负荷的控制，进料污泥成分或比例不重要。消化池进料应尽量在 24h 内进行，以避免消化池瞬时负荷率过大，以及减少发泡可能性。

表 7-4-1 列出了启动阶段每天需监测的运行参数，利用趋势变化图分析这些参数，得出正反两方面的趋势并预测消化池可能出现的问题。在指标范围内，单个参数的变化率比其绝对值更重要。

一旦操作参数表明消化池已在稳定状态下运行，有机负荷应以 0.16kg VSS/（m³·d）

的增加量每 3d 增加 1 次，直到达到设计的挥发性固体负荷率。

表 7-4-1　消化池监控表

参数	单位	检测方法	指标范围	检测频率	样品位置	
					进泥	回流污泥③或消化污泥
温度①	℃	仪表	32~38	每日		×
挥发酸(VFA)	mg/L	5560C④	50~300	每日		×
碱度(ALK)	mg/L	2320④	1500~5000	每日	×	×
VFA/ALK		计算	0.1~0.2	每日	N/A	N/A
pH 值		仪表	6.8~7.2	每日	×	×
总固体②	%	2540B④	（记录）	每日	×	×
挥发性固体②	%	2540E④	（记录）	每日	×	×
流量②	L	仪表	（记录）	每日	×	×
消化气产量	Nm³/m³	仪表	8~12Nm³/m³ 污泥(含水率96%)	每日	消化气系统	
消化气构成(CO₂)	%	气体分析仪	低于 35%	每日	消化气系统	

① 中温消化池温度，高温消化池温度根据设计而不同；

② 分别测定所有进泥的总固体浓度、挥发性固体浓度和流量；

③ 原污泥进料口上游取样；

④ 标准方法（APHA 等，2005）。

7.5　污泥厌氧消化系统日常运行

7.5.1　进料

污泥厌氧消化池运行的关键是使消化池内物料处于均匀一致状态。进料污泥体积或浓度、温度、组分或排料速率的突然变化都会影响消化池性能，并可能导致泡沫。最理想的进料方式是将不同类型污泥（初沉污泥和剩余活性污泥）混合，每天连续 24h 进料。由于连续进料一般不太可能实现，通常采用 5~10min/h 的进料周期。8h 工作制运营的小型污水处理厂可以采用至少 3 次的进料计划，即初期、中间和末期。

合理确定污泥厌氧消化池处理能力的两个参数分别是 SRT 和挥发性固体负荷率，二者决定了微生物必须去除的有机物量和去除这些有机物的时间。通常，进料浓度小于 3% 时，处理能力受 SRT 限制；进料浓度大于 3% 时，处理能力受挥发性固体负荷率的影响。

对于充分混合的高负荷污泥厌氧消化池，SRT 一般为 15~20d。若总停留时间远小于 15d，产甲烷菌的增殖速率缓慢，易被排出。短停留时间使消化池的缓冲能力（中和挥发酸的能力）降低。泵入稀释的污泥和消化池内泥沙和浮渣的过度积累都将减少停留时间。尽可能向消化池加入高浓度污泥（在设计挥发性固体负荷允许范围内）能增加有效停留时间，还能减少供热需求。

对于搅拌良好和供热充足的消化池，有机负荷率范围通常为 1.0～3.2kg VSS/(m³·d)，通常有机负荷率控制着厌氧消化过程。挥发性固体负荷超出日常限值的 10%，即为有机负荷过高。通常有机负荷过高的原因如下：

① 消化池启动太快；

② 进料不稳定或进料组分变化导致挥发性固体负荷过大；

③ 挥发性固体负荷超出每日限定负荷的 10%；

④ 由于砂石积累导致消化池有效容积减少；

⑤ 搅拌不充分。

7.5.2 温度控制

厌氧消化工艺温度应根据原料温度、热源形式等因素确定，并应符合下列规定：

① 采用中温厌氧消化时，中温厌氧消化工艺温度宜为 33～38℃；

② 当原料温度高于 50℃，且对原料有消毒要求时，应选用高温厌氧消化工艺，高温厌氧消化工艺温度宜为 55～58℃，不宜超过 60℃；

③ 稳定后温度日波动范围不宜超过 ±1℃。

厌氧消化工艺按照温度的划分为中温和高温两类，以产沼气为目的的工程推荐使用中温发酵的厌氧消化工艺。

温度是影响微生物生存及生物化学反应最重要的因素之一。各类微生物适宜的温度范围是不同的，一般情况下，产甲烷菌的适宜温度范围是 5～60℃，在 35℃ 和 53℃ 左右时可以分别获得较高的消化效率。温度为 40～45℃ 时，厌氧消化效率较低，如图 7-5-1 所示。另一方面温度突变会对厌氧微生物的活性产生显著的影响。降温幅度越大，低温持续时间越长，产气量的下降就越严重，升温后产气量的恢复更困难。有研究表明，高温消化比中温消化对温度的波动更为敏感。所以，一般认为，厌氧消化处理系统每日的温度波动以不大于 ±1℃ 为宜。

7.5.3 浮渣控制

浮渣在厌氧消化池的积累很常见。浮渣是未被消化的油脂和油类物质的混合物，还常常含有漂浮物，如前处理中未去除的塑料。浮渣在消化液表面漂浮并积累，形成厚厚的一层。设计和运行良好的搅拌系统通常能使浮渣与消化池物料混合。如果消化池连续运行 8h 而不进行搅拌操作，那么浮渣就有可能上升并漂浮在液面上。一旦开启搅拌系统，浮渣又重新分散在消化液中。浮渣控制的主要方法就是保持消化池运行期间搅拌系统的良好运行。

7.5.4 搅拌系统

CSTR 中设置搅拌器是为了使厌氧发酵原料与厌氧消化污泥能够充分混合，使得温度均衡，有利于有机物充分分解并产生沼气。所以有必要在 CSTR 内进行搅拌，常用的搅

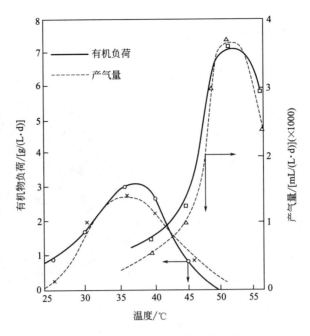

图 7-5-1　厌氧消化产气量与温度关系

拌方式有机械搅拌、循环消化液搅拌和沼气搅拌，如图 7-5-2 所示。

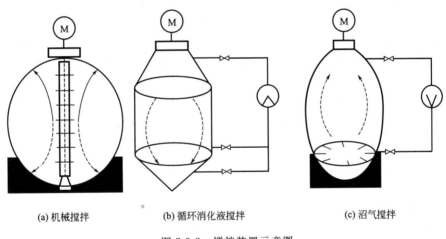

(a) 机械搅拌　　　　　(b) 循环消化液搅拌　　　　　(c) 沼气搅拌

图 7-5-2　搅拌装置示意图

　　机械搅拌一般指螺旋桨式搅拌，根据工艺要求可以在厌氧消化池顶部安装一台或者数台机械搅拌器。机械搅拌容易操作，可以通过竖管向上、下来两个方向推动，因此在固定的污泥液面下能够有效地消除浮渣层，此种搅拌特别适合于蛋形或者带漏斗底的圆形反应器。循环消化液搅拌器只适用于较小的、带漏斗形底或锥形顶盖的厌氧消化器，而对于较大的厌氧消化池效果较差。沼气搅拌时通过收集在厌氧消化过程中所产生的沼气，经过增压机加压后再注入厌氧消化池，从而起到对厌氧消化池内的污泥进行有效混合搅拌的作用。沼气的注射通常可以通过悬挂喷嘴及混流管方式实现。搅拌功率一般按照单位池容计算确定，单位池容所需功率一般取 $5 \sim 8 \mathrm{W/m^3}$。

7.5.5 沉积物的形成和控制

污泥厌氧消化过程会产生结晶沉淀，影响消化系统和后续污泥处理工艺。沉淀物在管道和脱水设备中累积，造成破坏和堵塞，维修困难（见图7-5-3）。常见的沉淀物有鸟粪石、蓝铁矿和碳酸钙，形成这些沉淀物的成分存在于未消化的污泥中，在消化过程中释放出来并转化为可溶性物质，这些可溶性物质能发生反应和结晶。沉淀物可在很多地方形成，这取决于消化污泥的化学性质和处理工艺。由于沉淀物最容易在粗糙或不规则的表面形成，所以玻璃衬里的污泥管道和大半径的弯头均有助于减少沉淀物积累。

图 7-5-3 沉积于管道中的鸟粪石

鸟粪石，磷酸铵镁 $[MgNH_4PO_4 \cdot 6(H_2O)]$ 的形成取决于消化污泥各成分的相对浓度和 pH 值。厌氧消化产甲烷过程、泵或脱水引起的紊动除去液体中的二氧化碳等均会提高 pH 值，从而创造了形成鸟粪石的有利条件。通过投加铁盐（氯化铁或硫酸铁）或聚合分散剂可控制鸟粪石的形成。铁盐可以在预处理段、终沉池或消化池投加，铁盐与消化污泥中的磷酸盐反应生成蓝铁矿 $[Fe_3(PO_4)_2]$。由于一部分可利用的磷酸盐形成了蓝铁矿，剩下的磷酸盐与镁和氨的比例发生了改变，从而影响了鸟粪石的形成。不同位置投加铁盐的剂量需求不同，但是 7～14kg Fe/t（干污泥）的投加剂量能有效防止鸟粪石积累。由于铁优先与硫化氢反应，所以污泥中高浓度的硫化氢会增加铁盐投加量。

污水处理厂出水可用来稀释离心机滤液或带式压滤机滤液等，使限制成分浓度低于沉淀物临界值。在管道或设备中形成的沉淀物可以结合酸洗和清刮管道的方法去除。

7.5.6 监测和测试

(1) 监测指标

① 温度

厌氧消化微生物需要在特定的温度范围内才能存活并繁殖。温度为 10℃ 左右时消化几乎停止，但厌氧消化微生物在中温范围（30～38℃）活性最高。高温消化池在高温范围（55～60℃）下运行。每一种产甲烷微生物群落都有各自最佳的生长温度，若温度波动太大，产甲烷菌很难形成大而稳定的菌落。每天记录消化池温度是消除温度波动的好方法。

② pH 值

消化池可在 pH 值为 6.0～8.0 的范围内运行，最适 pH 值范围为 6.8～7.2。如果 pH 值低于 6.0，未电离的挥发酸会对产甲烷菌产生毒害作用；pH 值高于 8.0，未电离的氯（溶解性氨）也会对产甲烷菌产生毒害作用。这些关键的 pH 值反映了氨和乙酸的电离常数。消化池物料 pH 值受挥发酸和碱度控制。

③ 碱度

碱度反映消化池的缓冲能力，即抵抗 pH 值变化的能力。消化池中常见的缓冲物质有碳酸氢钙、碳酸氢镁和碳酸氢铵，在消化过程中产生碳酸氢铵，而其他缓冲物质则存在于原污泥中。加热系统良好的消化池总碱度范围为 1500～5000mg/L。通常碱度越高，消化池越稳定。碱度使消化池更能承受有机负荷突变情况，不致产生较大的波动。

④ 挥发酸

挥发酸是消化过程的中间副产物。挥发酸/碱度（VFA/ALK）可反映消化过程中酸发酵和甲烷发酵微生物之间平衡。VFA/ALK 如式（7-5-1）所示：

$$VFA/ALK = 挥发酸（mg/L）/碱度（mg/L） \tag{7-5-1}$$

由于挥发酸和碱度之间需要平衡，VFA/ALK 是消化池运行健康良好的评价指标。对 VFA/ALK 变化率进行有效监测可预警 pH 值变化之前的问题。VFA/ALK 应为 0.1～0.2，若 VFA/ALK 大于 0.8，预示消化池 pH 值下降，产甲烷过程受抑制。若 VFA/ALK 大于 0.3～0.4，表明消化池内条件已出现波动，需采取调整措施。

(2) 取样检测

正确取样对于污泥厌氧消化过程控制的有效监测是至关重要的。控制厌氧消化过程主要基于以下 3 个消化过程采样点采集到的样品：消化池进料、循环污泥和消化污泥。污泥取样点通常位于消化池构筑物上。每个消化池具有一个进料采样点和一个排料采样点。

用于消化池性能评估的样品应从正在运行的消化池采集。推荐的采样点、频次和分析方法见表 7-4-1。为得到正确的结果，样品的采集和分析应遵循以下原则：

①样品必须具有代表性；

②采样后立即分析 pH 值，避免由于生化反应出现偏差；

③所有消化池必须快速连续采样；

④所有样品容器使用前后必须彻底清洗；

⑤如果不立即分析样本，必须冷藏。

污泥厌氧消化系统污泥分析、沼气分析日常化验项目与检验周期如表 7-5-1 和表 7-5-2 所示。

表 7-5-1　污泥分析化验项目与检测周期

分析周期	序号	分析项目		
每日	1	含水率		
每周	1	pH 值		
	2	有机组分		
	3	脂肪酸		
	4	总碱度		
	5	上清液		总磷
	6			总氮
	7			悬浮物
每月	1	粪大肠菌群		
	2	矿物油		
	3	挥发酚		

表 7-5-2　沼气分析化验项目与检测周期

分析周期	序号	分析项目
每日	1	沼气产量
	2	沼气压力
	3	沼气温度
每周	1	热值
	2	沼气含水率
	3	沼气中 CH_4 含量
	4	沼气中 H_2S 含量
每月	1	沼气全组分分析
	2	沼气中 O_2 含量

7.5.7　消化池失稳和控制方法

引起消化池失稳的主要原因有 4 个：水力负荷过高、有机负荷过高、温度应力和有毒物质超负荷。水力或有机负荷每天超出设计值 10% 以上，即发生水力负荷和有机负荷过高。控制负荷过高的方法有：管制消化池进料和保证消化池容积不因砂石积累或搅拌不良而减少。控制消化池进料应注意进料前的前处理、沉淀和浓缩，以确保进料污泥浓度在合适范围内。

如果发生消化池失稳，可通过这些方法进行有效控制：停止或减少进料；查找失稳原因；消除失稳因素；控制 pH 值直到消化池恢复正常。

如果只有一个消化池失稳，可适度增加其余消化池的负荷，使失稳消化池恢复正常。如果几个消化池同时超负荷，要求有其他方法来处理这些过剩污泥。可以考虑将这部分过剩污泥转移到其他设施临时贮存，或经化学稳定处理后再进行处置。

(1) 温度

消化池温度在 10d 内变化超过 $1 \sim 2℃$ 会引发温度问题，抑制微生物，降低产甲烷菌的生物活性。如果产甲烷菌活性不能尽快恢复，而不受温度变化影响的产酸菌又继续产生挥发酸，最终会消耗大量可用的碱度，导致系统 pH 值下降。

温度问题最常见的起因是消化池负荷过高，超过了加热系统的瞬时功率。大部分加热系统最终可以加热消化池物料到运行温度，但经受不起温度变动。

另一个起因是消化池在最适温度范围外运行。例如，中温消化的最适温度范围 $32 \sim 38℃$，温度低于 $32℃$ 生物过程进行缓慢，温度高于 $38℃$ 消化效率得不到提高且造成系统能源浪费。

(2) 毒性控制

厌氧过程对某些化合物很敏感，如硫化物、挥发酸、重金属、钙、钠、钾、溶解氧、氨和有机氯化合物。一种物质的抑制浓度取决于许多参数，包括 pH 值、有机负荷、温度、水力负荷、其他物质的存在，以及有毒物质浓度与生物质浓度的比值。几种化合物的抑制水平见表 7-5-3～表 7-5-5。

表 7-5-3　氨氮对厌氧消化过程的影响（U. S. EPA，1979）

氨氮浓度（以 N 计）/(mg/L)	影响
50～200	有利
200～1000	无不利影响
1500～3000	pH 值为 7.4～7.6 时受抑制
>3000	有毒性

表 7-5-4　严重抑制厌氧消化的个别金属总浓度（U. S. EPA，1979）

金属		消化池物料中的浓度		
		干污泥/%	mol 金属/kg 干污泥	溶解性金属/(mg/L)
铜		0.93	150	0.5
镉		1.08	100	—
锌		0.97	150	1.0
铁		9.56	1710	—
铬	六价	2.20	420	3.0
	三价	2.60	500	—
镍		—	—	2.0

表 7-5-5　轻金属阳离子刺激和抑制浓度（U. S. EPA，1979）

阳离子	浓度/(mg/L)		
	起刺激作用	一般抑制	强烈抑制
钙	100～200	2500～4500	8000
镁	75～150	1000～1500	3000
钾	200～400	2500～4500	12000
钠	100～200	3500～5500	8000

可以通过添加硫化钠、硫酸铁或硫酸亚铁缓解重金属的毒性。由于有毒重金属硫化物溶解度比硫化铁低，有毒重金属会形成硫化物沉淀析出。可用氯化铁形成硫化铁沉淀来控制硫化物的浓度。这些化学物质的过度使用可能会导致 pH 值降低。

(3) pH 值控制

控制消化池 pH 值的关键在于，投加碳酸氢盐碱度与酸反应，缓冲系统 pH 值至 7.0左右。直接或间接投加的碳酸氢盐可与溶解的二氧化碳反应生成碳酸氢盐。用于调节 pH值的化学药品包括石灰、碳酸氢钠、碳酸钠、氢氧化钠、氨水和气态氨。投加石灰使卫生条件变差，且会生成碳酸钙。虽然氨化合物也可用于调节 pH 值，但可能造成微生物氨中毒并增加回流处理工艺的氨负荷，因此，不推荐使用氨化合物调节 pH 值。

碱度投加量可通过下列步骤计算：

① 测定挥发酸浓度和碱度（以 CaCO₃ 计）；

② 选定 VFA/ALK 为 0.1，通常测定的挥发酸浓度按式（7-5-2）计算出所需的总

碱度：

$$碱度（mg/L）=挥发酸（mg/L）/0.1 \qquad (7\text{-}5\text{-}2)$$

③ 第②步计算出的总碱度值减去测定的碱度值得到所需碱度投加量；

④ 通过表 7-5-6 列出碱度当量比值与第③步计算出的碱度投加量计算相应的药品投加量；

⑤ 根据药品纯度校准药品投加量；

⑥ 根据消化池容积计算总药品投加量，药品剂量计算公式如式（7-5-3）所示：

$$药品投加量（kg）=碱度投加量（mg/L）\times消化池容积（L）/10^6 \qquad (7\text{-}5\text{-}3)$$

为避免换热器和管道结垢，可以适当延长投加药品的时间。通常情况下，碱度每 3～4d 增加一次，搅拌均匀并经常监测挥发酸、pH 值和碱度。避免阳离子和碱金属形成毒性物质，并确保真空减压装置可正常操作。

表 7-5-6　碱度当量比值

化学名称	分子式	比值
无水氨	NH_3	0.32
氨水	NH_4OH	0.70
无水碳酸钠	Na_2CO_3	1.06
氢氧化钠	$NaOH$	0.80
氢氧化钙	$Ca(OH)_2$	0.74

7.5.8　故障诊断和排除指南

表 7-5-7 列出了消化池可能出现故障的现象、产生故障的原因及可采取的解决措施。

表 7-5-7　故障诊断和排除指南

故障现象	可能的原因	检查或监控	解决方案
消化池盖子——固定盖			
1. 结冰期间气体压力高于正常水平	减压阀被卡住或关闭	减压阀的负重	若因冰冻引起，在杠杆或弹簧涂抹浸渍岩盐的轻质润滑脂层
2. 气体压力低于正常水平	a. 泄压阀或其他压力控制装备开路故障； b. 气体管线或软管泄漏	a. 泄压阀或装置 b. 管线或软管	a. 手动操作压力和真空阀，若有腐蚀即清除，以免妨碍操作 b. 按需修理破裂的管道
3. 金属盖周围泄漏	地脚螺栓松开或者密封材料移动或破裂	螺栓或密封材料	用快速密封混凝土修复材料修复混凝土，在泄漏区域涂抹新型耐用塑性密封剂材料
4. 气体从消化气盖子露出	扣件故障	在可疑部位涂抹肥皂液并检查是否有气泡	更换有缺陷的扣件

故障现象	可能的原因	检查或监控	解决方案
消化池盖子——浮动盖			
1. 盖子倾斜:边缘浮渣很少或没有	a. 重量分布不均 b. 导轨或滚轴失调 c. 滚轴损坏	a. 负重位置 b. 检查金属盖边缘(有些盖子有绝缘木质顶,其上的检查孔就是为此而设的) c. 检查盖子上的冰	a. 若有可移动的压载物或负重,调整其位置直到盖子水平;若无负重,可用沙袋使盖子水平(注意:若加载的负重较大,减压阀可能需重设) b. 使用倒虹管或其他方法去除水,也许也需要大规模维修盖子以消除泄漏 c. 手动清理累计的冰
2. 盖子倾斜:边缘聚集厚重的浮渣	a. 浮渣积累,使盖子过分受力 b. 导轨或滚轴失调 c. 滚轴损坏	a. 带杆探头以确定浮渣累积 b. 导轨或滚轴距墙的距离 c. 若疑似损坏的部位被污泥覆盖,确定其大致位置;若有必要,利用制造商的资料核实正确位置	a. 使用化学药品或脱脂剂,如助消化剂或 Sanfax,以软化浮渣;用水管冲淋;持续定期每2~3月一次,若有必要可加强频次 b. 软化浮渣并重新调整滚轴以避免黏结 c. 若有必要设置排水箱,务必防止黏结或盖子下降不均匀;可能需要利用吊车或起重机以防止结构损坏
3. 减压阀的冰冻问题	见消化池固定盖故障诊断和排除指南第1条	见消化池固定盖故障诊断和排除指南第1条	见消化池固定盖故障诊断和排除指南第1条
消化池盖子——集气罩			
1. 盖子导轨或滚轴导致盖子黏结	浮渣积累限制行进	检查浮渣累计并核实浮渣量	见浮动盖故障诊断和排除指南第1条
2. 尽管滚轴或导轨可自由移动,但盖子仍然黏结	内部导轨或张索损坏或黏结	盖子放低至枕梁。打开舱口;消化池通风。利用呼吸机和防爆灯从消化池外部检查内部设备。若盖子移动受限,须利用吊车或通过其他方式阻止边缘损坏侧壁	排水并修理,若有必要使盖子保持在一固定位置
3. 盖子倾斜:边缘聚集厚重的浮渣	a. 浮渣在一个地方积累,导致盖子过分受力 b. 导轨或滚轴失调	a. 带杆探头以确定浮渣累积 b. 导轨或滚轴距墙的距离	a. 使用化学药品或脱脂剂,如助消化剂或 Sanfax,以软化浮渣;用水管冲淋;持续定期每2~3月一次,若有必要可加强频次 b. 软化浮渣并重新调整滚轴以避免黏结
4. 结冰天气气体压力高于正常水平	a. 管道积水 b. 气体管线或软管泄漏	a. 寻找并消除积水位置;泄空所有存水弯 b. 气体管线和软管	a. 通过覆盖并隔离溢流槽以保护管线免受气候影响 b. 若因冰冻原因,涂抹浸渍岩盐的轻质润滑脂层
5. 气体压力低于正常水平	a. 泄压阀或其他压力控制装备开路故障 b. 气体管线或软管泄漏	a. 泄压阀或装置 b. 管线或软管	a. 手动操作压力和真空阀,若有腐蚀即清除,以免妨碍操作 b. 按需修理破裂的管道

故障现象	可能的原因	检查或监控	解决方案
污泥搅拌系统——机械搅拌			
1. 暴露零件因天气或腐蚀性废水废气腐蚀	缺少油漆或其他保护	注意是否有生锈、腐蚀或暴露裸露的金属	a. 建造保护性结构 b. 表面护理并上漆
2. 齿轮减速装置磨损	a. 缺少适当润滑 b. 设备零件校准不好	发动机电流强度过大；噪声过大；震动或传动轴磨损的迹象	a. 根据制造商的商品说明书核实润滑油的正确类型和使用量 b. 纠正内部运动部件的物质积累引发的不平衡
3. 轴封装置泄漏	填料变干或磨损	用肥皂液确定气体泄漏或有明显气体臭味	a. 按照制造商的说明书改装 b. 若构筑物单元运行时不能更换填料，则在消化池防空时更换
4. 内部零件磨损	砂石或零件发生位移	消化池防空时视觉观察，对比制造商设计图原始大小；随着运动部件磨损，发动机电流强度也将会降低	替换或重建；根据经验决定该操作的频率
5. 由于运动部件上碎片积累导致内部零件不平衡（大半径的叶轮受影响最大）	粉碎或筛选不好	发动机振动、发热；电流强度过大，噪声	a. 若可能，将搅拌器反向 b. 交替停止和开启 c. 降低消化池水位并清洗运动部件
6. 电源中断	周边温度高	电流强度过大，电源连接腐蚀，过热导致电路开路	通过覆盖通风外壳来保护发动机
污泥搅拌系统——气体混合			
1. 压缩机运转发热或产生噪声	a. 低润滑水平 b. 环境高气温 c. 高排气压力 d. 抽吸装置堵塞	a. 检查润滑水平 b. 检查过高的环境温度 c. 检查压缩机是否过度磨损 d. 检查排放阀门位置 e. 检查抽吸阀门位置	a. 加润滑油 b. 必要时提供通风 c. 调整阀门位置 d. 反洗管线
2. 进气管线堵塞	a. 通过气体管道的流量较小 b. 气体管道中存在碎片	确定进气管线低温或压力计或压力测量仪器低压	a. 用水冲洗进气管线 b. 清洗进气管线和阀门

故障现象	可能的原因	检查或监控	解决方案
消化池气体系统			
1. 消化气从消化池顶部的减压阀(PRV)泄漏	阀门未正确密封或开路故障	查看压力及是否气压正常	移动减压阀盖子并且移动负重支架直至位置合适;若有必要,清洗并安装新环
2. 压力计显示消化气压力高于正常值	a. 在炉气主管中有阻碍物或水 b. 消化池减压阀被卡住关闭 c. 废气燃烧管线压力控制阀关闭	a. 若所有位置运行正常,检查废气管线是否被限制或堵塞或安全设备被卡住 b. 气体不正确溢出 c. 气体计量器显示产生了过量气体,但未进入废气燃烧炉	a. 通入氮气;冷凝槽排水并检查凹部,注意:小心勿将空气引入消化池 b. 移开减压阀盖子并手动打开阀门,清洗阀座 c. 打开阀门
3. 压力计显示消化气压力低于正常值	a. 排放过快,造成消化池内部真空 b. 碱度添加过多	a. 检查真空破坏器以确认其运行正常 b. 消化气中 CO_2 突然增加	a. 停止消化池排放并关闭所有消化池气体排出口直到压力回到正常值 b. 停止投加碱度
4. 减压阀冰冻	冬季条件	移开阀门盖子检查减压阀	可能的补救方法:将排放桶放置在阀门上方,内置防爆灯泡
5. 压力调节阀尾随着压力的增加而打开	a. 隔板不可弯曲 b. 隔板破裂	隔离阀门并打开阀门盖子	a. 若未发现有泄漏(使用肥皂溶液),可用动物油脂润滑和软化隔板 b. 破裂的隔板需要更换
6. 废气燃烧炉发出黄色火焰	消化气质量差,CO_2 含量过高	检查 CO_2 含量是否高于正常值	检查进泥浓度是否稀释过度,若是应增加污泥浓度
7. 火焰比平常少	a. 消化气使用量高 b. 气体从消化池管道或安全装置中泄漏 c. 由于工艺问题导致消化气产量低	a. 根据气体利用量检查气体产率 b. 从消化池主要收集点开始,检查气体收集和分布系统	a. 这应是正常情况 b. 检查是否有气体泄漏,若有应隔离并维修
8. 废气燃烧炉未点着	a. 引导火焰未燃烧 b. 在废弃主管或引燃天然气管线有阻碍或积水 c. 由于发生故障压力控制阀关闭	a. 废气燃烧炉引燃管线压力 b. 冷凝槽 c. 废气压力控制阀	a. 天然气引燃管线再次点火 b. 冷凝槽排水 c. 打开阀门并确认其设定允许阀门在压力高于 0.06kPa(其他使用点压力)打开
9. 气量计损坏	a. 管线中有碎片 b. 电气故障	a. 气体管线条件 b. 零件污染或磨损	a. 隔离消化池;气体管线充水后从消化池移动到使用点 b. 更换磨损的零件

故障现象	可能的原因	检查或监控	解决方案
污泥温度控制——外部热交换器			
1. 通过热交换器的污泥进料速率低	高温超控关闭污泥泵以防污泥在热交换器结成泥饼	a. 压力和水温 b. 检查热水加热器高温电路已确认温度设定正确	a. 打开泵上关闭的阀门 b. 检查并移除污泥泵中的堵塞物 c. 检查并移除热交换器中的堵塞物 d. 检查温度控制阀是否正常运行
2. 电源电力正常单循环泵不运行	电路回路温度超控以阻止通过导管泵入过热的水	目视检查;污泥管线无压力	a. 使系统冷却 b. 检查温度控制电路回路
3. 污泥温度下降且不能维持至正常水平	a. 污泥堵塞热交换器 b. 污泥循环管线部分或全部堵塞	a. 检查进口和出口压力以及热交换器 b. 检查泵入口和出口压力	a. 打开热交换器并清洗 b. 清洗再循环管线
4. 污泥温度上升	温度控制器运行不正常	检查水温和控制器设定	若超过 49℃,降低温度;维修或更换控制器
5. 温度读数不准确	探头电短路或内部分离	与已知准确的温度计比较	留下连续读出装置的探头;在约为消化池温度时浸入内置温度计的水桶中;比较读数
6. 温度不能维持	水力超负荷	进泥浓度	增加进料污泥浓度
污泥温度控制——内部加热			
1. 热交换器进水率低	a. 管道中气塞 b. 阀门部分关闭	进出口计量读数低于正常值但相等	a. 排出空气减压阀 b. 上游阀门部分关闭
2. 进出口水的热损失低	管道被覆盖	管道进出口温度计量器读数相同	去除水管中的覆盖物
3. 污泥在热交换器管道外部结成泥饼	温度过高	温度记录	a. 去除污泥覆盖层 b. 控制水温最高为 54℃
4. 热交换器管道内部被覆盖	温度过高	温度记录	通过向锅炉补给水中添加化学药品进行控制
污泥泵送和管道系统			
泵抽吸装置和排放压力不稳定;泵发出不寻常的声音	沙、油脂或碎片堵塞抽吸管线	泵抽吸装置和排放压力	a. 用加热的消化污泥反冲洗管线 b. 使用机械清洗 c. 使用水压,注意:不能超过工作管道压力 d. 加入大约 3.6g/L 磷酸钠溶液(TSP)或商业脱脂剂。最方便的方法是向管道中填充相同体积的浮渣,添加 TSP 或其他化学药品,然后允许进入管线并使其维持 1h
消化污泥			
1. 消化污泥呈灰色	a. 消化不正常 b. 短路或搅拌不充分	在消化池底部未混合的污泥层	见污泥搅拌故障诊断和排除指南
2. 气味发酸	a. 消化池 pH 值太低 b. 二级消化运行不正常 c. 消化池超负荷	a. 检查不同水位的 pH 值 b. 检查消化气中 CO_2 含量 c. 检查挥发性固体负荷率	a. 用石灰或其他苛性物质调节 pH 值 b. 消化池停休 c. 减小挥发性固体负荷率
3. 完全缺乏生物活性	消化池进料中含有毒性高的污染物,如金属或杀菌剂	a. 气体产量(或减少) b. 用分光光度计或化学方法分析样品	放空消化池并重启

故障现象	可能的原因	检查或监控	解决方案
滗析操作			
1. 单级或一级消化池上清液观测到泡沫	a. 浮渣覆盖层破碎 b. 气体再循环过量	a. 检查浮渣覆盖层情况 b. 挥发性固体负荷	a. 正常情况但若有可能停止排除上清液 b. 这种情况可能表明消化池有机超负荷,须降低进料速率
2. 单级或一级消化池上清液浮渣结成块状或颗粒状	a. 由于搅拌过度或气体产生使浮渣层破碎 b. 浮渣层太稠密	a. 通过消化池盖子的窗户观察(气体产量不寻常增加也是一种标志) b. 通过取样孔或浮动盖和消化池侧壁间的缺口测量浮渣层厚度	a. 减少搅拌时间,调节污泥进料 b. 见浮渣层故障诊断和排除指南
3. 单级或一级消化池上清液呈灰色或褐色	a. 成层不充分;消化池原污泥形成泥包 b. 消化时间太短;污泥浓度过低或由于砂石或浮渣累积导致消化能力降低 c. 消化池生态平衡被扰乱 d. 消化池超负荷	a. 检查搅拌设施,搅拌不足也许是罪魁祸首。在不同深度处取样以检测未消化污泥的泥包;检查消化池坡面温度 b. 探测消化池以确定砂石沉积 c. CO_2 含量;对比气体产量与进料中挥发性固体含量。平均产气量应为 $0.7\sim1m^3/$kg 被去除的挥发性固体	a. 增加搅拌和进料速率或再循环污泥 b. 调节进料浓度;增加搅拌或清理消化池 c. 减少进料速率或通过一些其他途径增加停留时间
4. 上清液气体发酸	a. 消化池 pH 值太低 b. 消化池超负荷(臭鸡蛋气味) c. 毒性负荷(腐烂的黄油味)	上清液 pH 值应为 6.8	a. 利用石灰或其他苛性物质调节 pH 值 b. 减小挥发性固体负荷
5. 上清液污泥含量过高,导致处理厂运行故障	a. 搅拌过度切沉淀时间不足 b. 上清液排出点与上清液层水位不同 c. 原污泥进料点与上清液排出管线距离太近 d. 未排出足够的消化污泥	a. 用 10~20L 消化池物料置于大玻璃瓶中观测分离模式 b. 通过在不同深度处取样查找上清液层位置 c. 确定挥发性固体含量,应与搅拌充分的污泥浓度值相近并低于原污泥浓度 d. 比较进料和排泥速率;检查挥发性固体看污泥是否被很好消化	a. 排出上清液之前增加沉淀期时间 b. 调节消化池运行水位或使排出管进入上清液 c. 改良进料/排出管构造 d. 增加消化污泥排出速率,注意:每日排出量不应超过消化池容量的 5%

故障现象	可能的原因	检查或监控	解决方案
浮渣排除			
1. 滚动运动轻微或没有	a. 搅拌器关闭 b. 搅拌不充分 c. 浮渣覆盖层太稠密	a. 搅拌开关或计时器 b. 测量浮渣层厚度	a. 若搅拌器设定在计时器上应该正常,若不是,应检查搅拌器的运行是否发生故障 b. 考虑增加搅拌时间 c. 见下面第4条
2. 浮渣层太厚	上清液溢流管线堵塞	a. 检查气体压力;可能超过正常值或泄压阀可能向大气中排气 b. 检查上清液管线流量	a. 通过底部排出的物料较少;用杆通清上清液管道以清除堵塞 b. 增加搅拌时间或通过其他物理方法破碎覆盖层
3. 浮渣层太稠密	缺少搅拌;油脂含量过高	通过取样口或浮动盖和消化池侧壁间的缺口探测浮渣层的稠密度	a. 用搅拌器破碎覆盖层 b. 用污泥循环泵且在覆盖层上方排放 c. 使用 Sanfax 或消化辅助剂以软化覆盖层 d. 用杆物理性破碎覆盖层
4. 通风混合器表面运动不足	浮渣层太厚,使得稀薄的污泥从浮渣层下经过	污泥表面的滚转运动	a. 降低污泥液位超过管道顶部距离(7～10cm),使稠密的物质进入管道,持续24～48h b. 若可能,反转搅拌方向

7.6 沼气收集系统运行管理

7.6.1 沼气净化装置运行维护

沼气净化的目的一是去除后续流程不允许存在的杂质,沼气中含有较多的硫化氢和饱和的水蒸气,随着温度降低,水蒸气凝结成水,不但会与硫化氢结合,对管道和设备造成腐蚀,而且沼气中的水分凝结,如果管道保温不好,冬季造成堵塞管道及影响阀门正常运行;二是从保护环境的角度,硫化氢燃烧产生的二氧化硫污染环境。

沼气质量指标对后续的使用设施影响较大。在沼气的输配、储存和使用过程中,为了保证沼气系统和用户安全,减少腐蚀、堵塞管道,减少对环境的污染和保证系统的经济合理性,保持沼气的质量是非常重要的基础条件。

用于民用、发电和提纯压缩的沼气应保证质量、符合其供气要求。沼气质量指标应符合表7-6-1的规定。

表 7-6-1　沼气质量指标

项目	民用集中供气	发电	提纯压缩	
			民用	车用
热值/(MJ/m³)	≥17	≥17	≥17	≥17
硫化氢/(mg/m³)	≤20	≤200	≤20	≤15
水露点/℃	在脱水装置出口处的压力下,水露点比输送条件下最低环境温度低5℃			水露点不应高于−13℃,当最低气温低于−8℃,水露点应比最低气温低5℃

注:集中供气还应保证可靠连续地供气。

沼气脱硫系统运行管理要求如下:

(1) 应定期排除脱水、脱硫装置中的冷凝水,当室外温度接近0℃时,应每天排除冷凝水,排水时应防止沼气泄漏;

(2) 定期检查干法脱硫塔前后硫化氢浓度、沼气压力变化,硫化氢去除率应大于90%;

(3) 生物脱硫启动运行正常后,定期检查脱硫前后硫化氢浓度变化,硫化氢去除率满足后端工艺设计要求,如发现脱硫效率明显下降,应及时补充循环营养液,塔内填料经6～12个月应清洗一次;

(4) 干法脱硫如发现脱硫效率及沼气压力明显下降,采用塔内对脱硫剂再生时,必须关闭沼气进出口阀门,与输气管路断开;采用在线再生时,根据沼气中硫化氢含量确定空气掺混量及空气流速,塔内温度应低于70℃,监测脱硫塔出口处沼气中氧含量应小于1%为合格;

(5) 脱硫剂进行再生2～3次后应及时更换,更换脱硫剂时操作人员应带防毒面具,室内应进行通风;

(6) 更换后的废脱硫剂堆放在室外空地上应适当浇水,以防其自燃,其处置应符合环境保护的要求。

7.6.2　储气柜运行维护

双膜式储气柜的运行和维护应符合下列规定:

(1) 定期检查吹膜防爆风机,使其处于无障碍连续运行状态;

(2) 进出气柜的阀门开关应灵活;

(3) 及时排除凝水器中冷凝水;

(4) 对于独立式双膜储气柜,当检测到内外膜之间的甲烷浓度超过正常值时,应停产检修,关闭气柜进、出口阀,打开放散阀,风机继续运行,排空内膜中沼气后,检修或者更换内膜;

(5) 定期对气柜配套的设施做防腐保护措施。

双膜储气柜最大储气量与最大承压的关系如表7-6-2所示。

调压装置的运行维护应符合下列规定:

(1) 寒冷地区在采暖期前应检查调压装置的采暖及保温情况;

表 7-6-2　双膜储气柜最大储气量与最大承压的关系

落地式双膜气柜(3/4 球冠)		一体化双膜气柜(1/4 球冠)		落地式双膜气柜、一体化双膜气柜(1/2 球冠)	
最大储气量/m³	最大储气压力/kPa	最大储气量/m³	最大储气压力/mbar	最大储气量/m³	最大储气压力/mbar
50		100	3.0	200	4.0
100	5.0	200	2.2	400	2.8
200		400	1.6	800	2.8
400	4.6	800	1.5	1600	2.0
800	3.5	1600	1.1	3200	1.6
1600	2.7	3200	0.8	6400	1.4
3200	2.1	6100	0.3	—	—
5300	1.7	—	—	—	—

（2）检查沼气调压装置内的运行工况，不得有泄漏等异常情况；

（3）当发现沼气泄漏及调压器有喘息、压力跳动等问题时应及时处理；

（4）及时清除调压装置各部位油污、锈斑，不应有腐蚀和损伤。

7.7　污泥加热系统运行管理

污泥厌氧消化池应设置加热保温装置，使厌氧消化池内的温度保持在厌氧消化温度范围内（中温 33～38℃或高温 55～58℃），并应符合下列规定。

加热方式可以采用消化池外直接加热或消化池内热水循环加热，热源形式可选用太阳能、沼气发电机组余热或沼气锅炉。

加热的形式可以根据不同原料的特性和工艺要求选择厌氧消化池内加热和厌氧消化池外加热。一般来说对于高温厌氧消化工艺或者是含有有毒病菌的原料通常采用外加热的方式。热源形式从节能环保的角度上考虑应多利用太阳能、地热和锅炉余热，从热源的稳定性和便利性方面可以考虑利用燃煤、燃油或燃气锅炉。

7.8　安全管理

7.8.1　防火间距

污泥厌氧消化池应分组布置，厌氧消化池之间以及厌氧消化池与储气柜之间的间距应能满足检修和操作的要求，并应符合下列规定：

（1）厌氧消化池之间的间距不宜小于 $0.25D$（D 为相邻较大消化池的直径）；

（2）厌氧消化池与储气柜之间的间距不宜小于相邻较大消化池的直径的一半；

（3）厌氧消化池组与净化、预处理等露天工艺装置的间距按工艺要求确定；

（4）厌氧消化池组与厂内其他设施之间的防火间距应不小于表 7-8-1 的规定。

表 7-8-1　厌氧消化池组与厂内其他设施的防火间距　　　　　单位：m

项目	防火间距
净化间、增压机房、泵房	10
锅炉房	15
发电机房、监控室、配电间、化验室、维修间等辅助生产用房	12
粉碎间	20
管理及生活设施用房	18
厂内道路（路边）	5

注：防火间距按相邻建（构）筑物的外墙凸出部分、储罐外壁的最近距离计算。

污泥厌氧消化池按容积较小的"湿式可燃气体储罐"划分，因为按照《建筑设计防火规范》（GB 50016—2006）储存不同火灾危险性物品时，火灾危险性应按其中火灾危险性最大的类别确定。厂内建构筑物的火灾危险性和耐火等级见表 7-8-2。

表 7-8-2　厂内建构筑物的火灾危险性和耐火等级

序号	建构筑物名称	火灾危险性	耐火等级
1	预处理构筑物、污泥储存池、沼液储存池	戊类	二级
2	净化间、增压机房	甲类	二级
3	锅炉房	丁类	二级
4	发电机房、监控室、配电间	丁类	二级
5	化验室、维修间等辅助生产用房	戊类	二级
6	泵房	戊类	二级
7	粉碎间	甲类	二级
8	管理及生活设施用房	民用建筑	二级

储气柜与厂内主要设施之间的防火间距应不应小于表 7-8-3 的规定。

表 7-8-3　储气柜与厂内主要设施的防火间距　　　　　单位：m

项目	防火间距	
	储气柜总容积/m³ V≤1000	储气柜总容积/m³ V>1000
净化间、增压机房、泵房	10	12
锅炉房	15	20
发电机房、监控室、配电间、化验室、维修间等辅助生产用房	12	15
粉碎间	20	25
管理及生活设施用房	18	20
厂内道路（路边）	5	

注：储气柜总容积按其几何容积（m³）和设计压力（绝对压力）的乘积计算。

湿式可燃气体储罐与建筑物、储罐、堆场的防火间距不应小于表7-8-4的规定。

表7-8-4　湿式可燃气体储罐与建筑物、储罐、堆场的防火间距　　　　单位：m

名称		湿式可燃气体储罐的总容积/m³			
		$V<1000$	$1000{\leqslant}V<10000$	$10000{\leqslant}V<50000$	$50000{\leqslant}V<100000$
甲类物品仓库 明火或散发火花的地点 甲、乙、丙类液体储罐 可燃材料堆场 室外变、配电室		20.0	25.0	30.0	35.0
民用建筑		18.0	20.0	25.0	30.0
其他建筑	耐火等级 一、二级	12.0	15.0	20.0	25.0
	三级	15.0	20.0	25.0	30.0
	四级	20.0	25.0	30.0	35.0

当厂区沼气工艺管路及设备需设置检修用集中放散装置时，集中放散用的火炬或放散管应位于厂内全年主导风向的下风侧，火炬或放散口与厂外建、构筑物之间的防火间距应符合现行国家标准《城镇燃气设计规范》（GB 50028—2006）的规定；火炬或放散口与厂内主要设施之间的防火间距不应小于表7-8-5的规定。

表7-8-5　集中放散火炬或放散口与厂内主要设施的防火间距　　　　单位：m

项目		防火间距
厌氧消化器组		20
储气柜/m³	$V{\leqslant}1000$	20
	$V>1000$	25
净化间、增压机房、泵房		20
锅炉房		25
发电机房、监控室、配电间、化验室、维修间等辅助生产用房		25
粉碎间		30
管理及生活设施用房		25
秸秆堆料场		30
站内道路（路边）		2

7.8.2　爆炸危险区域等级和范围划分

污泥厌氧消化池的爆炸危险区域等级和范围划分见图7-8-1，宜符合下列规定：污泥厌氧消化池外部罐壁上半部外4.5m内，池顶最高点以上7.5m内的范围为2区。

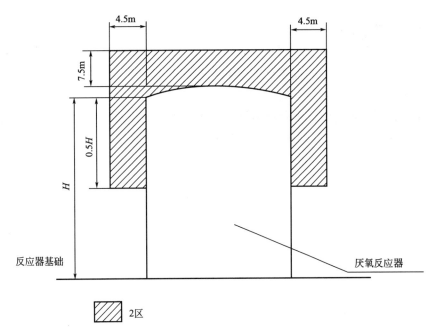

图 7-8-1　厌氧消化器的爆炸危险区域等级和范围划分

膜式储气柜的爆炸危险区域等级和范围划分见图 7-8-2，宜符合下列规定：

（1）内外膜之间为 1 区；

（2）外膜最大直径外 4.5m 以内，柜顶以上 7.5m 的范围为 2 区。

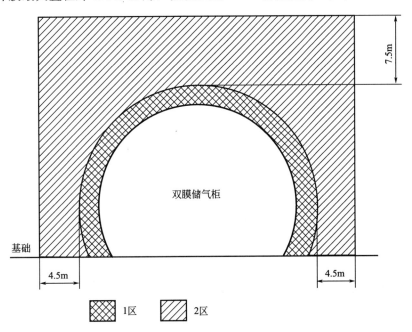

图 7-8-2　膜式储气柜的爆炸危险区域等级和范围划分

其他用电场所的爆炸危险区域等级和范围划分应符合现行国家标准《城镇燃气设计规范》（GB 50028—2006）的要求。

7.8.3 压力监控

在污泥厌氧消化池上部应设正负压保护装置和超压放散、低压报警装置。厌氧消化池正常运行时应保证压力的稳定,其工作压力大约在 3～4kPa 之间。厌氧消化压力保护装置应能防止厌氧消化池超压或者负压运行。超压放散和低压报警装置应能设定一定的压力值,当消化池运行压力超过设定压力时,超压放散会自动释放,当出现低压时低压报警装置应能报警。

第8章

污泥厌氧消化工程实例

厌氧消化是公认的最有效的污泥稳定化和资源化处理方法，受到国内外的广泛认可和重视。尽管我国的污泥厌氧消化工程建设起步相对较晚，但也建设了一些大型的污泥厌氧消化处理工程，本章介绍了国内外的污泥厌氧消化工程典型案例和相应的工程规模、工艺流程、设计参数等。

8.1 国外工程实例

8.1.1 爱尔兰都柏林 Ringsend 污水处理厂污泥厌氧消化工程

　　Ringsend 污水处理厂处理来自都柏林的所有城市污水，日处理水量 47000m³，是爱尔兰最大的污水处理厂。Ringsend 污水处理厂的污水处理工艺包括 12 组多层沉淀池，24 座 SBR 池和紫外消毒工艺；该厂的污泥处理工艺采用"热水解＋厌氧消化＋干化"工艺。该厂污泥处理设施的设计规模至 2020 年为 101t DS/d。但由于当地人口增长过快，2003 年，污泥量已接近 100t DS/d，而且由于进水污泥总固体浓度(TS)波动较大，从 60～200t DS/d 不等，也对污泥处理设施提出了更高的要求。因此，在 2008～2009年，污水处理厂污泥处理设施进行了扩建。热水解从 2 组增加为 3 组，厌氧消化池从 3 座增加为 4 座，污泥机械浓缩设备从 3 台增设为 6 台，扩建后，该厂污泥处理设施处理规模达到 120t DS/d。

　　目前，污水处理厂产生的污泥量约为 100t DS/d，其中初沉污泥 60t DS/d、剩余污泥 40t DS/d。该厂的污泥处理工艺流程图和物料平衡图如图 8-1-1 所示。

　　(1) 离心浓缩

　　为较少后续工艺的规模和能量消耗，提高厌氧消化的效率，在热水解前采用 6 台离心浓缩机，将污泥含水率从 95％减少到 80％～85％。

　　(2) 热水解

　　热水解作为厌氧消化的预处理，有助于提高消化效率和沼气产量。具体参数如下：

数量	3 组（2 用 1 备）
污泥含水率	84％～85％
工作压力	0.6MPa
温度	160℃
停留时间	24min

　　(3) 厌氧消化池

　　经过热水解后的污泥进入厌氧消化池，具体参数如下：

数量	4 座
有效体积	4200m³
停留时间	20d
温度	38℃
pH 值	7.5～7.7

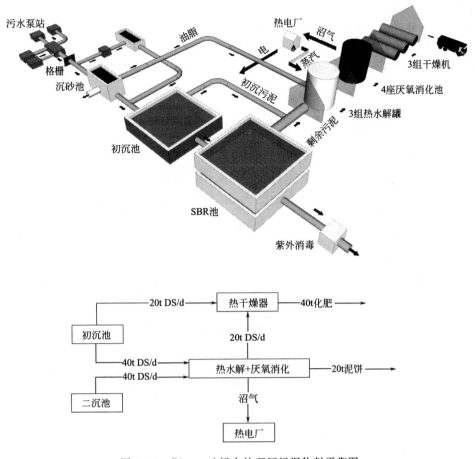

图 8-1-1　Ringsend 污水处理厂污泥物料平衡图

有机负荷　　　　　　　　　4.04kg VS/（m³·d）

有机物去除率　　　　　　　48%

甲烷含量　　　　　　　　　55%～57%

8.1.2　日本横滨市污泥处置中心

(1) 概况

横滨市是日本神奈川县的首府，位于东京都核心以南约 30km，面向东京湾。2009 年市域面积 434.98km²，居住人口 365.9 万人，是著名的港口城市。横滨市自 1962 年第一座污水处理厂投入运行以来，城市排水工程建设发展很快。到 1984 年，规划中的 11 座污水处理厂均已投产运转。目前，城市污水收集管道普及率按全市人口计已达到 99.8%。

随着城市污水收集系统的不断扩展和规划的污水处理厂全部运营，需处理的污泥量也相应增加，因此采取更为有效的污泥处理技术措施就显得尤为重要。按照横滨市环境创造局《下水道计划指南（2010 年版）》（2009 年 12 月草案）的计算结果，全市生活污水处理厂的污泥产生量 2010 年为 322.8t DS/d，2025 年为 325.6t DS/d。

横滨市规划建设北部和南部两个污泥处置中心。其中北部污泥处理中心接纳绿下、港

北、神奈川、北部第一、第二污水处理厂污泥；而中部、南部、西部、金泽和 Sakae 第
一、第二污水处理厂污泥则进入南部污泥处置中心。每座污水处理厂初沉池和二沉池污泥
混合后送到污泥浓缩调节池，将污泥总固体浓度(TS)调节到约 1％后进入贮泥池，用压力
输泥管道送到污泥集中处置中心。横滨市污泥管道及污泥处置中心分布如图 8-1-2 所示。

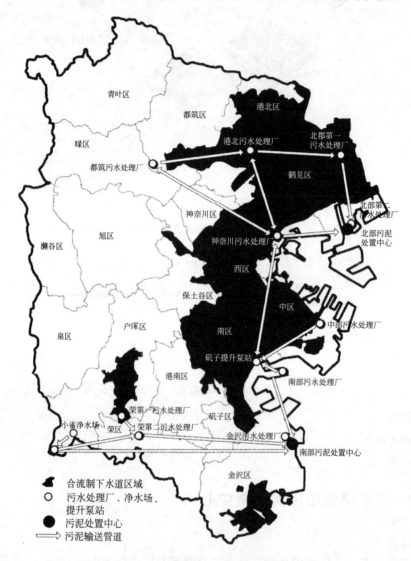

图 8-1-2　横滨市污泥管道及污泥处置中心分布图

（2）工艺流程

北部污泥处置中心建成于 1987 年，占地面积 185000m²，污泥处理能力（含水率
99％）为 12500m³/d，设有 100m³/h 浓缩机 6 台、50m³/h 脱水机 4 台、6800m³ 卵形消化
池 12 座、100t/d 污泥焚烧炉 2 台、150t/d 污泥焚烧炉 2 台、200t/d 污泥焚烧炉 1 台、
920kW 沼气发电机 4 台。其工艺流程如图 8-1-3 所示。

南部污泥处置中心建成于 1989 年，占地面积 123900m²，污泥处理能力（含水率
99％）为 14700m³/d，设有 100m³/h 浓缩机 8 台、30m³/h 脱水机 3 台、6400m³ 卵形消化

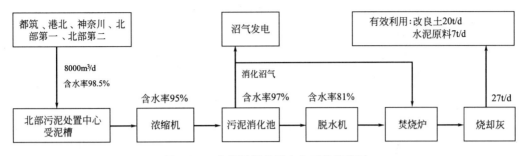

图 8-1-3　北部污泥处置中心工艺流程图

池 9 座、150t/d 污泥焚烧炉 2 台、200t/d 污泥焚烧炉 1 台、1200kW 沼气发电机 2 台。其工艺流程如图 8-1-4 所示。

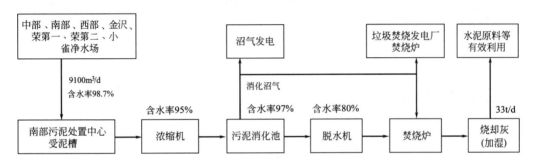

图 8-1-4　南部污泥处置中心工艺流程图

(3)北部污泥处置中心设施运行情况

① 污泥消化池系统的运行

污泥消化池系统是由消化池、沼气脱硫设备和贮气柜组成。蛋形消化池共 9 座，布置成 4 排，单池容积为 6800m³，消化温度为 36℃，平均消化时间为 25d，进池总固体浓度为 5.6%，采用管式机械搅拌。搅拌强度是按每天池中污泥通过管子 10 次确定。自 1987 年机械搅拌设备运行以来，未曾发现消化池表面结浮渣和池中污泥沉积现象。污泥加热是利用沼气发电机产生的热水进行泥-水热交换。具体运行参数如表 8-1-1 所示。

表 8-1-1　消化池运行情况表

项目	数值	项目	数值
有机负荷/[kg VS/(m³·d)]	1.7	产气率/(Nm³/kg VS)	0.50
进泥浓度 TS/%	5.6	有机物降解率/%	53
消化后污泥浓度 TS/%	3.4	沼气产量/(Nm³/单位体积污泥)	20
消化时间/d	25	污泥加热需热量/(Mcal/m³ 污泥)	17

② 沼气发电设备的运行

北部污泥处置中心安装了 4 台沼气发电机（水冷式），每台输出功率为 920kW。发电机与城市供电网并联运行。所发的电可以补偿该中心部分电力需求。该中心沼气发电机的运行情况如表 8-1-2 所示。

表 8-1-2　沼气发电机运行情况

沼气供给量	24564Nm³/d
沼气发电量	44730kW·h/d
电力消耗量	64477kW·h/d
电力供给量	69%
单位体积沼气发电量	1.82kW/Nm³

沼气发电机产生的热量为 135000Mcal/d，其中 28% 用于沼气发电，包括驱动设备、车间除臭设备、建筑物照明和通风等，耗费热量 38000Mcal/d；36% 用于消化池加热等，耗费热量 48000Mcal/d；36% 余热损失，约为 49000Mcal/d。

③ 沼气利用

消化池产生的沼气经脱硫设备之后储存于沼气储存柜中。沼气首先满足污泥焚烧炉用量，而剩余气体用于沼气发电。消化池沼气发电机和污泥焚烧炉烧 1t 污泥饼，并用沼气作为辅助燃料的物料关系如图 8-1-5 所示。

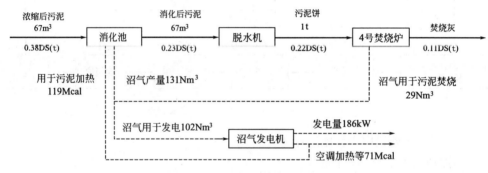

图 8-1-5　沼气利用物料平衡图

从图 8-1-5 可知，焚烧炉烧掉 1t 污泥饼需 29Nm³ 沼气，而 1t 污泥饼在消化池中可以产生大约 131Nm³ 沼气。因此，虽然污泥焚烧炉需要辅助燃料，但污泥本身所含的能量可以用沼气的形式提取，并把部分沼气作为污泥焚烧时的辅助燃料。

8.2 国内工程实例

8.2.1 上海白龙港污水处理厂污泥厌氧消化工程

(1) 污泥厌氧消化处理系统设计

① 工艺系统

污泥厌氧消化处理系统按近期污泥量设计，预留后期扩容的污泥消化池位置，其余构筑物土建均按后期污泥量，设备按近期污泥量配置，预留扩容设备位置。其中化学污泥可以单独消化。污泥厌氧消化处理系统如图 8-2-1 所示。

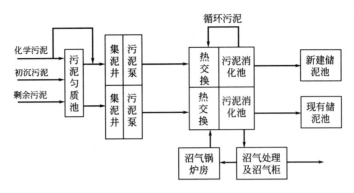

图 8-2-1　污泥厌氧消化处理系统图

② 工艺参数

污泥厌氧消化池主要工艺设计参数如表 8-2-1 和表 8-2-2 所示。

表 8-2-1　近期污泥消化池主要工艺设计参数

化学污泥量	53.155t DS/d
进消化池化学污泥含水率	95%
进消化池化学污泥流量	1063m³/d
化学污泥 VSS	29235kg/d
初沉污泥＋剩余污泥量	150.64t DS/d
进消化池初沉污泥＋剩余污泥含水率	95%
进消化池初沉污泥＋剩余污泥流量	3013m³/d
初沉污泥＋剩余污泥 VSS	90384kg/d
进消化池总污泥流量	4076m³/d
进消化池总 VSS	119619kg/d
单座消化池容积	12400m³
消化池数量	8 座
污泥停留时间	24d
VSS 容积负荷	1.21kg/(m³·d)

表 8-2-2　后期污泥消化池主要工艺设计参数

化学污泥量	85.68t DS/d
进消化池化学污泥含水率	95%
进消化池化学污泥流量	1714m³/d
化学污泥 VSS	47124kg/d
初沉污泥＋剩余污泥量	182.56t DS/d
进消化池初沉污泥＋剩余污泥含水率	95%
进消化池初沉污泥＋剩余污泥流量	3651m³/d
初沉污泥＋剩余污泥 VSS	109536kg/d
进消化池总污泥流量	5365m³/d
进消化池总 VSS	156660kg/d
单座消化池容积	12400m³
消化池数量	10 座
污泥停留时间	23d
VSS 容积负荷	1.26kg/(m³·d)

污泥厌氧消化后产物工艺设计参数如表 8-2-3 和表 8-2-4 所列。

表 8-2-3   近期污泥厌氧消化后产物设计参数

化学污泥沼气产量	9940m³/d
初沉＋剩余混合污泥沼气产量	34572m³/d
总沼气产量	44512m³/d
考虑损失后的计算产热量	8887kW
消化处理化学污泥减少量	11.694t DS/d
消化处理后化学污泥量	53.155－11.694＝41.461t DS/d
消化处理初沉＋剩余污泥减少量	40.67t DS/d
消化处理后初沉＋剩余污泥量	150.64－40.67＝109.97t DS/d
混合消化处理后含水率	96.3%
化学污泥单独消化处理后含水率	96.1%
初沉＋剩余污泥单独消化处理后含水率	96.3%

表 8-2-4   后期污泥厌氧消化后产物设计参数

化学污泥沼气产量	16022m³/d
初沉＋剩余混合污泥沼气产量	41898m³/d
总沼气产量	57920m³/d
考虑损失后的计算产热量	11564kW
消化处理化学污泥减少量	18.85t DS/d
消化处理后化学污泥量	85.68－18.85＝66.83t DS/d
消化处理初沉＋剩余污泥减少量	49.29t DS/d
消化处理后初沉＋剩余污泥量	182.56－49.29＝133.27t DS/d
混合消化处理后含水率	96.3%
化学污泥单独消化处理后含水率	96.1%
初沉＋剩余污泥单独消化处理后含水率	96.3%

③ 工艺设计

白龙港污水处理厂污泥厌氧消化工程采用一级中温厌氧消化。通过完整的污泥厌氧消化处理过程，可获得沼气，用于污泥厌氧消化处理和污泥干化处理过程中所需的热量。

本工程近期污泥卵形消化池共设 8 座，并联运行，平面布置如图 8-2-2 所示。单池容积约 12400m³，池体最大直径为 φ25m。上部圆台体采用 45°倾角。下部圆台体采用 45°底角。池体垂直高约 44m，地上部分高约 32m，地下埋深约 12m，消化池工艺设计图如图 8-2-3 所示。

厌氧消化设计温度为 35℃。污泥搅拌采用螺旋桨搅拌，并采用导流筒导流，使污泥在筒内上升或下降，在池体内形成循环，以达到污泥混合的目的。搅拌器电机为户外防爆型，能正反向转动，以防止污泥中的纤维等杂物缠绕桨板，并改变污泥流态。

8 座污泥消化池以 2 座为一单元对称布置在地下管廊两侧。消化池通过顶部天桥和底部地下管廊互相连通，并与东、西管线楼相连。从天桥上通过的主要管线有沼气管和给水管，从地下管廊中通过的主要管线有进泥管、出泥管、循环污泥管及浮渣管等。

消化池进泥通过消化池进泥泵泵送后，在管道中与经循环污泥泵泵送的循环污泥混合。混合污泥经热交换器加热后通过 1 根 $DN250mm$ 的进泥管注入消化池。进泥管设 2 个注入口，分别位于消化池污泥液面的上下。工程运行时可方便选择消化池进泥高度，污泥液面上方进泥有助于打碎液面浮渣，下方进泥则有助于液位的稳定。

图 8-2-2　平面布置图

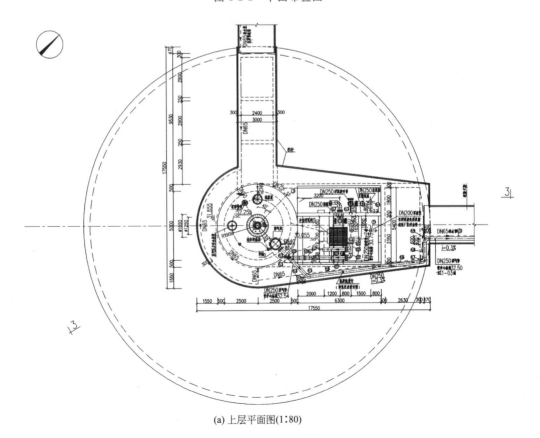

(a) 上层平面图(1:80)

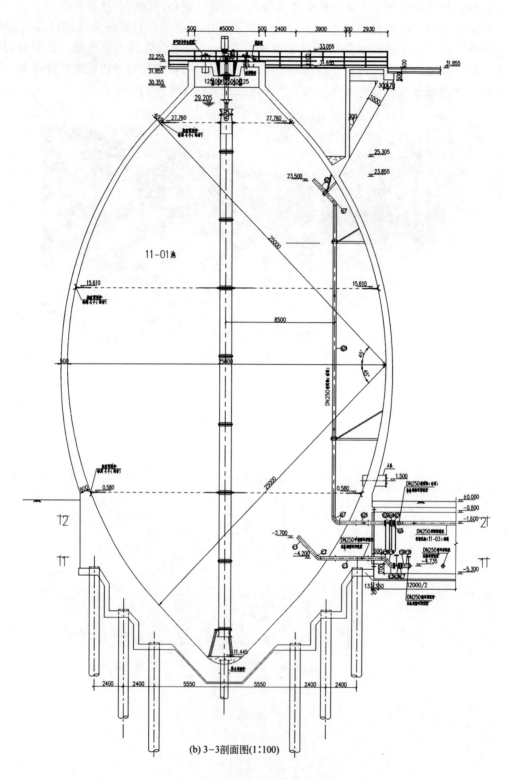

(b) 3-3剖面图(1:100)

图 8-2-3 厌氧消化池工艺设计图

在消化池进泥产生的重力压差的作用下，消化后污泥通过消化池底部的出泥管排入消化池顶的污泥斗，再经污泥斗底部的管道排入后续处理设施。消化池出泥管设可调式排泥管，通过调整排泥管的高度来改变消化池内的污泥液位，进而改变消化池有效容积、污泥停留时间和消化池内部压力等参数。可调式排泥管下方设有1根支管，阀门控制，可用于在出泥管堵塞的情况下通过液位差清理堵塞物。

在消化池内设有中部循环污泥管及底部循环污泥管，以便在工程运行时可方便地选择循环污泥的选取区域。两根循环污泥管在地下管廊中相交成1根总管，然后通向循环污泥泵。底部循环污泥管与进泥管之间以进泥旁通管相连。在消化池运行启动期，污泥可通过进泥管→进泥旁通管→底部循环污泥管的途径向消化池底部注泥。循环污泥总管与出泥管之间以超越管相连。污泥可通过进泥管──→进泥旁通管──→底部循环污泥管──→循环污泥总管──→超越管──→出泥管的途径超越消化池，直接进入后续处理设施。

消化池设溢流管。溢流管上设可调式排泥管，可用以调节溢流管出泥口高度。可调式排泥管下方设有1根支管，阀门控制，用于在溢流管堵塞的情况下通过液位差清理堵塞物。溢流管除在消化池运行时控制污泥溢流外，还可在消化池初次启动时，作为池体内清水排放的出口。

在消化池顶设有浮渣斗。浮渣斗内设有污泥阀及浮渣滤网。浮渣滤后外运。浮渣液通过浮渣管下行至地下管廊，然后至污泥液处理设施进行化学除磷处理。除此之外，浮渣管亦可作为消化池初次启动时清水排放的途径。清水从溢流管溢出后进入浮渣斗，通过浮渣管排入厂区污水管道。

消化池顶部设有沼气密封罐、沼气室、观察窗、喷射器等设备。

8座消化池产生的沼气通过沿池顶天桥铺设的沼气管汇集后，在东管线楼沼气管井下行至室外，然后至沼气处理设施。

为满足消防要求，在每座消化池顶均设有消火栓，并由给水管道泵增压。

在消化池需要进行检修的情况下，可循着循环污泥管──→超越管──→出泥管的管路，放空消化池的上部污泥至后续的污泥处理构筑物。对于消化池的下部污泥，可通过地面上方的消化池人孔通过泵抽的方法抽取。

设计中考虑通过污泥消化池前端的污泥匀质池，混合化学污泥、初沉污泥和剩余污泥，以均衡消化池进泥性质，改善污泥消化处理系统的整体效果，增加污泥消化处理系统的运行稳定性。同时，在工程设计中，考虑了化学污泥、初沉污泥与剩余污泥分别消化的措施，以便日后污水处理厂运行时能结合污泥最终的处置要求相应调整污泥的消化处理流程，增加污泥消化处理系统的运行灵活性。

表8-2-5列出了化学污泥、初沉污泥和剩余污泥三种污泥混合消化（消化工况一）的主要工艺设计参数。

表 8-2-5　污泥厌氧消化池主要工艺设计参数（消化工况一）

项目	近期	后期
干污泥量	204t DS/d	204t DS/d
污泥进泥含水率	95%	95%
进泥流量	4080m³/d	5360m³/d

项目	近期	后期
单座消化池池容	12400m³	12400m³
消化池总数量	8 座	10 座
污泥停留时间	24.3d	23.1d
总沼气产量	44512Nm³/d	57920Nm³/d
考虑损失后的计算产热量	8887kW	11564kW
消化处理后总的污泥量	151.43t DS/d	200.1t DS/d

表 8-2-6 列出了化学污泥与初沉污泥、剩余污泥分别消化（消化工况二）的主要工艺设计参数。

表 8-2-6　污泥厌氧消化池主要工艺设计参数（消化工况二）

项目	近期	后期
化学污泥量	53.155t DS/d	85.68t DS/d
化学污泥进泥含水率	95%	95%
化学污泥流量	1063m³/d	1714m³/d
初沉＋剩余污泥量	150.64t DS/d	182.56t DS/d
初沉＋剩余污泥进泥含水率	95%	95%
初沉＋剩余污泥流量	3013m³/d	3651m³/d
单座消化池池容	12400m³	12400m³
消化池总数量	8 座	10 座
化学污泥消化池数量	2 座	3 座
化学污泥停留时间	23.3d	21.7d
初沉＋剩余污泥消化池数量	6 座	7 座
初沉＋剩余污泥停留时间	24.7d	23.8d
化学污泥沼气产量	9940m³/d	16022m³/d
初沉＋剩余污泥沼气产量	34572m³/d	41898m³/d
总沼气产量	44512m³/d	57920m³/d
考虑损失后的计算产热量	8887kW	11564kW
消化处理后化学污泥量	41.461t DS/d	66.83t DS/d
消化处理后初沉＋剩余污泥量	109.97t DS/d	133.27t DS/d
消化处理后总的污泥量	151.43t DS/d	200.1t DS/d

④ 沼气处理系统

沼气处理采用湿式脱硫和干式脱硫串联形式，沼气处理设施工艺设计如图 8-2-4 所示。处理设施包括 3 套粗过滤器、2 座湿式生物脱硫塔、2 座干式脱硫塔、3 套细过滤器、4 座有效容积为 5000m³ 的干式气囊式气柜、1 座沼气增压风机、3 座沼气燃烧塔、1 座沼气热水锅炉房和配套设施。设计沼气中 H_2S 浓度为 $(3000 \sim 10000) \times 10^{-6}$，湿式脱硫后的 H_2S 浓度为 25×10^{-6}，干式脱硫后 H_2S 浓度 $< 20 \times 10^{-6}$。

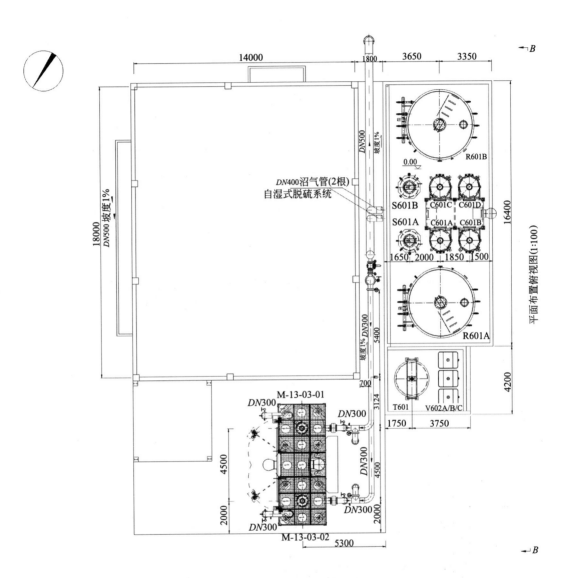

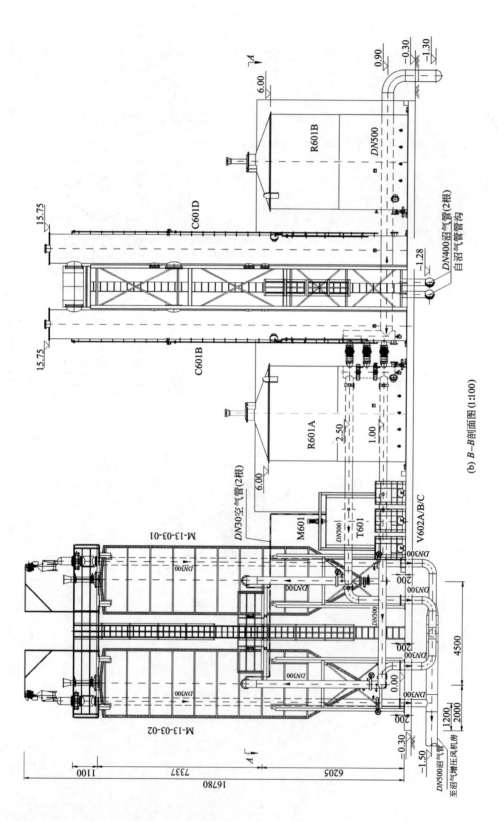

(b) B—B剖面图 (1:100)

图8-2-4 沼气处理设施工艺设计图

⑤ 沼气利用系统

系统产生的沼气经脱硫后一部分进入热水锅炉房,对消化生污泥进行池外加热;多余沼气进入干化处理系统,为污泥干化提供热能。沼气热水锅炉房设置3台沼气热水锅炉,冬季需热高峰期3台锅炉并联运行;夏季需热低谷期2台锅炉并联运行,1台锅炉可停炉检修。

(2)污泥消化处理系统运行

上海白龙港污水处理厂污泥厌氧消化系统在2010年10月基本建成,2011年4月12日成功实现全部8座消化池顺利投泥进入调试运行,到2011年4月20日,8座消化池均全部实现产出合格达标沼气。

从启动调试运行的沼气产量测试结果来看,8座消化池的平均日沼气产量达到了46462m³,超过了44512m³设计值;有机物平均降解率达到了44.45%,超过40%的设计值。

8.2.2 重庆鸡冠石污水处理厂污泥厌氧消化工程

鸡冠石污水处理厂位于重庆主城南岸区鸡冠石镇。污水处理工艺采用具有脱氮除磷功能的A/A/O加化学深度除磷工艺,污水处理厂一期污水设计规模为旱季 $60 \times 10^4 m^3/d$,雨季 $135 \times 10^4 m^3/d$,远期规模为旱季 $80 \times 10^4 m^3/d$,雨季 $165 \times 10^4 m^3/d$。污水处理厂处理污水对象为城市污水,产生的污泥为二级污水处理厂的初沉污泥、剩余污泥和化学深度除磷的化学污泥,污泥量如表8-2-7和表8-2-8所示。

表8-2-7 旱季污泥量

项目	近期($60 \times 10^4 m^3/d$)	远期($80 \times 10^4 m^3/d$)
初沉污泥量(含水率97%)	75t DS/d	100t DS/d
剩余污泥量(含水率99.3%)	40.5t DS/d	54t DS/d
化学污泥量(含水率99.3%)	2.1t DS/d	2.8t DS/d
小计	117.6t DS/d	156.8t DS/d

表8-2-8 雨季污泥量

项目	近期($135 \times 10^4 m^3/d$)	远期($165 \times 10^4 m^3/d$)
初沉污泥量(含水率97%)	82.5t DS/d	110t DS/d
剩余污泥量(含水率99.3%)	40.5t DS/d	54t DS/d
化学污泥量(含水率99.3%)	2.1t DS/d	2.8t DS/d
小计	125.1t DS/d	166.8t DS/d

图8-2-5为鸡冠石污水处理厂的污泥处理工艺流程。其中污泥稳定化工艺采用的是污泥厌氧消化工艺。

各构筑物的设计情况如下:

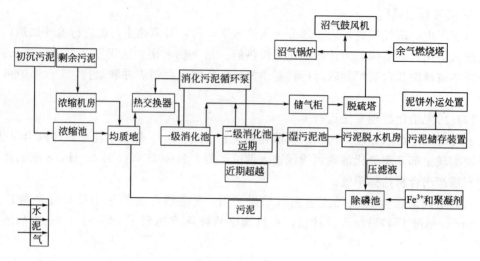

图 8-2-5   重庆鸡冠石污泥处理工艺流程图

(1) 初沉污泥浓缩（按雨季污泥量设计）

初沉污泥采用重力式污泥浓缩池浓缩，3座，远期增加1座。浓缩池主要技术参数如下：

浓缩池数量	3座
单座污泥量	27500kg DS/d
污泥体积	917m³/d
池直径	φ25m
污泥负荷	56kg DS/(m²·d)
周边驱动浓缩机	3台，功率0.75kW

(2) 剩余污泥浓缩

二沉池剩余污泥浓缩采用螺压浓缩机，设污泥浓缩机房一座，平面尺寸36.48m×21.48m。螺压浓缩机近期选用4台（3用1备），远期增加1台，并设有絮凝剂制备及投加系统2套。浓缩机主要技术参数如下：

剩余污泥量	40500kg DS/d
剩余污泥体积	6086m³/d
螺压浓缩机数量	4台
单台螺压浓缩机流量	2029m³/d(84.5m³/h)
螺压浓缩机能力	100m³/h
设备功率	4.4kW
加药量	0.0015kg PAM/kg DS

(3) 污泥均质池

经两种不同浓缩方式的污泥进入消化池前需混合，以起到均质的作用，均质池按雨季污泥量设计，近期共2座，远期不增加。每座尺寸为直径15m，有效水深3m。池内设有水下搅拌器2台。污泥均质池主要技术参数如下：

数量	2座
单座污泥量	62550kg DS/d
污泥体积	1251m³/d
池直径	φ15m
停留时间	12.0h
水下搅拌机（带导流圈）	2台
设备功率	7.5kW

（4）污泥消化池

污泥进行中温厌氧消化，近期设置4座一级蛋形消化池，远期增加2座二级消化池。消化池采用机械搅拌。

污泥消化池工艺设计如图8-2-6所示，主要技术参数如下：

① 污泥消化池

污泥量	117600kg DS/d（旱季），125100kg DS/d（雨季）
污泥含水率	95%
污泥体积	2352m³/d（旱季），2502m³/d（雨季）
有机物含量	50%
有机物量	58800kg VS/d（旱季）
污泥消化温度	33～35℃
污泥消化时间	20d（旱季），18d（雨季）
污泥投配率	5%（旱季），5.6%（雨季）
消化池总容积	47222m³
挥发性固性负荷	1.25kg VS/（m³·d）（旱季）
挥发性有机物（VS）降解率	50%
总降解率	25%
消化后污泥量	88200kg DS/d（旱季）
污泥消化后含水率	96%
污泥体积	2205m³/d
沼气产率	0.884Nm³/kg VS（去除）
沼气产率	11.04Nm³/m³ 泥
沼气量	26000Nm³/d

② 污泥机械搅拌机

数量	4套
设备功率	24.2kW

③ 消化池超压保护安全释放系统

数量	4套

参数池内沼气临界压力±0.004MPa

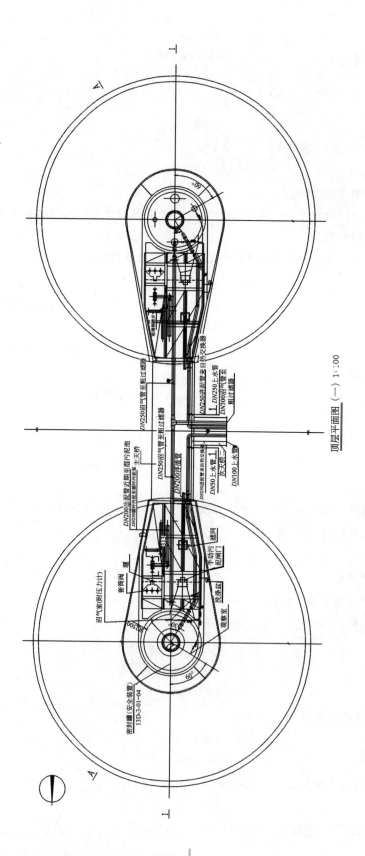

顶层平面图（一）1：100

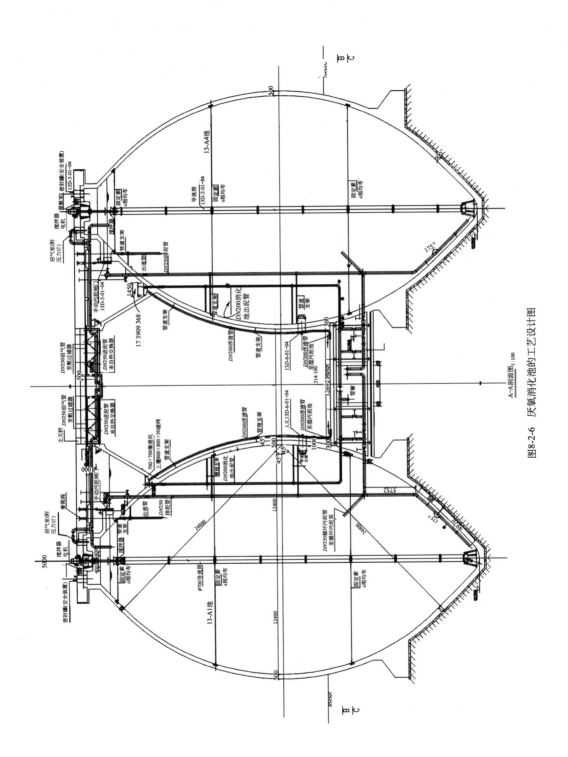

图8-2-6 厌氧消化池的工艺设计图

（5）消化池操作楼

为了保证污泥消化系统安全可靠地运行，在 4 座消化池之间建一座消化池操作楼，平面尺寸 33.02m×16.00m。操作楼内设 2 层工作层，地下层布置消化池进泥泵、污泥循环泵；地面层为污泥加热系统。操作楼内共设 4 套进泥和污泥加热系统，与 4 座一级消化池相对应。各种设备按雨季污泥量配置，操作楼与消化池用天桥和管廊相连接，内设各种污泥和沼气管道。消化池操作楼主要技术参数如下：

① 消化池进泥泵

类型偏心螺杆泵	手动无级调速
数量	5 台（4 用 1 备）
工作方式	连续进泥
性能	$Q=27m^3/h$，$H=45m$
设备功率	11kW

② 循环污泥泵

类型偏心螺杆泵	手动无级调速
数量	5 台（4 用 1 备）
工作方式	连续
性能	$Q=54m^3/h$，$H-15m$
设备功率	15kW

③ 热交换器

类型	套管式
数量	4 组
外管直径	$\phi250mm$
内管直径	$\phi200mm$
单根管长	7m
新鲜污泥投配温度	12℃（冬季）
消化温度	33℃
热水进水温度	75℃
热水出水温度	65℃
控制方式	根据热交换器进出口温度调节热水温度，由 PLC 进行控制

④ 热水循环泵

类型	变频离心泵
数量	5 台（4 用 1 备）
工作方式	连续
性能	$Q=66.14m^3/h$，$H=11m$
设备功率	5.5kW

⑤ 沼气粗过滤器

数量	2 套

（6）湿污泥池

消化后的污泥均匀混合、调理、储放，并尽可能释放消化池中产生的沼气，有利于污泥脱水。湿污泥池主要技术参数如下：

消化后污泥量   88200kg DS/d
污泥含水率   96%
污泥体积   2205m³/d
数量   1座（8格）
单格尺寸   10m×10m
平面尺寸   31.2m×20.9m
水深   3.5m
停留时间   21.5h

（7）沼气净化、贮存

沼气净化、贮存系统主要技术参数如下：

① 沼气脱硫装置

降低沼气中硫化氢含量，减少硫化氢对后续处理设备的腐蚀，工艺设计如图8-2-7所示。

设备类型   干式脱硫塔及脱硫再生系统
数量   2套
性能 $Q=600m^3/h$

② 储气柜

调节产气量的不平衡，使沼气带动鼓风机和沼气锅炉加热系统能正常连续运行。

设备类型   柔膜密封干式储气柜
数量   2座
单柜容量   3400m³
工作压力   0.004MPa
停留时间   6h
监测设备   气柜压力及柜顶位置监测系统
数量   2套

③ 余气燃烧塔

事故发生时将沼气燃烧释放，保证厂区安全，工艺设计如图8-2-8所示。

设备类型   柱形内燃式沼气火炬
数量   2座
最大排气量   1200m³/h
设备   带自动点火及安全保护装置的火炬
控制方式   根据储气柜顶的压力表信号，自动点火

（8）沼气鼓风机房

为节约运行费，建设沼气鼓风机房1座，将污泥消化产生的沼气，通过沼气发动机带动鼓风机，近期设置4台沼气驱动鼓风机，远期增加1台，单台鼓风机空气量为486m³/min。污水处理厂运行初期，5台电动鼓风机全部运行，待运行正常产生沼气后，便尽可能使用沼气鼓风机，以节省运行成本。

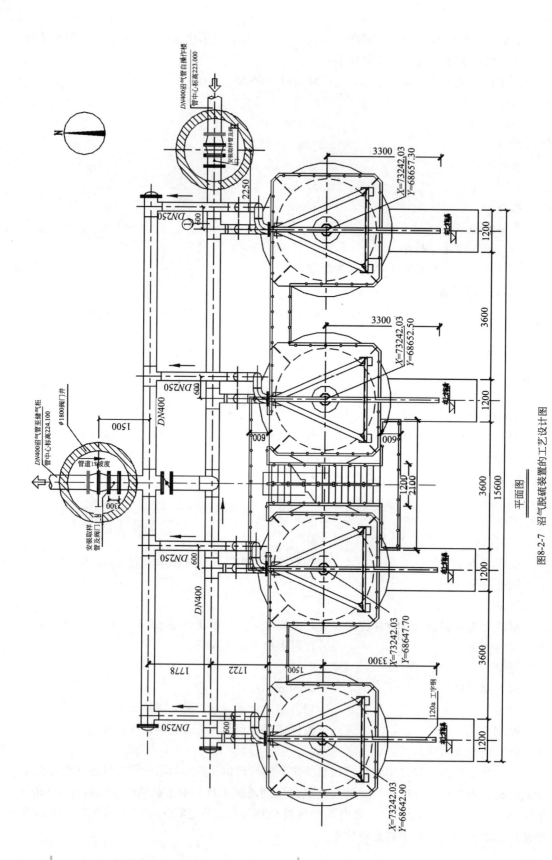

平面图

图8-2-7 沼气脱硫装置的工艺设计图

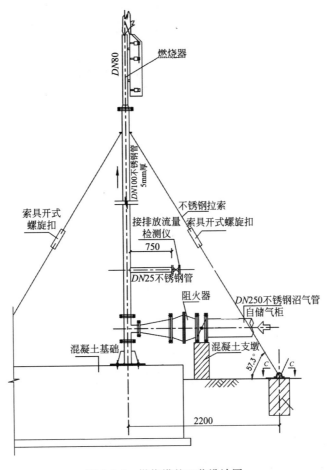

图 8-2-8　燃烧塔的工艺设计图

该建筑物内还设有 2 套沼气锅炉,作为消化污泥加热用。消化污泥加热所需热水充分利用沼气发动机冷却出水,经计算,仅在冬天需使用沼气锅炉补充热源。

① 沼气带动离心鼓风机

设备数量　　　　　　4 台

性能　　　　　　　　单台流量 486m³/min,风压 0.07MPa

设备输出功率　　　　650kW

② 沼气锅炉

设备数量　　　　　　2 套

热功率　　　　　　　800kW

8.2.3　青岛麦岛污水处理厂的污泥厌氧消化工程

麦岛污水处理厂位于青岛市崂山区大麦岛村,污水处理厂预处理工程设计规模为10×
10⁴ m³/d,污水仅经过预处理后直接深海排放,预处理工程占地 1.71hm²,于 1999 年 12
月 31 日建成投产。扩建工程用地在一期工程南侧和东侧。污水处理采用物化＋BIOSTYR

滤池处理工艺，污水处理厂规模扩建至 $14×10^4\,m^3/d$。污水处理厂处理污水对象为城市污水，产生的污泥为二级污水处理厂的初沉污泥、剩余污泥和化学除磷的化学污泥，总泥量约为 53473kg DS/d。各构筑物产泥量如表 8-2-9 所示。

表 8-2-9　构筑物污泥产量和性质

项目	参数	12℃	26℃
初沉污泥 （自 MULTIFLO-300 初沉池）	总泥量/(kg DS/d)	43407	46862
	其中化学污泥量/(kg DS/d)	10109	12802
	污泥浓度/(g/L)	50	50
	VM/%	60.4	57.5
生物污泥 （自 MULTIFLO-300 反冲洗沉淀池）	总泥量/(kg DS/d)	8666	5149
	其中化学污泥量/(kg DS/d)	270	270
	污泥浓度/(g/L)	25	25
	VM/%	83.2	76.2
油脂 （自细格栅和除油沉砂池）	总泥量/(kg DS/d)	1400	1400
	VM/%	92.5	92.5
去消化池污泥	总泥量/(kg DS/d)	53473	53411
	污泥浓度/(g/L)	44	47
	污泥流量/(m³/d)	1216	1145

污泥处理流程如图 8-2-9 所示。

（1）消化池

来自细格栅及除油沉砂池的油脂和来自操作楼的均质污泥、循环污泥一并进入消化池进泥井，混合后进入消化池的底部。每座消化池设 1 套搅拌器对污泥搅拌，采用导流筒导流。池顶设螺旋桨提升或下压，使池内污泥在筒内上升或下降，形成循环，以达到污泥混合。搅拌器电机为户外防爆型，能正反向转动。池顶部设沼气密封罐、沼气室、观察窗等装置。在消化池底部和顶部设有出泥管至出泥井，分别由液压套筒阀控制消化池出泥。出泥井有 2 格，1 格装有出泥管接至污泥脱水间的均质池，另 1 格装有上清液排放管接至污泥脱水间的废水池。消化池产生的沼气通过池顶沼气管汇集后沿消化池进泥井下行接入储气柜。消化池的工艺设计如图 8-2-10 所示。

消化池及附属设备主要技术参数如下：

消化池进泥量	53473kg DS/d
污泥中可挥发成分	60%～65%
污泥浓度	40～47g/L
消化后污泥量	36451～38238kg DS/d
污泥中可挥发成分	45%～49%
污泥浓度	30～34g/L
可挥发成分去除率	47%～49%
数量	2 座
直径	29.3m

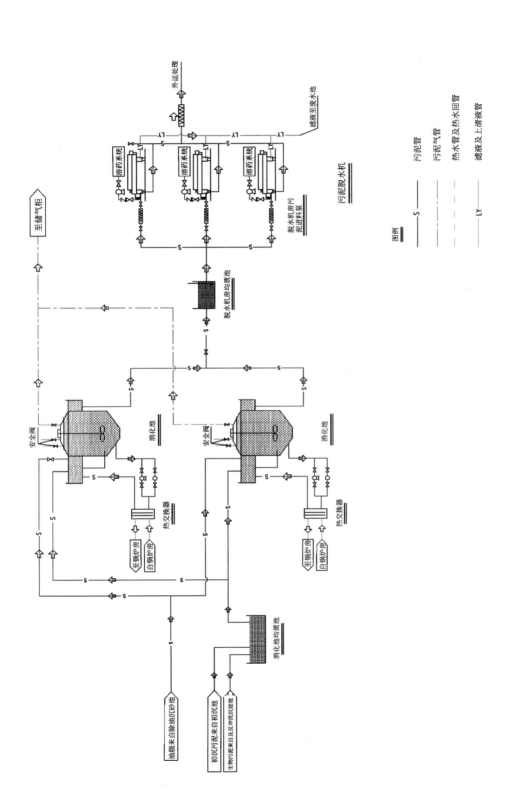

图8-2-9　污泥处理流程图

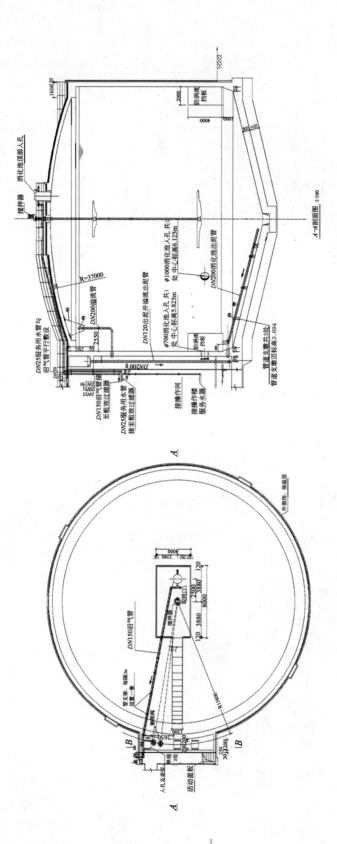

图8-2-10　消化池的工艺设计图

有效体积	12700m³
最小停留时间	20d
平均绝热系数	0.77(−5℃)W/(m² · K)
消化池内保持温度	35℃±2℃
消化池进口污泥温度	12(min)℃
污泥再加热需热量	1355kW
池体散热量	190kW
热交换器热水进口温度	70℃
热交换器热水出口温度	65℃
热交换器污泥进口温度	35℃
热交换器污泥出口温度	37.5℃
热交换器数量	2套
热交换器交换表面积	67.9m²
循环污泥量	700m³/d
循环热水量	260m³/d

(2) 污泥加热系统

为了保证消化池内温度恒定在35℃，需要向消化池补充一定的热量来加热进入消化池的生污泥和补偿消化池的热量损失。这就需要对消化池的污泥再加热，在操作楼内设置2套热交换器，热交换器中污泥与污水逆向传热，热水由2台热水循环泵提升至热交换器。循环污泥来自消化池底部，通过4台污泥循环泵(2用2备)提升至热交换器，经过水泥热交换后进入消化池进泥井。

① 污泥加热设备

套管式热交换器	2套
热交换器交换面积	67.9m²
热水循环泵	2台
热水循环泵参数	$Q=130$m³/h，$H=12$m，$N=11$kW
污泥循环泵	4台
污泥循环泵参数	$Q=350$m³/h，$H=30$m，$N=30$kW

② 污泥加热均质池

数量	1座
平面尺寸	12m×6.58m
潜水搅拌器	1套
搅拌器参数	$D=580$mm，$N=5.5$kW
污泥提升泵	3台
提升泵参数	$Q=30$m³/h，$H=25$m，$N=8.5$kW

③ 储气柜

本工程储气柜为1座，对沼气产气量进行调节，使沼气发电系统能正常连续运行。储气柜为双膜结构，体积为2500m³，停留时间为3.3h。沼气优先用于沼气发电机发电，过剩的沼气将通过燃烧器烧掉。储气柜工艺设计如图8-2-11所示。

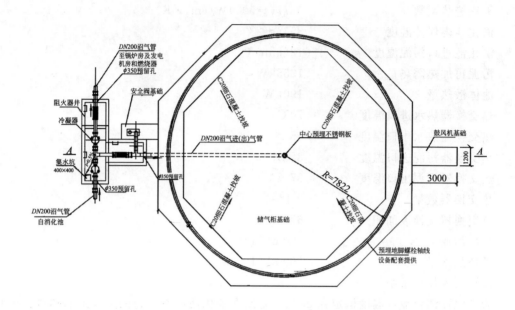

平面图

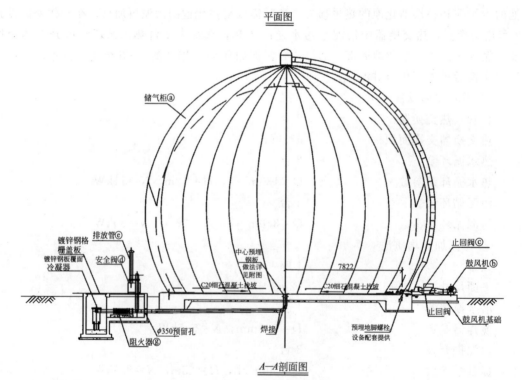

A—A剖面图

图 8-2-11 储气柜的工艺管线图

主要技术参数如下：

储气柜数量	1座
储气柜体积	2500m³
冬天沼气产量	18095Nm³/d
夏天沼气产量	16980Nm³/d
沼气发电机消耗量	15744Nm³/d
储存时间	3.3h
冬天沼气燃烧量	2351Nm³/d
夏天沼气燃烧量	1236Nm³/d
沼气净产热值	5520kcal/Nm³

④ 发电机房/锅炉房

污泥消化过程中产生的沼气优先用于发电，并提供热能用于污泥加热，沼气锅炉备用。本工程发电机房/锅炉房为1座，发动机房包括2套发电机组，每套沼气发电机备有1套热回收单元，包括冷却水回路和尾气回路。发电机组的主要燃料是污泥消化产生的沼气。发电机房（2台运行）将为热交换器的进口端提供2032kW的热功率，能够满足消化池污泥加热所需的最大需热量，多余热能由发动机组自带的冷却器去除。发电机房/锅炉房工艺设计如图8-2-12所示。

由于本工程在初沉池和反冲洗沉淀池中加入 $FeCl_3$ 作为混凝剂，可以有效减少消化产生的沼气中 H_2S 的含量，沼气可以不用脱硫。发电机房/锅炉房主要技术参数如下：

污泥再加热需热量	1355kW
池体散热量	190kW
总需热量	1545kW
沼气发电机数量	2台
总沼气消耗量	15744Nm³/d
总最大能量输入（沼气）	4211kW
总最大电力输出	1672kW
总最大热量输出	2032kW
夹套水回收热量	560kW
内冷却器回收热量	226kW
润滑油回收热量	188kW
尾气回收热量	1058kW
流量	2×43.7m³/d
进口温度	70℃
出水温度	90℃
沼气/油热水锅炉数量	2台
锅炉效率	89%
供热量	1736kW
沼气需要量	6490Nm³/d

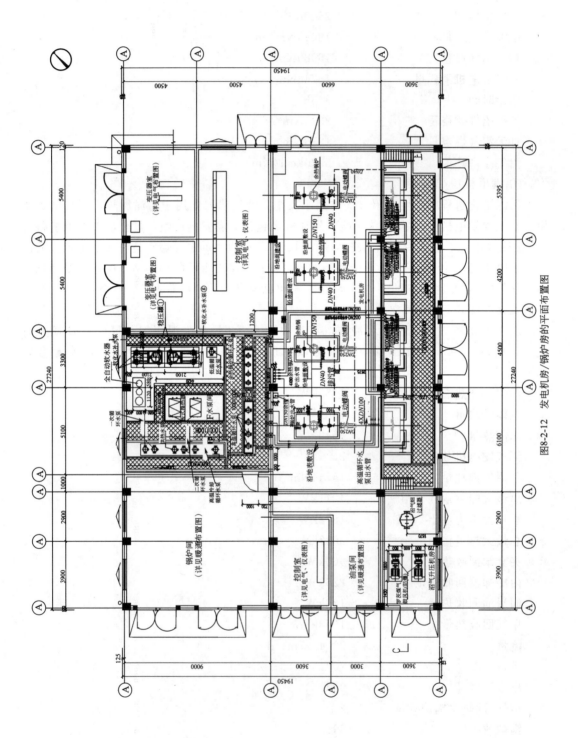

图8-2-12　发电机房/锅炉房的平面布置图

⑤ 燃烧塔

本工程消化过程产生沼气主要用于发电,发电之后剩余的沼气量为1236～2181Nm³/d,为消耗过剩沼气,设置1座沼气燃烧塔。燃烧塔主要技术参数如下:

沼气燃烧塔	1座
耗气量	700m³/h

8.2.4 昆明主城区城市污水处理厂污泥处理处置工程

昆明市水环境固体污染物综合处置利用一期工程-主城区城市污水处理厂污泥处理处置工程位于昆明第七污水处理厂附近,占地面积约4.7hm²,主要为昆明市主城区的第一～第八城市污水处理厂污泥处理服务,设计规模100t DS/d,约合80%含水率污泥量500t/d,采用"污泥厌氧消化＋脱水＋污泥热干化"的工艺流程,沼气和干化废气均回收利用,处理后的污泥含固率达到70%～90%。

污泥处理厂工艺流程如图8-2-13所示。

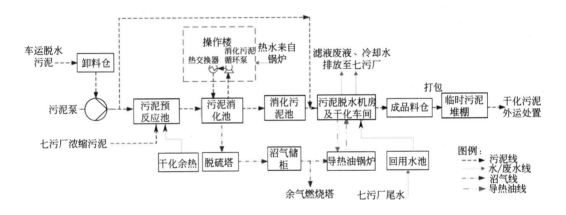

图 8-2-13　总体工艺流程图

(1) 地下式卸料站

本工程在污泥进入消化池之前由车辆运输至本污泥处理厂,车运污泥至地下式卸料站,卸料站内积存的污泥利用柱塞泵输送至污泥预反应池内与来自七污厂的浓缩污泥混合均匀。本工程设置地下式卸料站1座2池,总有效容积140m³,单池有效容积70m³。

考虑其埋地设置,从节约投资出发,设置为钢筋混凝土结构。为便于污泥车倾倒污泥,地埋料仓位于车行道旁,顶板高出地面约0.4m,前方有足够空间可供自卸车进行卸料动作,料仓前半部顶部带有液压自动门兼防雨盖板,通过液压装置进行启闭,以便于汽车倾倒。料仓顶部设置雨棚以防止雨水进入。料仓敞口部分安装有250mm的格栅,防止大的异物进入卸料坑。其主要参数如下:

地下式料仓数量	1座2池
外形尺寸	18.24m×14.04m
单仓有效尺寸	7.5m×4.5m×2.15m(有效高度)

单仓有效容积	70m³
卸料粗格栅	2 套
粗格栅网孔	250mm
液压单元数量	2 套
液压单元功率	19kW
螺旋输送机	2 套
螺旋输送机规格	直径 300m，长度约 6.5m
螺旋输送机功率	$N=7.5$kW
柱塞泵数量	3 套（2 用 1 备）
输送能力	$Q=25$m³/h
活塞泵扬程	$H=50$bar
活塞泵功率	$N=110$kW
活塞泵出口细格栅	3 套
细格栅网眼尺寸	25mm
坑内存水泵数量	2 套
存水泵规格	$Q=10$m³/h，$H=10$m
存水泵功率	$N=1.5$kW

（2）污泥提升泵井

为调节进入消化污泥池内的污泥浓度，在第七污水处理厂内设污泥提升泵井，将第七污水处理厂的剩余污泥提升进入污泥处理厂内的污泥预反应池。

污泥提升泵井内设剩余污泥泵 3 台。其主要设计参数：

污泥泵数量	3 台（2 用 1 备）
输送能力	$Q=120$m³/h
污泥泵扬程	$H=15$bar
污泥泵功率	$N=9$kW

（3）污泥预反应池

来自地下式卸料站的污泥需调整含水率至设定值，然后送入污泥消化池进行消化，来自车运脱水污泥与来自七污厂的浓缩污泥在污泥预反应池内混合均匀。混合均质后含水率在 85％以上。同时来自干化车间的冷凝水在预反应池内和污泥进行换热，调节污泥温度至 38℃，再由污泥泵送至污泥消化池。污泥预反应池外考虑保温。其主要设计参数：

污泥预反应池数量	2 池
单池尺寸	直径 5.5m，有效高度 7.5m
有效容积	180m³
污泥含固率	15％
污泥螺杆泵数量	2 用 1 备
污泥螺杆泵流量	30～40m³/h
污泥螺杆泵压力	50mbar
污泥螺杆泵功率	$N=11$kW

搅拌器数量	2 台
搅拌器功率	$N=15kW$

（4）厌氧消化池

污泥采用中温厌氧消化，消化等级为单级消化，停留时间 22.5d；污泥消化按照单池容积 5000m³ 建设 3 座柱形消化池。消化池内径 16m，总高度 31m，地下部分净高 5～6m，地上部分净高 25m。消化池及附属设备主要技术参数如下：

① 消化池

污泥量	100000kg DS/d
污泥含水率	85%
污泥体积	667m³/d
挥发性固体含量	50%
挥发性固体量	50000kg VS/d
污泥消化温度	33～35℃
污泥消化时间	22.5d
污泥投配率	4.4%
消化池总容积	15000m³
挥发性固性负荷	3.33kg VS/(m³·d)（旱季）
挥发性有机物 VS 降解率	50%
总降解率	25%
消化后污泥量	75000kg DS/d
污泥消化后含水率	88.3%
污泥体积	642m³/d
沼气产率	0.75Nm³/kg VS
沼气产率	28.1Nm³/m³ 泥
沼气量	18750Nm³/d

② 污泥机械搅拌机

数量	3 套
设备功率	40kW

③ 消化池超压保护安全释放系统

数量	3 套
参数池内沼气临界压力	±0.004MPa

（5）消化池操作楼

为了保证污泥消化系统安全可靠地运行，在 3 座消化池附近建 1 座消化池操作楼。操作楼建筑尺寸 19.65m×8.4m，总高度 9m。操作楼内设 3 层工作层，工作层地下层为消化池地下管廊。操作楼内共设 3 套进泥和污泥加热系统，与 3 座污泥消化池相对应。另外布置有电气控制等系统。操作楼与消化池用天桥和管廊相连接。污泥加热系统及附属设备主要技术参数如下：

① 需热量计算

全部污泥加热需热量	480kW（冬季）

	271kW（夏季）
	375kW（年平均）
3座消化池池体的合计散热量	445kW（冬季）
	137kW（夏季）
	268kW（年平均）
污泥消化处理总需热量	925kW（冬季）
	408kW（夏季）
	643kW（年平均）

② 热交换器

类型	螺旋板式
数量	2台
消化温度	35℃
热水进水温度	60～75℃
热水出水温度	65～50℃
控制方式	根据热交换器进出口温度调节热水温度，由 PLC 进行控制
螺旋板式换热器热能输出	700kW/台

③ 沼气粗过滤器

数量	3套
过滤流量	1400m³/h

（6）消化污泥池

经过消化后的污泥先进入消化污泥池储存，泵送至污泥脱水车间进行脱水处理。消化污泥池及附属设备主要技术参数如下：

① 消化污泥池

数量	1座4池
单池尺寸	4m×4m×2m（有效高度）
有效容积	32m³
锥体容积	14m³
污泥含固率	11.7%

② 污泥螺杆泵

数量	4常用
流量	10～15m³/h
压力	1.6MPa
功率	15kW

（7）沼气净化、储存、输送

沼气净化、贮存系统主要技术参数如下：

① 沼气脱硫装置

沼气平均流量	781m³/h
沼气高峰流量	1000～1400m³/h

沼气设计流量	1500m³/h
设备类型	**湿式脱硫塔**
脱硫塔数量	4 座
单座设计脱硫能力	375m³/h
设计进气 H_2S 浓度	1500g/m³
设计出气 H_2S 浓度	20g/m³

② 沼气鼓风机

消化池产生的沼气须送至膜式沼气柜,设计 2 台防爆沼气鼓风机。

数量	2 台(1 用 1 备)
流量	6000m³/h
扬程	30mbar
功率	7.5kW

③ 沼气贮柜

收集、储存消化池产生的沼气,对整个消化＋干化处理系统具有气量调蓄和稳压的作用。

沼气产量	18750Nm³/d
停留时间	12.8h
数量	2 座
单座容积	5000m³

④ 沼气增压风机

沼气柜内的沼气压力只有 0.04bar 左右,当用于干化工程导热油系统时,需对沼气进行增压。配备的沼气风机为离心式防爆风机。

数量	2 台(1 用 1 备)
流量	1600m³/h
扬程	300mbar
功率	22kW

⑤ 余气燃烧塔

为消耗过剩沼气,防止沼气直接排入大气造成污染。

数量	1 座
最大排气量	1400m³/h
功率	2kW

8.2.5 厦门第二污水处理厂污泥厌氧消化工程

厦门市第二污水处理厂位于厦门市本岛西堤外侧。一级处理工程规模为 $21 \times 10^4 m^3/d$,已建污水一级处理规模为 $10 \times 10^4 m^3/d$,在建的污水一级处理规模为 $10 \times 10^4 m^3/d$,

在建的污水处理能力为 $7 \times 10^4 \, \text{m}^3/\text{d}$。该厂已建有储泥池、脱水机房等污泥处理设施，污泥处理能力和已建 $10 \times 10^4 \, \text{m}^3/\text{d}$ 一级处理规模相匹配。

根据该厂污水处理工艺，处理过程中产生的污泥量如表 8-2-10 所示。

厦门污水处理二厂扩建工程的污泥处理设施如图 8-2-14 所示。

表 8-2-10　污泥量一览表

污泥类型	干污泥量/(kg DS/d)	湿污泥量/(m³/d)	含水率/%
初沉污泥	30000	1200	97.5
剩余污泥	28000	930	97
小计	58000	2130	97.3

(1) 污泥消化池和操作楼

污泥经浓缩后，进入卵形消化池的污泥含水率为 95%，污泥量为 1160m³/d。污泥消化池和操作楼工艺如图 8-2-15 所示。

污泥消化池的主要技术参数如下：

进泥含水率	95%
污泥量	1160m³/d
消化池数量	3 座
尺寸	垂直净高 40m，最大直径 22m
单池有效容积	8120m³
污泥停留时间	21d
工作温度	33～35℃
搅拌螺	旋桨搅拌，并采用导流筒导流
进泥泵台数	6 台
进泥泵参数	流量为 16m³/h，扬程 40m，单泵功率 7.5kW
循环污泥泵台数	6 台
循环污泥泵参数	流量为 80m³/h，扬程 20m，单泵功率 15kW
套管式热交换器	3 组，单根管长为 6m
热水循环泵台数	4 台(3 用 1 备)
热水循环泵参数	流量为 25m³/h，扬程 15m，单泵功率 3.0kW

(2) 沼气鼓风机和沼气锅炉房

为节约经常运行费，将污泥消化产生的沼气，通过沼气发动机带动鼓风机。主要技术参数如下：

鼓风机数量	3 台
鼓风机参数	单台鼓风机空气量为 13400m³/min，风压 850mbar
热水型沼气锅炉	3 台
沼气锅炉参数	产热量为 640kW

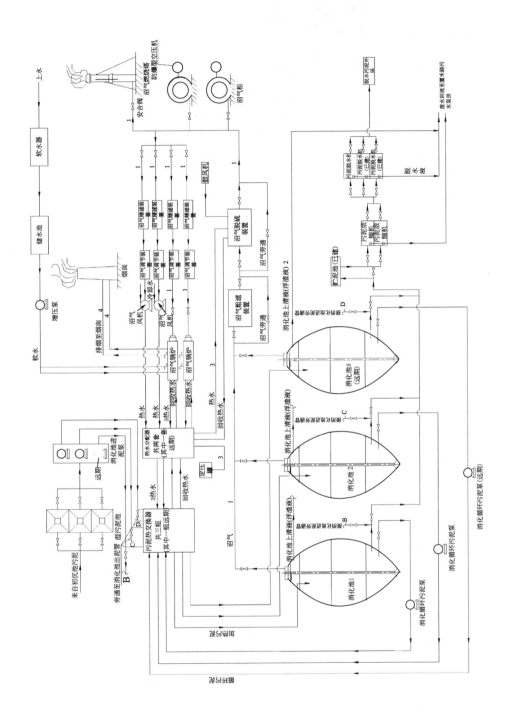

图8-2-14 污泥处理工艺流程图

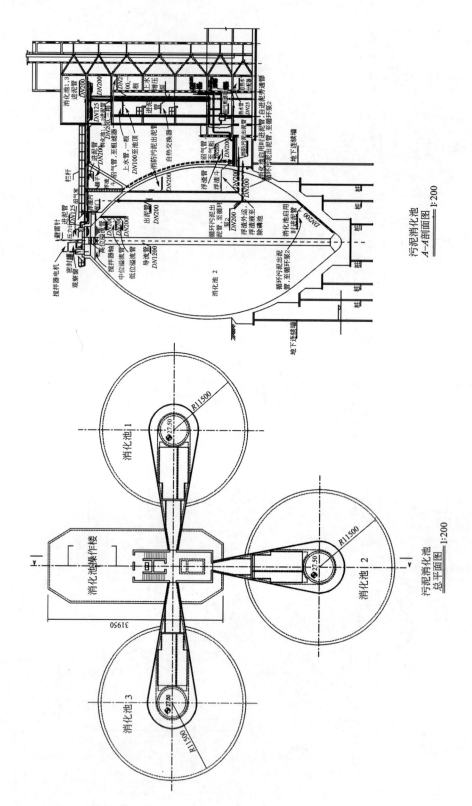

污泥消化池
A—A剖面图 1:200

污泥消化池
总平面图 1:200

图8-2-15　污泥消化池和操作楼工艺图

(3) 脱硫塔

采用干法脱硫，反应剂为 $Fe(OH)_3$，在脱硫器内发生 $Fe(OH)_3$ 与沼气中 H_2S 的脱硫反应，反应物 Fe_2S_3 在鼓风供氧条件下进行再生。脱硫器1座2室，分别是脱硫室与再生室。在脱硫室 Fe_2S_3 外取再生期间，粗滤后的沼气直接旁通入气柜。脱硫后沼气供沼气锅炉和沼气鼓风机使用。脱硫塔主要技术参数如下：

数量　　　　　　　　　1套
脱硫能力　　　　　　　$850m^3$ 沼气/h

(4) 沼气柜

沼气柜外壁为钢混结构，内置全封闭自撑式薄膜气囊。沼气柜主要技术参数如下：

数量　　　　　　　　　2座
总容积　　　　　　　　$4000m^3$
贮气时间　　　　　　　7.5h
尺寸　　　　　　　　　柜体直径 $D=14.6m$，气囊直径 $D=13.6m$

(5) 燃烧塔

为消耗过剩沼气，设置一座可调范围为 $60\%\sim90\%$ 的沼气燃烧塔。沼气燃烧塔主要技术参数如下：

数量　　　　　　　　　1座
耗气量　　　　　　　　$600m^3/h$

附　录

附录一　城镇污水处理厂污泥处理处置及污染
防治技术政策（试行）

（建城〔2009〕23号 2009-02-18实施）

1　总则

1.1　为提高城镇污水处理厂污泥处理处置水平，保护和改善生态环境，促进经济社会和环境可持续发展，根据《中华人民共和国环境保护法》、《中华人民共和国水污染防治法》、《中华人民共和国固体废物污染环境防治法》、《中华人民共和国城乡规划法》等相关法律法规，制定本技术政策。

1.2　本技术政策所称城镇污水处理厂污泥（以下简称"污泥"），是指在污水处理过程中产生的半固态或固态物质，不包括栅渣、浮渣和沉砂。

1.3　本技术政策适用于污泥的产生、储存、处理、运输及最终处置全过程的管理和技术选择，指导污泥处理处置设施的规划、设计、环评、建设、验收、运营和管理。

1.4　污泥处理处置是城镇污水处理系统的重要组成部分。污泥处理处置应遵循源头削减和全过程控制原则，加强对有毒有害物质的源头控制，根据污泥最终安全处置要求和污泥特性，选择适宜的污水和污泥处理工艺，实施污泥处理处置全过程管理。

1.5　污泥处理处置的目标是实现污泥的减量化、稳定化和无害化；鼓励回收和利用污泥中的能源和资源。坚持在安全、环保和经济的前提下实现污泥的处理处置和综合利用，达到节能减排和发展循环经济的目的。

1.6　地方人民政府是污泥处理处置设施规划和建设的责任主体；污泥处理处置设施运营单位负责污泥的安全处理处置。地方人民政府应优先采购符合国家相关标准的污泥衍生产品。

1.7　国家鼓励采用节能减排的污泥处理处置技术；鼓励充分利用社会资源处理处置污泥；鼓励污泥处理处置技术创新和科技进步；鼓励研发适合我国国情和地区特点的污泥处理处置新技术、新工艺和新设备。

2　污泥处理处置规划和建设

2.1　污泥处理处置规划应纳入国家和地方城镇污水处理设施建设规划。污泥处理处置规划应符合城乡规划，并结合当地实际与环境卫生、园林绿化、土地利用等相关专业规划相协调。

2.2　污泥处理处置应统一规划，合理布局。污泥处理处置设施宜相对集中设置，鼓励将若干城镇污水处理厂的污泥集中处理处置。

2.3　应根据城镇污水处理厂的规划污泥产生量，合理确定污泥处理处置设施的规模；近期建设规模，应根据近期污水量和进水水质确定，充分发挥设施的投资和运行效益。

2.4　城镇污水处理厂新建、改建和扩建时，污泥处理处置设施应与污水处理设施同时规划、同时建设、同时投入运行。污泥处理必须满足污泥处置的要求，达不到规定要求的项目不能通过验收；目前污泥处理设施尚未满足处置要求的，应加快整改、建设，确保污泥安全处置。

2.5　城镇污水处理厂建设应统筹兼顾污泥处理处置，减少污泥产生量，节约污泥处理处置费用。对于污泥未妥善处理处置的，可按照有关规定核减城镇污水处理厂对主要污染物的削减量。

2.6　严格控制污泥中的重金属和有毒有害物质。工业废水必须按规定在企业内进行预处理，去除重金属和其他有毒有害物质，达到国家、地方或者行业规定的排放标准。

3　污泥处置技术路线

3.1　应综合考虑污泥泥质特征、地理位置、环境条件和经济社会发展水平等因素，因地制宜地确定污泥处置方式。污泥处置是指处理后污泥的消纳过程，处置方式有土地利用、填埋、建筑材料综合利用等。

3.2　鼓励符合标准的污泥进行土地利用。污泥土地利用应符合国家及地方的标准和规定。污泥土地利用主要包括土地改良和园林绿化等。鼓励符合标准的污泥用于土地改良和园林绿化，并列入政府采购名录。允许符合标准的污泥限制性农用。

3.2.1　污泥用于园林绿化时，泥质应满足《城镇污水处理厂污泥处置　园林绿化用泥质》（CJ 248）的规定和有关标准要求。污泥必须首先进行稳定化和无害化处理，并根据不同地域的土质和植物习性等，确定合理的施用范围、施用量、施用方法和施用时间。

3.2.2　污泥用于盐碱地、沙化地和废弃矿场等土地改良时，泥质应符合《城镇污水处理厂污泥处置　土地改良泥质》（CJ/T 291）的规定；并应根据当地实际，进行环境影响评价，经有关主管部门批准后实施。

3.2.3　污泥农用时，污泥必须进行稳定化和无害化处理，并达到《农用污泥中污染物控制标准》（GB 4284）等国家和地方现行的有关农用标准和规定。污泥衍生产品应通过场地适用性环境影响评价和环境风险评估，并经有关部门审批后方可实施。污泥农用应严格控制施用量和施用期限。

3.3　污泥建筑材料综合利用。有条件的地区，应积极推广污泥建筑材料综合利用。污泥建筑材料综合利用是指污泥的无机化处理，用于制作水泥添加料、制砖、制轻质骨料和路基材料等。污泥建筑材料利用应符合国家和地方的相关标准和规范要求，并严格防范在生产和使用中造成二次污染。

3.4　污泥填埋。不具备土地利用和建筑材料综合利用条件的污泥，可采用填埋处置。国家将逐步限制未经无机化处理的污泥在垃圾填埋场填埋。污泥填埋应满足《城镇污水处理厂污泥处置　混合填埋泥质》（CJ/T 249）的规定；填埋前的污泥需进行稳定化处理；

横向剪切强度应大于 $25kN/m^2$；填埋场应有沼气利用系统，渗滤液能达标排放。

4 污泥处理技术路线

4.1 在污泥浓缩、调理和脱水等实现污泥减量化的常规处理工艺基础上，根据污泥处置要求和相应的泥质标准，选择适宜的污泥处理技术路线。

4.2 污泥以园林绿化、农业利用为处置方式时，鼓励采用厌氧消化或高温好氧发酵（堆肥）等方式处理污泥。

4.2.1 厌氧消化处理污泥。鼓励城镇污水处理厂采用污泥厌氧消化工艺，产生的沼气应综合利用；厌氧消化后污泥在园林绿化、农业利用前，还应按要求进行无害化处理。

4.2.2 高温好氧发酵处理污泥。鼓励利用剪枝、落叶等园林废弃物和砻糠、谷壳、秸秆等农业废弃物作为高温好氧发酵添加的辅助填充料，污泥处理过程中要防止臭气污染。

4.3 污泥以填埋为处置方式时，可采用高温好氧发酵、石灰稳定等方式处理污泥，也可添加粉煤灰和陈化垃圾对污泥进行改性。

4.3.1 高温好氧发酵后的污泥含水率应低于40％。

4.3.2 鼓励采用石灰等无机药剂对污泥进行调理，降低含水率，提高污泥横向剪切力。

4.4 污泥以建筑材料综合利用为处置方式时，可采用污泥热干化、污泥焚烧等处理方式。

4.4.1 污泥热干化。采用污泥热干化工艺应与利用余热相结合，鼓励利用污泥厌氧消化过程中产生的沼气热能、垃圾和污泥焚烧余热、发电厂余热或其他余热作为污泥干化处理的热源；不宜采用优质一次能源作为主要干化热源；要严格防范热干化可能产生的安全事故。

4.4.2 污泥焚烧。经济较为发达的大中城市，可采用污泥焚烧工艺。鼓励采用干化焚烧的联用方式，提高污泥的热能利用效率；鼓励污泥焚烧厂与垃圾焚烧厂合建；在有条件的地区，鼓励污泥作为低质燃料在火力发电厂焚烧炉、水泥窑或砖窑中混合焚烧。

4.4.3 污泥焚烧的烟气应进行处理，并满足《生活垃圾焚烧污染控制标准》（GB 18485）等有关规定。污泥焚烧的炉渣和除尘设备收集的飞灰应分别收集、储存、运输。鼓励对符合要求的炉渣进行综合利用；飞灰需经鉴别后妥善处置。

5 污泥运输和储存

5.1 污泥运输。鼓励采用管道、密闭车辆和密闭驳船等方式；运输过程中应进行全过程监控和管理，防止因暴露、洒落或滴漏造成的环境二次污染；严禁随意倾倒、偷排污泥。

5.2 污泥中转和储存。需要设置污泥中转站和储存设施的，可参照《城市环境卫生设施设置标准》（CJJ 27）等规定，并经相关主管部门批准后方可建设和使用。

6 污泥处理处置安全运行与监管

6.1 国家和地方相关主管部门应加强对污泥处理处置设施规划、建设和运行的监管；

污泥处理处置设施运营单位（以下简称运营单位）应保障污泥处理处置设施的安全稳定运行。

6.2　运营单位应严格执行国家有关安全生产法律法规和管理规定，落实安全生产责任制；执行国家相关职业卫生标准和规范，保证从业人员的卫生健康；应制定相关的应急处置预案，防止危及公共安全的事故发生。

6.3　城镇污水处理厂、污泥运输单位和各污泥接收单位应建立污泥转运联单制度，并定期将记录的联单结果上报地方相关主管部门。

6.4　运营单位应建立完备的检测、记录、存档和报告制度，并对处理处置后的污泥及其副产物的去向、用途、用量等进行跟踪、记录和报告，相关资料至少保存5年。

6.5　地方相关主管部门应按照各自的职责分工，对污泥土地利用全过程进行监督和管理。污泥土地利用单位应委托具有相关资质的第三方机构，定期对污泥衍生产品土地利用后的环境质量状况变化进行评价。污泥处理处置场所应禁止放养家畜、家禽。

6.6　地方相关主管部门应加强对填埋场的监督和管理。填埋场运营单位应按照国家相关标准和规范，定期对污泥泥质、填埋场场地的水、气、土壤等本底值及作业影响进行监测。

6.7　污泥焚烧运营单位应按照国家相关标准和规范，定期对污泥性质、污泥量、排放废水、烟气、炉渣、飞灰等进行监测。污泥综合利用单位还需对污泥衍生产品的性质和数量进行监测和记录。

7　污泥处理处置保障措施

7.1　国务院有关部门和地方主管部门应加强污泥处理处置标准规范的制定和修订，规范污泥处理处置设施的规划、建设和运营。

7.2　地方人民政府应进一步提高污水处理费的征收力度和管理水平，污水处理费应包括污泥处理处置运营成本；通过污水处理费、财政补贴等途径落实污泥处理处置费用，确保污泥处理处置设施正常稳定运营。

7.3　各级政府应加大对污泥处理处置设施建设的资金投入，对于列入国家鼓励发展的污泥处理处置技术和设备，按规定给予财政和税收优惠；建立多元化投资和运营机制，鼓励通过特许经营等多种方式，引导社会资金参与污泥处理处置设施建设和运营。

附录二 关于印发城镇污水处理厂污泥处理处置技术指南（试行）的通知

建科〔2011〕34号

各省、自治区，直辖市及计划单列市住房和城乡建设厅（委、局），发展改革委，北京、天津、上海市水务局，重庆市市政管委，海南省水务厅，新疆生产建设兵团建设局、发展改革委：

近年来，各地贯彻落实国家节能减排政策措施，城镇污水处理得到迅速发展，城镇水环境治理取得显著成效。但同时城镇污水处理厂污泥大部分未得到无害化处理处置，资源化利用相对滞后。为指导各地做好城镇污水处理厂污泥处理处置工作，住房城乡建设部、国家发展改革委共同组织编制了《城镇污水处理厂污泥处理处置技术指南（试行）》，现印发给你们，请结合本地区实际情况参照执行。执行过程中的有关情况和意见请及时反馈我们。

附件：城镇污水处理厂污泥处理处置技术指南（试行）（略）

中华人民共和国住房和城乡建设部
中华人民共和国国家发展和改革委员会
二〇一一年三月十四日

城镇污水处理厂污泥处理处置技术指南（试行）

前言

近年来，在国家节能减排和积极的财政政策作用下，城镇污水处理得到迅速发展，城镇水环境治理取得显著成效。但是必须看到，城镇污水处理过程产生的大量污泥还未普遍得到有效处理处置。这些污泥非常容易对地下水、土壤等造成二次污染，成为环境安全和公众健康的威胁，影响国家节能减排战略实施的积极效果。因此，污泥处理处置作为我国城镇减排的重要内容，必须采取有效措施，切实推进技术和工程措施的落实，满足我国节能减排战略实施的总体要求。

为指导各地城镇污水处理厂污泥处理处置设施的建设，按照无害化、资源化与低碳节能相结合的原则，因地制宜地科学选择技术路线和建设方案，住房和城乡建设部、国家发展和改革委员会共同组织编制了《城镇污水处理厂污泥处理处置技术指南（试行）》。

本指南编制依据国家和行业相关法律法规、标准规范，总结了近年来我国城镇污水处理厂污泥处理处置的实践经验和研究成果，借鉴了国外的先进经验，同时在编制过程中广泛地征求了有关方面的意见，对主要问题开展了专题论证，对具体内容进行了反复讨论和修改。

本指南的主要内容包括：总则、污泥的来源与性质、污泥处理处置的技术路线与方案选择、污泥处理的单元技术、污泥处置方式及相关技术、应急处置与风险管理。

本指南由住房和城乡建设部科技发展促进中心负责技术解释。请各单位在使用过程中，总结实践经验，提出意见和建议。

第一章 总则

1 编制目的

为落实《城镇污水处理厂污泥处理处置及污染防治技术政策（试行）》，指导全国城镇污水处理厂污泥处理处置设施更加合理地进行规划建设，为污泥处理处置技术方案选择提供依据，不断提高污泥处理处置的管理水平，防止对环境安全和公众健康造成危害，依据国家和行业相关法律法规和标准规范，编制本指南。

2 适用范围

本指南适用于城镇污水处理厂污泥处理处置技术方案选择及全过程的管理，指导污泥处理处置设施的规划、设计、环评、建设、验收、运营和管理。

3 指导思想

本指南的指导思想是针对国内污泥处理处置的实际需求，结合我国相关政策的要求和现有污泥处理处置设施的运行实践，借鉴国际上污泥处理处置的成功经验，按照安全环保、循环利用、因地制宜等重要原则，科学确定污泥处理处置设施的规划、建设和管理的技术要求。

4 规划建设的基本原则

城镇污水处理厂在新建、改建和扩建时，污泥处理处置设施的建设应执行"三同时"原则，即与污水处理设施同时规划、同时建设、同时投入运行。

应根据污泥特性选择合理的污泥处置方式。污泥处理设施的工艺及建设标准必须满足处置方式的要求。

5 过程管理的基本原则

污泥处理处置应进行全过程管理与控制。

工业废水排入市政污水管网前必须按规定进行厂内预处理，使有毒有害物质达到国家、行业或者地方规定的排放标准。污泥处理处置应根据污泥最终安全处置要求，采取必要的工艺技术措施，强化有毒有害物质的去除，并防止二次污染的产生。污泥处理处置运营单位应建立完善的检测、记录、存档和报告制度；对处理处置后的污泥及其副产物的去向、用途、用量等进行跟踪、记录和报告。

第二章 污泥的来源与性质

1 污泥的产生

城镇污水处理厂污泥是污水处理的产物，主要来源于初次沉淀池、二次沉淀池等工艺环节。每 $1\times10^4\,\mathrm{m}^3$ 污水经处理后污泥产生量（按含水率80%计）一般约为 $5\sim10\mathrm{t}$，具体产量取决于排水体制、进水水质、污水及污泥处理工艺等因素。

2 污泥的性质

污泥性质主要包括物理性质、化学性质和卫生学指标等方面，污泥性质是选择污泥处理处置工艺的重要依据。

2.1 物理性质

污泥的物理性质主要有含水率、比阻等指标。

含水率是指污泥中所含水分的质量与污泥质量之比。初沉污泥的含水率通常为97%～98%；活性污泥的含水率通常为99.2%～99.8%；污泥经浓缩之后，含水率通常为94%～96%；经脱水之后，可使含水率降低到80%左右。

污泥比阻为单位过滤面积上，过滤单位质量的干固体所受到的阻力，其单位为m/kg。通常，初沉污泥$(20\sim60)\times10^{12}\,m/kg$，活性污泥比阻为$(100\sim300)\times10^{12}\,m/kg$，厌氧消化污泥比阻为$(40\sim80)\times10^{12}\,m/kg$。一般来说，比阻小于$1\times10^{11}\,m/kg$的污泥易于脱水，大于$1\times10^{13}\,m/kg$的污泥难以脱水。机械脱水前应进行污泥的调理，以降低比阻。

2.2 化学性质

污泥化学性质复杂，影响污泥处理处置技术方案选择的主要因素，包括挥发分、植物营养成分、热值、重金属含量等。

挥发分是污泥最重要的化学性质，决定了污泥的热值与可消化性。一般情况下，初沉污泥挥发性固体的比例为50%～70%，活性污泥为60%～85%，经厌氧消化后的污泥为30%～50%。

污泥的植物营养成分主要取决于污水水质及其处理工艺。我国污水处理厂污泥中植物营养成分总体状况，见表2-1。

表 2-1 我国城镇污水处理厂污泥的植物营养成分（以干污泥计）　　　单位：%

污泥类型	总氮（TN）	磷（P_2O_5）	钾（K）
初沉污泥	2.0～3.4	1.0～3.0	0.1～0.3
活性污泥	3.5～7.2	3.3～5.0	0.2～0.4

污泥的热值与污水水质、排水体制、污水及污泥处理工艺有关。各类污泥的热值，见表2-2。

表 2-2 各类污泥的热值

污泥类型	热值（以干污泥计）/（MJ/kg）
初沉污泥	15～18
初沉污泥与剩余活性污泥混合	8～12
厌氧消化污泥	5～7

污泥中的有毒有害物质主要指重金属和持久性有机物等物质。我国2006年140个城镇污水处理厂污泥中重金属含量，见表2-3。

表 2-3 我国 2006 年 140 个城镇污水处理厂污泥中重金属含量

单位：mg/kg（干污泥）

项目	Cd	Cu	Pb	Zn	Cr	Ni	Hg	As
平均值	2.01	219	72.3	1058	93.1	48.7	2.13	20.2
最大值	999	9592	1022	30098	6365	6206	17.5	269
最小值	0.04	51	3.6	217	20	16.4	0.04	0.78

2.3 卫生学指标

卫生学指标主要包括细菌总数、粪大肠菌群数、寄生虫卵含量等。

初沉污泥、活性污泥及消化污泥中细菌、粪大肠菌群及寄生虫卵的一般数量见，表2-4。

表2-4　城镇污水处理厂污泥中细菌与寄生虫卵均值表（以干污泥计）

污泥类型	细菌总数/(10^5 个/g)	粪大肠菌群数/(10^5 个/g)	寄生虫卵/(10 个/g)
初沉污泥	471.7	158.0	23.3（活卵率78.3%）
活性污泥	738.0	12.1	17.0（活卵率67.8%）
消化污泥	38.3	1.2	13.9（活卵率60%）

第三章　污泥处理处置的技术路线与方案选择

第一节　国内外污泥处理处置的现状及发展趋势

1　国外污泥处理处置的现状及发展趋势

发达国家经几十年的发展，污泥处理处置技术路线已相对成熟，相关的法律法规及标准规范已比较完善。

欧洲污泥处置最初的主要方式是填埋和土地利用。20世纪90年代以来，可供填埋的场地越来越少，污泥处理处置的压力越来越大，欧洲建设了一大批污泥干化焚烧设施。由于污泥干化焚烧投资和运行费用较高，同时污泥中有害成分又逐步减少，使污泥土地利用重新受到重视，成为污泥处置方案的重要选择。近几年总的趋势是土地利用的比例越来越高，欧盟及绝大部分欧洲国家越来越支持污泥的土地利用。目前，德国、英国和法国每年产生的污泥（干重）分别为 220×10^4 t、120×10^4 t 和 85×10^4 t，作为农用方向土地利用的比例分别已达到40%、60%和60%。

北美地区虽然土地资源充足，但卫生填埋总体较少，污泥处理处置的技术路线一直是农用为主，且为污泥农用做了大量安全性评价工作。目前，美国16000座污水处理厂年产 710×10^4 t 污泥（干重）中约60%经厌氧消化或好氧发酵处理成生物固体，用做农田肥料。另外，有17%填埋，20%焚烧，3%用于矿山恢复的覆盖。

日本由于土地限制，污泥处理处置的主要技术路线是焚烧后建材利用为主，农用与填埋为辅。近年来，日本开始调整原有的技术路线，更加注重污泥的生物质利用，逐步减少焚烧的比例。

综上，欧美国家目前比较明确的将土地利用作为污泥处置的主要方式和鼓励方向。土地利用主要包括三个方面：一是作为农作物、牧场草地肥料的农用；二是作为林地、园林绿化肥料的林用；三是作为沙荒地、盐碱地、废弃矿区改良基质的土壤改良。由于运输距离、操作难度等客观因素，污泥农用量又远高于林用和土壤改良。另外，欧美普遍采用厌氧消化和好氧发酵技术对污泥进行稳定化和无害化处理。其中50%以上的污泥都经过了厌氧消化处理。

美国还另外建设了700多套好氧发酵处理设施。污泥的厌氧消化或好氧发酵为污泥的土地利用，尤其是农用提供了较好的基础。

2　中国污泥处理处置现状

随着我国城镇污水处理率的不断提高，城镇污水处理厂污泥产量也急剧增加。2009

年，全国投入运行的城镇污水处理厂 1992 座，处理污水量 $280 \times 10^8 \, m^3$，产生含水率 80％的污泥约 $2005 \times 10^4 \, t$。随着城镇化水平和污水处理量的增加，污泥量将很快突破 $3000 \times 10^4 \, t$。据不完全统计，目前全国城镇污水处理厂污泥只有小部分进行卫生填埋、土地利用、焚烧和建材利用等，而大部分未进行规范化的处理处置。污泥含有病原体、重金属和持久性有机物等有毒有害物质，未经有效处理处置，极易对地下水、土壤等造成二次污染，直接威胁环境安全和公众健康，使污水处理设施的环境效益大大降低。

第二节 污泥处理处置的原则与基本要求

1 污泥处理处置的原则

按照《城镇污水处理厂污泥处理处置及污染防治技术政策》（试行）的要求，参考国内外的经验与教训，我国污泥处理处置应符合"安全环保、循环利用、节能降耗、因地制宜、稳妥可靠"的原则。

安全环保是污泥处理处置必须坚持的基本要求。污泥中含有病原体、重金属和持久性有机物等有毒有害物质，在进行污泥处理处置时，应对所选择的处理处置方式，根据必须达到的污染控制标准，进行环境安全性评价，并采取相应的污染控制措施，确保公众健康与环境安全。

循环利用是污泥处理处置时应努力实现的重要目标。污泥的循环利用体现在污泥处理处置过程中充分利用污泥中所含有的有机质、各种营养元素和能量。污泥循环利用，一是土地利用，将污泥中的有机质和营养元素补充到土地；二是通过厌氧消化或焚烧等技术回收污泥中的能量。

节能降耗是污泥处理处置应充分考虑的重要因素。应避免采用消耗大量的优质清洁能源、物料和土地资源的处理处置技术，以实现污泥低碳处理处置。鼓励利用污泥厌氧消化过程中产生的沼气热能、垃圾和污泥焚烧余热、发电厂余热或其他余热作为污泥处理处置的热源。

因地制宜是污泥处理处置方案比选决策的基本前提。应综合考虑污泥泥质特征及未来的变化、当地的土地资源及特征、可利用的水泥厂或热电厂等工业窑炉状况、经济社会发展水平等因素，确定本地区的污泥处理处置技术路线和方案。

稳妥可靠是污泥处理处置贯穿始终的必需条件。在选择处理处置方案时，应优先采用先进成熟的技术。对于研发中的新技术，应经过严格的评价、生产性应用以及工程示范，确认可靠后方可采用；在制订污泥处理处置规划方案时，应根据污泥处理处置阶段性特点，同时考虑应急性、阶段性和永久性三种方案，最终应保证永久性方案的实现；在永久方案完成前，可把充分利用其他行业资源进行污泥处理处置作为阶段性方案，并应具有应急的处理处置方案，防止污泥随意弃置，保证环境安全。

2 污泥处理处置设施规划建设的基本要求

污泥处理处置设施建设应首先编制污泥处理处置规划。污泥处理处置规划应与本地区的土地利用、环境卫生、园林绿化、生态保护、水资源保护、产业发展等有关专业规划相协调，符合城乡建设总体规划，并纳入城镇排水或污水处理设施建设规划。污泥处理处置设施应与城镇污水处理厂同时规划、同时建设、同时投入运行。

污泥处理处置应包括处理与处置两个阶段。处理主要是指对污泥进行稳定化、减量化和无害化处理的过程。处置是指对处理后污泥进行消纳的过程。污泥处理设施的方案选择及规划建设应满足处置方式的要求。在一定的范围内，污泥的稳定化、减量化和无害化等处理设施宜相对集中设置，污泥处置方式可适当多样。污泥处理处置设施的选址，应与水源地、自然保护区、人口居住区、公共设施等保持足够的安全距离。

应根据城镇排水或污水处理设施建设规划，结合现有污水处理厂的运行资料，确定并预测污泥的泥量与泥质，作为合理确定污泥处理处置设施建设规模与技术路线的依据。必要时，还应在污水处理厂服务范围内开展污染源调查、分析未来城镇建设以及产业结构的变化趋势，更加准确地掌握泥量和泥质资料。

污泥处理处置设施的规划建设应视当地的具体情况和所确定的应急方案、阶段性方案和永久性方案制定具体的实施方案，并处理好三种方案的衔接，同时应加快永久性方案的实施。污泥处理处置设施还应预先规划备用方案，以保证污泥的稳定处理与处置，应急处理处置方案可视情况作为备用方案。利用其他行业资源确定的污泥处理处置方案宜作为阶段性方案，不宜作为永久性方案。

污泥处理处置应根据实际需求，建设必要的中转和储存设施。污泥中转和储存设施的建设应符合《城市环境卫生设施设置标准》CJJ 27 等规定。

污泥处理处置设施建设时，相应安全设施的建设也必须执行同时规划、同时建设、同时投入的原则，确保污泥处理处置设施的安全运行。

污泥处理设施的工艺及建设标准应满足相应污泥处置方式的要求。污泥处理设施尚未满足污泥处置要求的，应加快改造，确保污泥安全处置。

3 污泥处理处置过程管理的基本要求

污泥处理处置应执行全过程管理与控制原则。应从源头开始制定全过程的污染物控制计划，包括工业清洁生产、厂内污染物预处理、污泥处理处置工艺的强化等环节，加强污染物总量控制。

工业废水排入市政污水管网前必须按规定进行厂内预处理，使有毒有害物质达到国家、行业或者地方规定的排放标准。

在污泥处理处置过程中，可采用重金属析出及钝化、持久性有机物的降解转化及病原体灭活等污染物控制技术，以满足不同污泥处置方式的要求，实现污泥的安全处置。

污泥运输应采用密闭车辆和密闭驳船及管道等输送方式。加强运输过程中的监控和管理，严禁随意倾倒、偷排等违法行为，防止因暴露、洒落或滴漏造成对环境的二次污染。城镇污水处理厂、污泥运输单位和各污泥接收单位应建立污泥转运联单制度，并定期将转运联单统计结果上报地方相关主管部门。

污泥处理处置运营单位应建立完善的检测、记录、存档和报告制度，对处理处置后的污泥及其副产物的去向、用途、用量等进行跟踪、记录和报告，并将相关资料保存 5 年以上。

应由具有相应资质的第三方机构，定期就污泥土地利用对土壤环境质量的影响、污泥填埋对场地周围综合环境质量的影响、污泥焚烧对周围大气环境质量的影响等方面进行安全性评价。

污泥处理处置运营单位应严格执行国家有关安全生产法律法规和管理规定，落实安全生产责任制；执行国家相关职业卫生标准和规范，保证从业人员的卫生健康；制定相关的应急处置预案，防止危及公共安全的事故发生。

<h3 style="text-align:center">第三节　污泥处理处置方案选择与评价</h3>

1　污泥处置方式的选择

污泥处置包括土地利用、焚烧及建材利用、填埋等方式。应综合考虑污泥泥质特征及未来的变化、当地的土地资源及环境背景状况、可利用的水泥厂或热电厂等工业窑炉状况、经济社会发展水平等因素，结合可采用的处理技术，合理确定本地区的主要污泥处置方式或组合。根据处置方式确定具体技术方案时，应进行经济性分析、环境影响分析以及碳排放分析。

1.1　污泥土地利用

应首先调查本地区可利用土地资源的总体状况，按照国家相关标准要求，结合污泥泥质以及厌氧消化、好氧发酵等处理技术，优先研究污泥土地利用的可行性。鼓励将城镇生活污水产生的污泥经厌氧消化或好氧发酵处理后，严格按国家相关标准进行土地利用。如果当地存在盐碱地、沙化地和废弃矿场，应优先使用污泥对这些土地或场所进行改良，实现污泥处置。用于土地改良的泥质应符合《城镇污水处理厂污泥处置土地改良用泥质》GB/T 24600 的规定。应对改良方案进行环境影响评价，防止对地下水以及周围生态环境造成二次污染。

当污泥经稳定化和无害化处理满足《城镇污水处理厂污泥处置园林绿化用泥质》GB/T 23486 的规定和有关标准要求时，应根据当地的土质和植物习性，提出包括施用范围、施用量、施用方法及施用期限等内容的污泥园林绿化或林地利用方案，进行污泥处置。

当污泥经稳定化和无害化处理达到《城镇污水处理厂污泥处置　农用泥质》CJ/T 309 等国家和地方现行的有关农用标准和规定时，应根据当地的土壤环境质量状况和农作物特点及《土壤环境质量标准》GB 15618，研究提出包括施用范围、施用量、施用方法及施用期限等内容的污泥农用方案，经污泥施用场地适用性环境影响评价和环境风险评估后，进行污泥农用并严格进行施用管理。

污泥土地利用方案通常包括以上三种土地利用形式，每一种形式的利用量可考虑随季节等因素进行动态调整。

当污泥以农用、园林绿化为土地利用方式时，可采用厌氧消化或高温好氧发酵等工艺对污泥进行处理。有条件的污水处理厂，应首先考虑采用污泥厌氧消化对污泥进行稳定化及无害化处理的可行性，污泥消化产生的沼气应收集利用。为提高能量回收率，可采用超声波、高温高压热水解等污泥破解技术，对剩余活性污泥在厌氧消化前进行预处理。当污水处理厂厌氧消化所需场地条件不具备，或污水处理厂规模较小时，可将脱水后污泥集中运输至统一场地，采用厌氧消化或高温好氧发酵等工艺对脱水污泥进行稳定化及无害化处理。高温好氧发酵工艺应维持较高的温度与足够的发酵时间，以确保污泥泥质满足土地利用要求。

如污泥泥质经处理后暂不能达到土地利用标准，应制定降低污泥中有毒有害物质的对策，研究土地利用作为永久性处置方案的可行性。

1.2　污泥焚烧及建材利用

当污泥不具备土地利用条件时，可考虑采用焚烧及建材利用的处置方式。

当污泥采用焚烧方式时，应首先全面调查当地的垃圾焚烧、水泥及热电等行业的窑炉状况，优先利用上述窑炉资源对污泥进行协同焚烧，降低污泥处理处置设施的建设投资。当污泥单独进行焚烧时，干化和焚烧应联用，以提高污泥的热能利用效率。污泥焚烧后的灰渣，应首先考虑建材综合利用；若没有利用途径时，可直接填埋；经鉴别属于危险废物的灰渣和飞灰，应纳入危险固体废弃物管理。

污泥也可直接作为原料制造建筑材料，经烧结的最终产物可以用于建筑工程的材料或制品。建材利用的主要方式有：制作水泥添加料、制陶粒、制路基材料等。污泥用于制作水泥添加料也属于污泥的协同焚烧过程。污泥建材利用应符合国家、行业和地方相关标准和规范的要求，并严格防止在生产和使用中造成二次污染。

1.3 污泥填埋

当污泥泥质不适合土地利用，且当地不具备焚烧和建材利用条件，可采用填埋处置。

污泥填埋前需进行稳定化处理，处理后泥质应符合《城镇污水处理厂污泥处置混合填埋用泥质》GB/T 23485 的要求。污泥以填埋为处置方式时，可采用石灰稳定等工艺对污泥进行处理，也可通过添加粉煤灰或陈化垃圾对污泥进行改性处理。污泥填埋处置应考虑填埋气体收集和利用，减少温室气体排放。严格限制并逐步禁止未经深度脱水的污泥直接填埋。

2 典型污泥处理处置方案

2.1 厌氧消化后进行土地利用

该方案可有以下具体操作方案：

厌氧消化──→脱水──→自然干化（或好氧发酵）──→土地利用（用于改良土壤、园林绿化、限制性农用）；

脱水──→厌氧消化──→脱水──→自然干化（或好氧发酵）──→土地利用（用于改良土壤、园林绿化、限制性农用）；

厌氧消化（或脱水后厌氧消化）──→罐车运输──→直接注入土壤（改良土壤、限制性农用）。

对于城镇生活污水为主产生的污泥，该类方案能实现污泥中有机质及营养元素的高效利用，实现能量的有效回收，不需要大量物料及土地资源消耗。厌氧消化后的污泥泥质能够达到限制性农用、园林绿化或土壤改良的标准，可优先考虑采用。

2.2 好氧发酵后进行土地利用

该方案有以下具体操作方案：

脱水──→高温好氧发酵──→土地利用（用于土壤改良、园林绿化、限制性农用）；

脱水──→高温好氧发酵──→园林绿化等分散施用。

对于城镇生活污水为主产生的污泥，该类方案能实现污泥中有机质及营养元素的高效利用。好氧发酵后的污泥泥质能够达到限制性农用、园林绿化或土壤改良的标准，是较好的选择。

2.3 工业窑炉协同焚烧

该方案有以下具体操作方案：

脱水或深度脱水──→在水泥窑、热电厂或垃圾焚烧炉协同焚烧；

脱水──→石灰稳定──→在水泥窑协同焚烧利用。

利用工业窑炉协同焚烧污泥其本质仍属于焚烧，但利用现有窑炉，可降低建设投资，缩短建设周期。

当污泥中的有毒有害物质含量很高，且有可供利用的工业窑炉情况下，可优先将工业窑炉协同焚烧作为污泥的阶段性处理处置方案。如污泥中有毒有害物质在较长时期内不可能降低时，应规划独立的干化焚烧系统作为永久性处置方案。

2.4　机械热干化后进行焚烧

该方案有以下具体操作方案：

脱水或深度脱水——热干化——焚烧——灰渣建材利用；

脱水或深度脱水——热干化——焚烧——灰渣填埋。

干化焚烧减量化和稳定化程度较高，占地面积较小。当污泥中的有毒有害物质含量很高且短期不可能降低时，该方案可作为污泥处理处置可行的选择。

2.5　石灰稳定后进行填埋

该方案有以下具体操作方案：

脱水——石灰稳定——堆置——填埋；

脱水——石灰稳定——填埋。

石灰稳定可实现污泥的稳定化和无害化。

用石灰稳定后的污泥可实现消毒稳定、并提高污泥的含固率，处理后的污泥进行填埋可阻止污染物质进入环境，但需要大量的石灰物料消耗和土地资源的消耗，且不能实现资源的回收利用。

当污泥中有毒有害污染物质含量较高，污水处理厂内建设用地紧张，而当地又有可供填埋的场地时，该方案可作为阶段性、应急或备用的处置方案。

2.6　脱水污泥直接填埋（过渡阶段方案）

该方案有以下具体操作方案：

深度脱水——填埋；

脱水——添加粉煤灰或陈化垃圾对污泥进行改性处理——填埋。

该方案占用土地量大，且导致大量碳排放。当污泥中有毒有害污染物质含量较高，污水处理厂内建设用地紧张，而当地又有可供填埋的场地时，该方案可作为阶段性、应急或备用的过渡阶段处置方案。

3　典型污泥处理处置方案的综合评价

在确定最终的污泥处理处置方案时，应对所选方案进行环境影响、技术经济等方面的综合分析。对于较大规模的污泥处理处置设施，还应对处理处置方案进行碳排放综合评价，尽量实现污泥的低碳处理处置。

本指南此章对各种污泥处理处置方案进行的经济性分析与评价，以及后面各章中对各种方案提出的投资费用及运行费用估算分析，均是基于对目前国内部分典型污泥处理处置工程总结分析的结果，仅供对技术方案进行经济分析时参考。各地在研究确定具体的污泥处理处置工程投资和运行费用时，应结合本地实际，依据可行性研究报告进行详细测算。

典型污泥处理处置方案的综合分析与评价，见表3-1。

在进行碳排放综合评价时，可参照联合国政府间气候变化专门委员会（IPCC）于2006年出版的《国家温室气体调查指南（卷5，废弃物）》［Guidelines for National Greenhouse Gas Inventories（Vol 5，Waste）］中提出的计算方法，来计算不同处理处置过程的碳排放量。未经稳定处理的污泥进行填埋处置是一个高水平碳排放过程。通常，每吨湿污泥可产生400～600 kg二氧化碳当量的直接碳排放。其他典型处理处置方案的碳排放水平均低于污泥直接填埋。

表 3-1　典型污泥处理处置方案的综合分析与评价

典型处理处置方案		厌氧消化＋土地利用	好氧发酵＋土地利用	机械干化＋焚烧	工业窑炉协同焚烧	石灰稳定＋填埋	深度脱水＋填埋
最佳适用的污泥种类		生活污水污泥	生活污水污泥	生活污水及工业废水混合污泥	生活污水及工业废水混合污泥	生活污水及工业废水混合污泥	生活污水及工业废水混合污泥
环境安全性评价	污染因子	恶臭病原微生物	恶臭病原微生物	恶臭烟气	恶臭烟气	恶臭重金属	恶臭重金属
	安全性	总体安全	总体安全	总体安全	总体安全	总体安全	
资源循环利用评价	循环要素	有机质氮磷钾能量	有机质氮磷钾	无机质	无机质	无	无
	资源循环利用效率评价	高	较高	低	低	无	无
能耗物耗评价	能耗评价	低	较低	高	高	低	低
	物耗评价	低	较高	高	高	高	高
技术经济评价	建设费用	较高	较低	较高	较低	较低	低
	占地	较少	较多	较少	少	多	多
	运行费用	较低	较低	高	高	较低	低

在这些典型处理处置过程中，消耗化石能源产生的间接排放是主要的碳排放源，不同过程存在较大的差别。污泥处理处置过程的碳汇来源主要有两部分：一是对厌氧消化以及热转化过程产生的能源进行利用形成的直接碳汇；二是稳定化的污泥进行土地利用时，由于营养质增加降低化肥施用量，以及持水性增强降低灌溉需求形成的间接碳汇。按照IPCC的计算方法，污泥厌氧消化后进行土地利用的方案碳汇可大于碳源，实现负排放。典型污泥处理处置方案的碳排放分析，见表3-2。

表 3-2　典型污泥处理处置方案的碳排放分析

处理处置方案	碳排放分析		总体碳评价
厌氧消化＋土地利用	碳源	电耗间接碳排放； 絮凝剂消耗间接碳排放； 燃料消耗直接或间接碳排放； 甲烷直接排放； 一氧化二氮直接排放	负碳排放
	碳汇	沼气替代化石燃料的碳汇； 土壤的直接碳捕获； 替代氮肥与磷肥的碳汇	

处理处置方案	碳排放分析		总体碳评价
好氧发酵＋土地利用	碳源	电耗间接碳排放； 絮凝剂消耗间接碳排放； 燃料消耗直接或间接碳排放 甲烷直接排放； 一氧化二氮直接排放	低水平碳排放
	碳汇	土壤的直接碳捕获； 替代氮肥与磷肥的碳汇	
机械热干化＋焚烧 工业窑炉协同焚烧	碳源	电耗间接碳排放； 絮凝剂消耗间接碳排放； 燃料消耗直接或间接碳排放； 甲烷直接排放； 一氧化二氮直接排放	中等水平碳排放
	碳汇	焚灰替代石灰等建材原料的 碳汇； 焚灰替代磷肥的碳汇	
石灰稳定＋填埋	碳源	电耗间接碳排放； 石灰消耗间接碳排放	中等水平碳排放
	碳汇	无	
深度脱水＋直接填埋	碳源	电耗间接碳排放； 絮凝剂消耗间接碳排放； 甲烷直接排放； 一氧化二氮直接排放	高水平碳排放
深度脱水＋直接填埋	碳汇	填埋气替代化石燃料的碳汇	

第四章　污泥处理的单元技术

第一节　浓缩脱水技术

1　原理与作用

污泥浓缩的作用是通过重力或机械的方式去除污泥中的一部分水分，减小体积；污泥脱水的作用是通过机械的方式将污泥中的部分间隙水分离出来，进一步减小体积。浓缩污泥的含水率一般可达 94%～96%。脱水污泥的含水率一般可达到 80% 左右。

2　应用原则

污泥浓缩和脱水工艺应根据所采用的污水处理工艺、污泥特性、后续处理处置方式、环境要求、场地面积、投资和运行费用等因素综合确定。

3　常规浓缩与脱水

3.1　浓缩工艺的主要类型及特点

污泥浓缩的方法主要分为重力浓缩、机械浓缩和气浮浓缩。目前经常采用重力浓缩和机械浓缩。

重力浓缩电耗少、缓冲能力强，但其占地面积较大，易产生磷的释放，臭味大，需要增加除臭设施。初沉池污泥用重力浓缩，含水率一般可从 97%～98% 降至 95% 以下；剩余污泥一般不宜单独进行重力浓缩；初沉污泥与剩余活性污泥混合后进行重力浓缩，含水率可由 96%～98.5%降至 95%以下。

机械浓缩主要有离心浓缩、带式浓缩、转鼓浓缩和螺压浓缩等方式，具有占地省、避免磷释放等特点。与重力浓缩相比电耗较高并需要投加高分子助凝剂。机械浓缩一般可将剩余污泥的含水率从 99.2%～99.5%降至 94%～96%。

3.2 脱水工艺主要类型及特点

机械脱水主要有带式压滤脱水、离心脱水及板框压滤脱水等方式。

带式脱水噪声小、电耗少，但占地面积和冲洗水量较大，车间环境较差。带式脱水进泥含水率要求一般为 97.5%以下，出泥含水率一般可达 82%以下。

离心脱水占地面积小、不需冲洗水、车间环境好，但电耗高，药剂量高，噪声大。离心脱水进泥含水率要求一般为 95%～99.5%，出泥含水率一般可达 75%～80%。

板框压滤脱水泥饼含水率低，但占地和冲洗水量较大，车间环境较差。板框压滤脱水进泥含水率要求一般为 97%以下，出泥含水率一般可达 65%～75%。

螺旋压榨脱水和滚压式脱水占地面积小、冲洗水量少、噪声低、车间环境好，但单机容量小，上清液固体含量高，国内应用实例尚不多。螺旋压榨脱水进泥含水率要求一般为 95%～99.5%，出泥含水率一般可达 75%～80%。

4 污泥深度脱水

所谓深度脱水是指脱水后污泥含水率达到 55%～65%，特殊条件下污泥含水率还可以更低。目前，我国城镇污水处理厂大都无初沉池，且不经厌氧消化处理，故脱水后的污泥含水率大都在 78%～85%之间。高含水率给污泥后续处理、运输及处置均带来了很大的难度。因此，在有条件的地区，可进行污泥的深度脱水。

深度脱水前应对污泥进行有效调理。调理作用机制主要是对污泥颗粒表面的有机物进行改性，或对污泥的细胞和胶体结构进行破坏，降低污泥的水分结合容量；同时降低污泥的压缩性，使污泥能满足高干度脱水过程的要求。

调理方法主要有化学调理、物理调理和热工调理三种类型。化学调理所投加化学药剂主要包括无机金属盐药剂、有机高分子药剂、各种污泥改性剂等。物理调理是向被调理的污泥中投加不会产生化学反应的物质，降低或者改善污泥的可压缩性。该类物质主要有：烟道灰、硅藻土、焚烧后的污泥灰、粉煤灰等。热工调理包括冷冻、中温和高温加热调理等方式，常用的为高温热工调理。高温热工调理可分成热水解和湿式氧化两种类型，高温热工调理在实现深度脱水的同时还能实现一定程度的减量化。

目前，各种调理方法与主要机械脱水方式相结合所能达到的脱水效果，见表 4-1。

表 4-1 各种调理方法与主要机械脱水方式相结合的脱水效果

序号	脱水机械 / 调理方式	带式压滤机或者离心脱水机泥饼含水率/%	板框压滤机泥饼泥饼含水率/%
1	采用有机高分子药剂	70～82	65～75
2	采用无机金属盐药剂	—	65～75
3	采用无机金属盐药剂和石灰	—	55～65
4	高温热工调理	50～65	<50
5	化学和物理组合调理	50～65	<50

5 浓缩脱水单元可能引起的二次污染及控制要求

污泥浓缩和脱水过程产生大量恶臭气体，主要产生源为储泥池、浓缩池、污泥脱水机房以及污泥堆置棚或料仓。脱水机房恶臭气体不易散发，是污泥浓缩脱水过程臭气处理的重点区域。

应根据环境影响评价的要求采取除臭措施。新建污水厂应对浓缩池、储泥池、脱水机房、污泥储运间采取封闭措施，通过补风抽气并送到除臭系统进行除臭处理，达标排放；针对除臭的改建工程应根据构筑物的情况进行加盖或封闭，并增设抽风管路及除臭系统。一般采用生物除臭方法，必要时也可采用化学除臭等方法。

第二节 厌氧消化技术

1 原理与作用

厌氧消化是利用兼性菌和厌氧菌进行厌氧生化反应，分解污泥中有机物质，实现污泥稳定化非常有效的一种污泥处理工艺。污泥厌氧消化的作用主要体现在：

（1）污泥稳定化

对有机物进行降解，使污泥稳定化，不会腐臭，避免在运输及最终处置过程中对环境造成不利影响。

（2）污泥减量化

通过厌氧过程对有机物进行降解，减少污泥量，同时可以改善污泥的脱水性能，减少污泥脱水的药剂消耗，降低污泥含水率。

（3）消化过程中产生沼气

它可以回收生物质能源，降低污水处理厂能耗及减少温室气体排放。

厌氧消化处理后的污泥可满足国家《城镇污水处理厂污染物排放标准》GB 18918中污泥稳定化相关指标的要求。

2 应用原则

污泥厌氧消化可以实现污泥处理的减量化、稳定化、无害化和资源化，减少温室气体排放。该工艺可以用于污水厂污泥的就地或集中处理。它通常处理规模越大，厌氧消化工艺综合效益越明显。

3 厌氧消化工艺

3.1 厌氧消化的分类

（1）中温厌氧消化

中温厌氧消化温度维持在 $35℃±2℃$，固体停留时间应大于 20d，有机物容积负荷一般为 $2.0～4.0kg/(m^3 \cdot d)$，有机物分解率可达到 $35\%～45\%$，产气率一般为 $0.75～1.10Nm^3/kg$ VSS（去除）。

（2）高温厌氧消化

高温厌氧消化温度控制在 $55℃±2℃$，适合嗜热产甲烷菌生长。高温厌氧消化有机物分解速度快，可以有效杀灭各种致病菌和寄生虫卵。一般情况下，有机物分解率可达到 $35\%～45\%$，停留时间可缩短至 $10～15d$。缺点是能量消耗较大，运行费用较高，系统操作要求高。

3.2 传统厌氧消化工艺流程与系统组成

传统厌氧消化系统的组成及工艺流程，如图4-1所示。当污水处理厂内没有足够场地建设污泥厌氧消化系统时，可将脱水污泥集中到其他建设地点，经适当浆液化处理后再进行污泥厌氧消化，其系统的组成及工艺流程图，如图4-2所示。

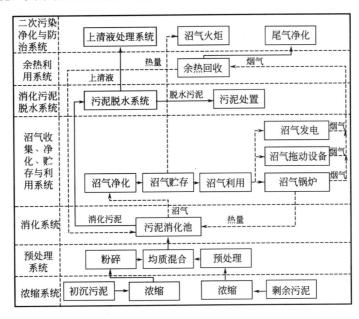

图4-1 传统污泥厌氧消化工艺流程

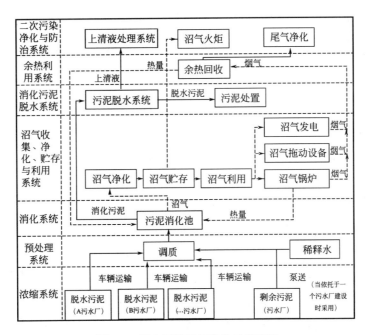

图4-2 脱水污泥厌氧消化工艺流程

传统污泥厌氧消化系统主要包括：污泥进出料系统、污泥加热系统、消化池搅拌系统及沼气收集、净化利用系统。

消化池通常有蛋形和柱形等池形，可根据搅拌系统、投资成本及景观要求来选择。池体可采用混凝土结构或钢结构。在全年气温高的南方地区，消化池可以考虑不设置保温措施，节省投资。沼气搅拌系统可根据系统的要求选择沼气搅拌或机械搅拌。

3.3 厌氧消化新技术

在污泥消化过程中，可通过微生物细胞壁的破壁和水解，提高有机物的降解率和系统的产气量。近年来，开发应用较多的污泥细胞破壁和强化水解技术，主要是物化强化预处理技术和生物强化预处理技术。

（1）基于高温热水解（THP）预处理的高含固污泥厌氧消化技术

该工艺是通过高温高压热水解预处理（Thermal Hydrolysis Pre-Treatment），以高含固的脱水污泥（含固率15%~20%）为对象的厌氧消化技术。工艺采用高温（155~170℃）、高压（6bar）对污泥进行热水解与闪蒸处理，使污泥中的胞外聚合物和大分子有机物发生水解、并破解污泥中微生物的细胞壁，强化物料的可生化性能，改善物料的流动性，提高污泥厌氧消化池的容积利用率、厌氧消化的有机物降解率和产气量，同时能通过高温高压预处理，改善污泥的卫生性能及沼渣的脱水性能、进一步降低沼渣的含水率，有利于厌氧消化后沼渣的资源化利用。

该工艺处理流程，如图4-3所示。此工艺已在欧洲国家得到规模化工程应用。

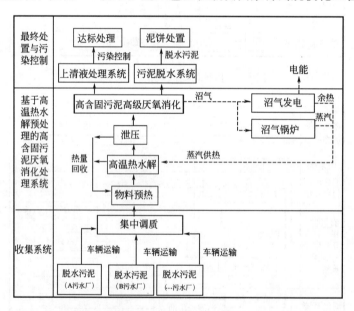

图4-3 基于高温高压热水解预处理的高含固城市污泥厌氧消化流程

（2）其他强化厌氧消化预处理技术

其他强化厌氧消化预处理技术有：

① 生物强化预处理技术。它主要利用高效厌氧水解菌在较高温度下，对污泥进行强化水解或利用好氧或微氧嗜热溶胞菌在较高温下，对污泥进行强化溶胞和水解。

② 超声波预处理技术。它利用超声波"空穴"产生的水力和声化作用破坏细胞，导致细胞内物质释放，提高污泥厌氧消化的有机物降解率和产气率。

③ 碱预处理技术。它主要是通过调节pH值，强化污泥水解过程，从而提高有机物去除效率和产气量。

④ 化学氧化预处理技术。它通过氧化剂如臭氧等，直接或间接的反应方式破坏污泥中微生物的细胞壁，使细胞质进入到溶液中，增加污泥中溶解性有机物浓度，提高污泥的厌氧消化性能。

⑤ 高压喷射预处理技术。它是利用高压泵产生机械力来破坏污泥内微生物细胞的结构，使得胞内物质被释放，从而提高污泥中有机物的含量，强化水解效果。

⑥ 微波预处理技术。微波预处理是一种快速的细胞水解方法，在微波加热过程中表面会产生许多"热点"，破坏污泥微生物细胞壁，使胞内物质溶出，从而达到分解污泥的目的。

4 沼气的收集、贮存及利用

4.1 沼气的性质

沼气成分包括 CH_4、CO_2 和 H_2S 等气体。甲烷的含量为 60%～70%，决定了沼气的热值；CO_2 含量为 30%～40%；H_2S 含量一般为 0.1～10g/Nm^3，会产生腐蚀及恶臭。沼气的热值一般为 21000～25000kJ/Nm^3，约 5000～6000kcal/m^3 及 6.0～7.0kW·h/Nm^3，经净化处理后可作为优质的清洁能源。

4.2 沼气收集、净化与纯化

（1）沼气的收集与储存

沼气是高湿度的混合气，具有强烈的腐蚀性，收集系统应采用高防腐等级的材质。

沼气管道应沿气流方向设置一定的坡度，在低点、沼气压缩机、沼气锅炉、沼气发电机、废气燃烧器、脱硫塔等设备的沼气管线入口、干式气柜的进口和湿式气柜的进出口处都需设置冷凝水去除装置。在消化池和贮气柜适当位置设置水封罐。由于沼气产量的波动以及沼气利用的需求，沼气系统需设置沼气贮柜来调节产气量的波动及系统的压力。沼气贮柜有高压（约 10bar），低压（30～50mbar）和无压三种类型。沼气贮柜的体积应根据沼气的产量波动及需求波动来选择。储存时间通常为 6～24h。为了保证，可根据沼气利用单元的压力要求，在沼气收集系统中设置压力提升装置。

（2）沼气净化

沼气在利用之前，需进行去湿、除浊和脱硫处理。

去湿和除浊处理常采用沉淀物捕集器和水沫分离器（过滤器）来去除沼气中的水沫和沉淀物。应根据沼气利用设备的要求选择沼气脱硫方法。脱硫有物化法和生物法两类。物化法脱硫主要有干法和湿法两种。干式脱硫剂一般为氧化铁。湿法吸收剂主要为 NaOH 或 Na_2CO_3 溶液。生物脱硫是在适宜的温度、湿度和微氧条件下，通过脱硫细菌的代谢作用将 H_2S 转化为单质硫。

（3）沼气纯化

厌氧消化产生的沼气含有 60%～70% 的甲烷，经过提纯处理后，可制成甲烷浓度 90%～95% 以上的天然气，成为清洁的可再生能源。

沼气纯化过程一般沼气经初步除水后，进入脱硫系统，脱硫除尘后的气体在特定反应条件下，全部或部分除去二氧化碳、氨、氮氧化物、硅氧烷等多种杂质，使气体中甲烷浓度达到 90%～95% 以上。

4.3 沼气利用

消化产生的沼气一般可以用于沼气锅炉、沼气发电机和沼气拖动。沼气锅炉利用沼气制热，热效率可达 90%～95%；沼气发电机是利用沼气发电，同时回收发电过程中产生的余热。通常 1Nm³ 的沼气可发电 1.5～2.2 kW·h，补充污水处理厂的电耗；内燃机热回收系统可以回收 40%～50% 的能量，用于消化池加温。沼气拖动是利用沼气直接驱动鼓风机，用于曝气池的供氧。

将沼气进行提纯后，达到相当于天然气品质要求，可作为汽车燃料、民用燃气和工业燃气。

5　厌氧消化系统的运行控制和管理要点

5.1　运行控制要点

（1）系统启动

消化池启动可分为直接启动和添加接种污泥启动两种方式。通过添加接种污泥可缩短消化系统的启动时间，一般接种污泥量为消化池体积的 10%。通常厌氧消化系统启动需 2～3 个月时间。

消化系统启动时先将消化池充满水，并加温到设计温度，然后开始添加生污泥。在初始阶段生污泥添加量一般为满负荷的五分之一，之后逐步增加到设计负荷。在启动阶段需要加强监测与测试，分析各参数以及参数关系的变化趋势，及时采取相应措施。

（2）进出料控制

连续稳定的进出料操作是消化池运行的重要环节。进料浓度、体积及组成的突然变化都会抑制消化池性能。理想的进出料操作是 24h 稳定进料。

（3）温度

温度是影响污泥厌氧消化的关键参数。温度的波动超过 2℃ 就会影响消化效果和产气率。因此，操作过程中需要控制稳定的运行温度，变化范围易控制在 ±1℃ 内。

（4）碱度和挥发酸

消化池总碱度应维持在 2000～5000mg/L，挥发性有机酸浓度一般小于 500mg/L。

挥发性有机酸与碱度反映了产酸菌和产甲烷菌的平衡状态，是消化系统是否稳定的重要指标。

（5）pH 值

厌氧消化过程 pH 值受到有机酸和游离氨，以及碱度等的综合影响。消化系统的 pH 值应在 6.0～8.0 之间运行，最佳 pH 值范围为 6.8～7.2。当 pH 值低于 6.0 或者高于 8.0 时，产甲烷菌会受到抑制，影响消化系统的稳定运行。

（6）毒性

由于 H_2S、游离氨及重金属等对厌氧消化过程有抑制作用。因此，厌氧消化系统的运行要充分考虑此类毒性物质的影响。

5.2　安全管理

为了防止沼气爆炸和 H_2S 中毒，需注意以下事项：

（1）甲烷（CH_4）在空气中的浓度达到 5%～14%（体积比）区间时，遇明火就会产生爆炸。所以，在贮气柜进口管线上、所有沼气系统与外界连通部位以及沼气压缩机、沼气锅炉、沼气发电机等设备的进出口处、废气燃烧器沼气管进口处都需要安装消焰器。同时，在消化池及沼气系统中还应安装过压安全阀、负压防止阀等，避免空气进入沼气系统；

（2）沼气系统的防爆区域应设置 CH_4/CO_2 气体自动监测报警装置，并定期检查其可靠性，防止误报；

（3）消化设施区域应按照受限空间对待。参照行业标准《化学品生产单位受限空间作业安全规范》AQ 3028 执行；

（4）定期检查沼气管路系统及设备的严密性，发现泄漏，应迅速停气检修；

（5）沼气贮存设备因故需要放空时，应间断释放，严禁将贮存的沼气一次性排入大气；放空时应认真选择天气，在可能产生雷雨或闪电的天气严禁放空。另外，放空时应注意下风向有无明火或热源；

（6）沼气系统防爆区域内一律禁止明火，严禁烟火，严禁铁器工具撞击或电焊操作。防爆区域内的操作间地面应敷设橡胶地板，入内必须穿胶鞋；

（7）防爆区域内电气装置设计及防爆设计应遵循《爆炸和火灾危险环境电力装置设计规范》GB 50058 相关规定；

（8）沼气系统区域周围一般应设防护栏、建立出入检查制度；

（9）沼气系统防爆区域的所有厂房、场地应符合国家规定的甲级防爆要求设计。具体遵循《建筑设计防火规范》GB 50016，并可参照《石油化工企业设计防火规范》GB 50160 相关条款。

6　二次污染控制和要求

6.1　消化液的处理与磷的回收利用

污泥消化上清液（沼液）中含有高浓度的氮、磷（氨氮 300～2000mg/L，总磷70～200mg/L）。

沼液肥效很高，有条件时，可作为液态肥进行利用。

针对污泥上清液中高氮磷、低碳源的特点，可采用基于磷酸铵镁（鸟粪石）法的磷回收技术和厌氧氨氧化工艺的生物脱氮技术，对污泥消化上清液进行处理，以免加重污水处理厂水处理系统的氮磷负荷，影响污水处理厂的正常运行。

6.2　消化污泥中重金属的钝化耦合

污泥中的重金属主要以可交换态、碳酸盐结合态、铁锰氧化物结合态、硫化物及有机结合态和残渣态五种形态存在。其中，前三种为不稳定态，容易被植物吸收利用；后两种为稳定态，不易释放到环境中。污泥中锌和镍主要以不稳定态的形式存在；铜主要以硫化物及有机结合态存在；铬主要以残渣态存在；汞、镉、砷、铅等毒性大的金属元素几乎全部以残渣态存在。在污泥的厌氧消化过程中，硫酸盐还原菌、酸化细菌等能促使污泥中硫酸盐的还原和含硫有机质的分解，而生成 S^{2-}。所生成的硫离子能够与污泥中的重金属反应生成稳定的硫化物，使铜、锌、镍、铬等重金属的稳定态含量升高，从而降低对环境造成影响。另外，温度、酸度等环境条件的变化，CO_3^{2-} 等无机物以及有机物与重金属的络合；微生物的作用，同样可以引起可交换的离子态向其他形态的转化，使重金属的形态分布趋于稳定态。从而它们可以达到稳定、固着重金属的作用。

6.3 臭气、烟气、沼气和噪声处理

厌氧消化池是一个封闭的系统，通常不会有臭气逸出，但是污泥在输送和贮存过程会有臭气散发。对厌氧消化系统内会散发臭气的点应进行密闭，并设排风装置，引接至全厂统一的除臭装置中进行处理。

沼气燃烧尾气污染物主要为 SO_2 和 NO_x，排放浓度应遵守相关标准的要求。

当沼气产生量高于沼气利用量时或沼气利用系统未工作时，沼气应通过废气燃烧器烧掉沼气发电和沼气拖动设备会产生噪声，产生噪声的设备应设在室内，建筑应采用隔音降噪处理。人员进入时，需戴护耳罩。

7 投资与成本的评价及分析

国内污泥消化系统运行好的项目较少，采用的关键设备和配套设施主要依赖进口。因此目前的投资与运行费用统计尚不具有典型性。

投资成本与系统的构成、污泥性质、自动化程度、设备质量等因素相关。一般情况下，厌氧消化系统的工程投资约为 20 万～40 万元/t 污泥（含水率 80%）（不包括浓缩和脱水）。若采用更多进口设备，投资成本将会增加。

厌氧消化直接运行成本约 60～120 元/t 污泥（含水率 80%）（不包括浓缩和脱水），折合吨水处理成本约 0.05～0.10 元/t。考虑沼气回收利用后，可节省部分运行成本。

第三节 好氧发酵技术

1 原理与作用

好氧发酵通常是指高温好氧发酵，是通过好氧微生物的生物代谢作用，使污泥中有机物转化成稳定的腐殖质的过程。代谢过程中产生热量，可使堆料层温度升高至 55℃ 以上，可有效杀灭病原菌、寄生虫卵和杂草种子，并使水分蒸发，实现污泥稳定化、无害化、减量化。

2 应用原则

污泥好氧发酵处理工艺既可作为土地利用的前处理手段，又可作为降低污泥含水率，提高污泥热值的预处理手段。

污泥好氧发酵厂的选址应符合当地城镇建设总体规划和环境保护规划的规定；与周边人群聚居区的卫生防护距离应符合环评要求。

污泥好氧发酵工艺使用的填充料可因地制宜，利用当地的废料（如秸秆、木屑、锯末、枯枝等）或发酵后的熟料，达到综合利用和处理的目的。

3 好氧发酵工艺与设备

3.1 一般工艺流程

好氧发酵工艺过程主要由预处理、进料、一次发酵、二次发酵、发酵产物加工及存贮等工序组成，如图 4-4 所示。污泥发酵反应系统是整个工艺的核心。

3.2 好氧发酵的工艺类型

发酵反应系统是污泥好氧发酵工艺的核心。工艺流程选择时，可根据工艺类型、物料运行方式、供氧方式的适用条件，进行合理地选择使用，灵活搭配构成各种不同的工艺流程。

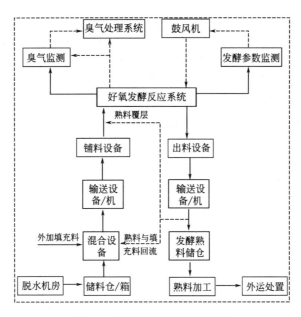

图 4-4　污泥好氧发酵工艺流程

（1）工艺类型

工艺类型分一步发酵工艺和两步发酵工艺。一步发酵优点是工艺设备及操作简单，省去部分进出料设备，动力消耗较少；缺点是发酵仓造价略高，水分散发、发酵均匀性稍差。两步发酵工艺优点是一次发酵仓数少，二次发酵加强翻堆效应，使堆料发酵更加均匀，水分散发较好；缺点是额外增加出料和进料设备。

（2）物料运行方式

按物料在发酵过程中运行方式分为静态发酵，动态发酵，间歇动态发酵。静态发酵设备简单、动力消耗省。动态发酵物料不断翻滚，发酵均匀，水分蒸发好，但能耗较大。间歇动态发酵较均匀，动力消耗介于静态发酵与动态发酵之间。

（3）发酵堆体结构形式

发酵堆体结构形式主要分为条垛式和发酵池式。

条垛式堆体高度一般 1～2m，宽度一般 3～5m。条垛式设备简单，操作方便，建设和运行费用低，但堆体高较低，占地面积较大。由于供氧受到一定的限制，发酵周期较长，堆体表面温度较低，不易达到无害化要求，卫生条件较差。当用地条件宽松、外界环境要求较低时，可选用条垛式，此方式也适用于二次发酵。

发酵池式发酵仓为长槽形，发酵池上小下大，侧壁有 5°倾角，堆高一般控制在 2～3m，设施价格便宜，制作简单，堆料在发酵池槽中，卫生条件好，无害化程度高，二次污染易控制，但占地面积较大。

（4）供氧方式

供氧方式有自然通风、强制通风、强制抽风、翻堆、强制通风加翻堆。

自然通风能耗低，操作简单。供氧靠空气由堆体表面向堆体内扩散，但供氧速度慢，供气量小，易造成堆体内部缺氧或无氧，发生厌氧发酵；另外堆体内部产生的热量难以达到堆体表面，表层温度较低，无害化程度较低，发酵周期较长，表层易滋生蚊蝇类。需氧量较低时（如二次发酵）可采用。

强制通风的风量可精确控制，能耗较低，空气由堆体底部进入，由堆体表面散出，表层升温速度快，无害化程度高好，发酵产品腐熟度高。但发酵仓尾气不易收集。

强制抽风的风量易控制，能耗较低，但堆体表层温度低，无害化程度差，表层易滋生蝇类。堆体抽出气体易冷凝成的腐蚀性液体，对抽风机侵蚀较严重。

翻堆有利于供氧与物料破碎，但翻堆能耗高，次数过多增加热量散发，堆体温度达不到无害化要求。次数过少，不能保证完全好氧发酵。一次发酵翻堆供氧宜与强制供氧联合使用。二次发酵可采用翻堆供氧。

强制通风加翻堆，通风量易控制，有利于供氧、颗粒破碎和水分的蒸发及堆体发酵均匀。但投资、运行费用较高，能耗大。

（5）发酵温度

温度是影响发酵过程的关键工艺参数。高温可以加快好氧发酵速率，更有利于杀灭病原体等有害生物，但温度过高（>70℃），对嗜高温微生物也会产生抑制作用，导致其休眠或死亡，影响好氧发酵的速度和效果。因此，好氧发酵过程中要避免堆体温度过高，以确保嗜高温微生物菌群的最优环境条件，从而达到加速发酵过程，增强杀灭虫卵、病原菌、寄生虫、孢子以及杂草籽的功能。

频繁的动态翻抛不利于维持高温，会大大延长达到腐熟和无害化的时间，增加能耗和运行成本。

通风过程可以补充氧气，促进好氧微生物活动和产热，但与此同时也会带走堆体的热量，从而降低堆体温度。

3.3 好氧发酵工艺设备

（1）混合—破碎设备

该设备将脱水污泥与填充料均匀混合后，破碎为粒径均匀的颗粒物料，以保证发酵过程中良好的通风性能。混合设备主要为混料机，其运行功率建议选择 $40 \sim 50 m^3/h$ 为宜。

（2）输送—铺料设备

经过混合后的物料经过输送设备，送入铺料机，并将物料置入相应的发酵仓。一般情况下，输送设备与铺料设备相连接，铺料设备将物料均匀铺入堆体上部，避免堆体压实。铺料机建议选择行走速度为 $4.5 \sim 5.0 m/min$，可堆高度 $1.5 \sim 2.0m$ 为宜。

输送设备应具有防粘功能，易耗部件应易于拆卸和更换。主要输送设备包括皮带机和料仓。成套化的输送-铺料设备适合应用于大中型污泥好氧发酵工程，宜与自动化控制系统相结合，以保证工艺运行的稳定性。

（3）翻抛设备

污泥发酵过程需通过翻抛设备辅助完成供氧，调整堆体结构，均匀温度。对于中等规模污泥发酵厂，采用的翻抛机工作参数建议选择 $250 \sim 300 m^3/h$，操作宽度不宜超过 5m，最大翻抛深度为 2m，行走速度在 1.5m/min。同时还应配备移行车，其功能主要为将翻抛机运送至作业位置，移行车的行走速率建议选择 $4.5 \sim 5.0 m/min$ 为宜。

（4）出料设备

发酵过程结束后，可通过出料设备，将熟料输送至仓外，以便进一步处置。目前一般采用皮带机作为作为出料设备。皮带机一般适用于对工艺自动化运行要求较高的大中型污泥好氧发酵工程，小型污泥好氧发酵可采用铲车出料或人工出料。

（5）供氧设备

在污泥好氧发酵工艺中，应用最多的供氧设备有罗茨风机、高压离心风机、中低压风机等。强制供风方式中，根据风压风量要求，宜采用罗茨风机为宜，一台风机可为多个发酵供风。

（6）监测仪器

污泥高温好氧发酵工艺运行过程中，为保证发酵充分并避免臭气污染，应进行在线监测在线监测的主要指标是臭气指标（NH_3、H_2S）和工艺指标（温度、氧气浓度）。需要配备 NH_3、H_2S、温度、氧气浓度的在线监测仪器。仪器材料应选择以耐腐蚀、灵敏度高、操作简便的属类探头为主。

（7）自动控制操作系统

大中型污泥发酵工程应配备自动控制操作系统，以便达到精确控制发酵参数，缩短发酵周期，促进污泥发酵腐熟。该系统包括操作平台、自动实时采集及反馈控制软件、便携式备等。

3.4 新型膜覆盖高温好氧发酵工艺

膜覆盖高温好氧发酵工艺是一种将微孔功能膜作为脱水污泥好氧发酵处理覆盖物的工技术。

覆盖功能膜的堆体在鼓风的作用下，在膜内形成一个低压内腔，从而使堆体供氧均匀分，温度分布均匀，可以确保发酵物的卫生化水平，保证致病性微生物在发酵过程中得到效杀灭，大大减少敞开式堆体工艺由于局部易发生厌氧而导致的臭气产生。

由于功能膜的微孔特性，覆盖在发酵体上，发酵中的水蒸气和 CO_2 可以自由排出，而病性微生物、气溶胶等被有效隔离。功能膜同时还具有防雨功能，因此可以在室外建立发堆体。

膜覆盖高温好氧发酵工艺的堆体可采用条垛式、发酵池式或简仓式。堆体高度一般 $1.5\sim2.5$m，宽度一般 $4\sim7$m。供氧一般采用堆体底部通风方式，采用中压离心风机供风。

堆体宜单独设立风机，并根据堆体的工艺指标（温度、氧气浓度）对风机进行实时控制。于功能膜的覆盖作用，风机供氧利用率提高，风机功率较小，能耗低。

膜覆盖高温好氧发酵工艺由预处理、进料、一次发酵、二次发酵等工序组成。膜覆盖温好氧发酵工艺发酵产品卫生化程度高、腐熟均匀。

4 好氧发酵设计与运行控制

4.1 预处理

脱水污泥好氧发酵前须进行适当的预处理，以调节适宜的含水率、碳氮比（C/N）等参数，并破碎成较小的颗粒。

污泥发酵前，脱水污泥必须与填充料进行混合、破碎。混合破碎后物料的颗粒直径应≤20mm，含水率为 $55\%\sim60\%$，有机质含量≥35%，C/N 在 $20:1\sim30:1$，pH 值应调整至 $6.0\sim8.0$ 之间。

与脱水污泥混合的填充料要求具有含水率低、C/N比值高、具有一定的强度、颗粒分散性好的特点。可利用剪枝、落叶等园林废弃物和秸秆、木屑、锯末等有机废弃物，或利用已发酵的熟料作为回填料。

4.2 发酵工艺参数与操作条件

（1）卫生学要求

应达到无害化卫生要求，符合现行国家相关卫生标准。

（2）工艺设计参数

供气系统设计要求：供氧方式有自然通风供氧、强制通风供氧，翻堆供氧。在工程中三种供氧方式可相互结合，形成多种供氧方式，但须保证发酵堆体中始终均匀有氧。一次发酵堆体氧气浓度应在5%以上。

发酵仓设计要求：采用风机强制供氧时，堆体高度不宜超过3.0m，当污泥物料含水率较高时，堆体高度不宜超过2m。一次发酵推荐采用发酵池式发酵。

工艺参数监控：温度、氧气、水分、C/N、臭气是影响好氧发酵过程的关键工艺参数。大中型发酵工程应对关键工艺参数进行在线监测和调控，以提高发酵效率和工艺稳定性，达到更好的臭气控制和节能减排效果。对原始污泥和发酵产品的理化性质和卫生学指标也应根据需要进行必要的检测。

进出料设计要求：进料应均匀铺料，防止出现堆体物料挤压；采用布气板系统，可有效避免物料压实，造成的通气不畅。

（3）一次发酵操作条件

发酵堆体中的温度、氧气浓度、耗氧速率监测间隔应以分钟计。条件允许时，建议采用自动采集与实时监测系统获取参数信息，保证发酵通风风量的及时调整。一次发酵堆体氧浓度不低于5%，温度应保持在55℃以上，持续时间不少于6d，总发酵时间不少于7d。一次发酵结束时，发酵污泥须满足表4-2中的相关指标。

表4-2　发酵结束时发酵污泥相关指标

指标	要求
表观	深棕褐色、无臭、呈松散状、不招引苍蝇
卫生指标	蛔虫卵死亡率大于95% 粪大肠菌值大于0.01
耗氧速率	$0.2 \sim 0.3(O_2\%)/min$
含水率	45%以下
种子发芽试验	无抑制效应,种子发芽指数大于60%

4.3 二次发酵工艺参数与操作条件

二次发酵堆体温度建议不高于45℃，二次发酵周期一般在30～50d。二次发酵推荐采用条垛式发酵。二次发酵结束时，发酵污泥须满足表4-3中的相关指标。

表4-3　二次发酵结束时发酵污泥相关指标

表观	灰褐色、无臭、呈松散状、不招引苍蝇
耗氧速率	$0.1(O_2\%)/min$
含水率	45%以下
种子发芽试验	无抑制效应,种子发芽指数大于

5 二次污染控制要求

（1）作业环境要求

作业区的监测项目应包括噪声、粉尘、恶臭气体（H₂S、NH₃等）、细菌总数（空气）；厂内外环境的监测项目应包括大气中单项指标（CO_2、CO、NO_x、飘尘、总悬浮颗粒物）、地面水水质、噪声、蝇类密度和臭级。污泥不宜在厂内外场地上裸卸，场地上散落污泥必须每日清扫；发酵车间构筑物应具有防雨、隔声、防腐功能；应配置换气装置和排水设施；厂内应采取灭蝇措施；在发酵过程中应保证全过程好氧，减少臭气产生；发酵厂宜全封闭运行，发酵车间内需保持微负压，并设计良好的通风条件。恶臭污染物控制建议采用生物除臭法。恶臭气体（H_2S、NH_3等）的允许浓度，应符合现行国家标准《工业企业设计卫生标准》GBZ 1、《工作场所有害因素职业接触限值》GBZ 2 和《恶臭污染物排放标准》GB 14554 的规定。

（2）脱水污泥和发酵产物的储存和输送要求

应避免脱水污泥的长时间储存，脱水污泥储存时间不宜超过 12h；脱水污泥的输送应有良好的衔接，避免污泥散落，尽可能减少臭气污染的发生；应设置污泥发酵产物仓库，仓库容量应按能存储 30d 以上污泥发酵产品来设置。

6 高温好氧发酵工艺的成本评价与分析

根据机械化和自动化水平、工程规模的不同，投资成本可按 25 万～45 万元/［t 污泥（80%含水率）·d］进行估算（不含征地费）。

考虑人工、能耗、调理剂、药剂、设备折旧、维修等因素，运行成本大致为 120～160 元/t 污泥（含水率80%）。

根据处理规模的不同，发酵装置的型式、机械化程度的不同，处理工艺所需的土地面积也不同，一般占地面积可按 150～200m²/t 污泥（80%含水率）进行估算。

第四节　污泥热干化技术

1 原理与作用

为满足污泥后续处置要求，需要进一步降低常规机械脱水污泥的含水率。污泥的热干化是指通过污泥与热媒之间的传热作用，脱除污泥中水分的工艺过程。

2 应用原则

应根据处置的需要和实际条件选择干化的类型和工艺技术。热干化工艺应与余热利用相结合，不宜单独设置热干化工艺。可充分利用污泥厌氧消化处理过程中产生的沼气热能、垃圾和污泥焚烧余热、热电厂余热或其他余热干化污泥。

3 污泥干化工艺与设备

3.1 一般工艺流程

污泥热干化系统主要包括储运系统、干化系统、尾气净化与处理、电气自控仪表系统及其辅助系统等。污泥热干化系统的一般工艺流程，如图4-5所示。

储运系统主要包括料仓、污泥泵、污泥输送机等；干化系统以各种类型的干化工艺设备为核心；尾气净化与处理包括干化后尾气的冷凝和处理系统；电气自控仪表系统包括满足系统测量控制要求的电气和控制设备；辅助系统包括压缩空气系统、给排水系统、通风采暖、消防系统等。

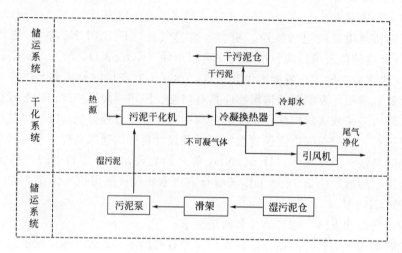

图 4-5　污泥热干化工艺流程

3.2　工艺与设备

（1）工艺设备类型

根据热量传递方式的不同，污泥干化设备分为直接加热和间接加热两种方式。考虑到系统的安全性和防止二次污染，推荐采用间接加热的方式。

（2）干化工艺设备

目前应用较多的污泥干化工艺设备包括流化床干化、带式干化、桨叶式干化、卧式转盘式干化、立式圆盘式干化和喷雾干化等六种工艺设备。干化工艺和设备应综合考虑技术成熟性和投资运行成本，并结合不同污泥处理处置项目的要求进行选择。

① 流化床干化

流化床干化系统中污泥颗粒温度一般为 40～85℃，系统氧含量＜3％，热媒温度 180～220℃。推荐采用间接加热方式，热媒常采用导热油，可利用天然气、燃油、蒸汽等各种热源。流化床干化工艺既可对污泥进行全干化处理，也可半干化，最终产品的污泥颗粒分布较均匀，直径 1～5mm。

流化床干化工艺设备单机蒸发水量 1000～20000kg/h，单机污泥处理能力 30～600t/d（含水率以 80％计）。可用于各种规模的污水处理厂，尤其适用于大型和特大型污水处理厂。干化效果好，处理量大；国内有成功工程经验可以借鉴。但投资和维修成本较高；当污泥含沙量高时应注意采用防磨措施。

② 带式干化

带式干化的工作温度从环境温度到 65℃，系统氧含量＜10％；直接加料，无需干泥返混带式干化工艺设备既可适应于污泥全干化，也适用于污泥半干化。出泥含水率可以自由设置使用灵活。在部分干化时，出泥颗粒的含水率一般可在 15％～40％之间，出泥颗粒中灰尘含量很少；当全干化时，含水率小于 15％，粉碎后颗粒粒径范围在 3～5mm。带式干化工艺设备可采用直接或间接加热方式，可利用各种热源，如天然气、燃油、蒸汽、热水、导热油、来自于气体发动机的冷却水及排放气体等。

带式干化有低温和中温两种方式。低温干化装置单机蒸发水量一般小于1000kg/h，单机污泥处理能力一般小于30t/d（含水率以80％计），只适用于小型污水处理厂；中温干化装置单机蒸发水量可达5000kg/h，全干化时，单机污泥处理能力最高可达约150t/d（含水率以80％计），可用于大中型污水处理厂。由于主体设备为低速运行，磨损部件少，设备维护成本很低运行过程中不产生高温和高浓度粉尘，安全性好；使用比较灵活，可利用多种热源。但单位蒸发量下设备体积比较大；采用循环风量大，热能消耗较大。

③ 桨叶式干化

桨叶式干化通过采用中空桨叶和带中空夹层的外壳，具有较高的热传递面积和物料体积比。污泥颗粒温度<80℃，系统氧含量<10％，热媒温度150～220℃。一般采用间接加热，热媒首选蒸汽，也可采用导热油（通过燃烧沼气、天然气或煤等加热）。干污泥不需返混，出口污泥的含水率可以通过轴的转动速度进行调节，既可全干化，也可半干化。全干化污泥的颗粒粒径小于10mm，半干化污泥为疏松团状。

桨叶式干化工艺设备单机蒸发水量最高可达8000kg/h，单机污泥处理能力达约240t/d（含水率以80％计），适用于各种规模的污水处理厂。结构简单、紧凑；运行过程中不产生高温和高浓度粉尘，安全性高；国内有成功的工程经验可以借鉴。但污泥易黏结在桨叶上影响传热导致热效率下降，需对桨叶进行针对性设计。

④ 卧式转盘式干化

卧式转盘式干化既可全干化，也可半干化。全干化工艺颗粒温度105℃，半干化工艺颗粒温度100℃；系统氧含量<10％；热媒温度200～300℃。采用间接加热，热媒首选饱和蒸汽，其次为导热油（通过燃烧沼气、天然气或煤等加热），也可以采用高压热水。污泥需返混返混污泥含水率一般需低于30％。全干化污泥为粒径分布不均匀的颗粒，半干化污泥为疏松团状。

卧式转盘式干化工艺设备单机蒸发水量为1000～7500kg/h，单机污泥处理能力为30～225t/d（含水率以80％计），适用于各种规模的污水处理厂。结构紧凑，传热面积大，设备占地面积较省。但可能存在污泥附着现象，干化后成疏松团状，需造粒后方可作肥料销售；在国内暂没有工程应用。

⑤ 立式圆盘式干化

立式圆盘式干化又被称为珍珠造粒工艺，仅适用于污泥全干化处理，颗粒温度40～100℃，系统氧含量<5％，热媒温度250～300℃。采用间接加热，热媒一般只采用导热油（通过燃烧沼气、天然气或煤等加热）。返混的干污泥颗粒与机械脱水污泥混合，并将干颗粒涂覆上一层薄的湿污泥，使含水率降至30％～40％。干化污泥颗粒粒径分布均匀，平均直径在1～5mm之间，无须特殊的粒度分配设备。

立式圆盘式干化工艺设备的单机蒸发水量一般为3000～10000kg/h，单机污泥处理能力从90～300t/d（含水率以80％计），适用于大中型污水处理厂。结构紧凑，传热面积大，设备占地面积较省；污泥干化颗粒均匀，可适应的消纳途径较多。仅适用于全干化，对导热油的要求较高；在国内暂没有应用。

⑥ 喷雾干化

喷雾干化系统是利用雾化器将原料液分散为雾滴，并用热气体（空气、氮气、过热蒸汽或烟气）干燥雾滴。原料液可以是溶液、乳浊液、悬浮液或膏糊液。干燥产品根据需要可制成粉状、颗粒状、空心球或团粒状。

喷雾干化采用并流式直接加热，既可用于污泥半干化，也可用于全干化，且无需污泥返混。脱水污泥经雾化器雾化后，雾化液滴粒径在 $30\sim150\mu m$ 之间。热媒首选污泥焚烧高温烟气，其次为热空气（通过燃烧沼气、天然气或煤等产生），也可采用高压过热蒸汽。采用污泥焚烧高温烟气时，进塔温度为 $400\sim500℃$，排气温度为 $70\sim90℃$，污泥颗粒温度小于 $70℃$，干化污泥颗粒粒径分布均匀，平均粒径在 $20\sim120\mu m$ 之间。

喷雾干化工艺设备的单机蒸发能力一般为 $5\sim12000kg/h$，单机处理能力最高可达 $360t/d$（含水率以 80% 计），适用于各种规模的污水处理厂。干燥时间短（以 s 计），传热效率高，干燥强度大采用污泥焚烧高温烟气时，干燥强度可达 $12\sim15kg/$（$m^3 \cdot h$），干化污泥颗粒温度低，结构简单，操作灵活，安全性高，易实现机械化和自动化，占地面积小。但干燥系统排出的尾气中粉尘含量高，有恶臭，需经两级除尘和脱臭处理。国内已有工程实例可借鉴。

3.3 尾气净化与处理

污泥干化后的尾气包括水蒸气和不可凝气体（臭气），需首先进行分离。水蒸气通过冷凝装置冷凝后处理，不可凝气体（臭气）外排。干化尾气冷凝装置可采用喷淋塔或冷凝器。

4 设计与工艺控制

4.1 设计和运行控制要点

（1）污泥热干化程度的选择应遵循下列原则：利用干化工艺自身的技术特点；整个干化通过污泥与热媒之间的传热作用和后续处置系统投资和运行成本应最低；考虑污泥形态（松散度和粒度）对污泥输送、给料系统和后续处置设备的适应性。

（2）按照干化热源的成本，从低到高依次如下：①烟气；②燃煤；③蒸汽；④燃油；⑤沼气；⑥天然气。一般来说间接加热方式可以使用所有的能源，其利用的差别仅在温度、压力和效率。直接加热方式，则因能源种类不同，受到一定限制。其中燃煤炉、焚烧炉的烟气量大，又存在腐蚀性污染物，较难使用。

（3）与干化设备爆炸有关的三个主要因素是氧气、粉尘和颗粒的温度。不同的工艺会有些差异，但总的来说必须控制的安全要素是：流化床式和立式圆盘式的氧气含量小于 5%，带式、桨叶式和卧式转盘式的氧气含量小于 10%；粉尘浓度小于 $60g/m^3$；颗粒温度小于 $110℃$。

（4）湿污泥仓中甲烷浓度控制在 1% 以下；干泥仓中干泥颗粒的温度控制在 $50℃$ 以下。

（5）为避免湿污泥敞开式输送对环境造成影响，应采用污泥泵和管道将湿污泥密封输送入干化机。干化机出料口须设置事故储存仓或紧急排放口，供污泥干化机停运或非正常运行时，暂存或外排。

（6）沙石混入污泥对干化设备的安全性存在着负面影响。对于含沙量较大的污泥，可通过增加耐磨裕量、降低转动部件转速等措施降低换热面的磨损。特别是采用导热油作为热媒介质时，须十分注意。

4.2 二次污染控制要求

污泥干化后蒸发出的水蒸气和不可凝气体（臭气）需进行分离。水蒸气通过冷凝装置冷凝后处理。焚烧厂的废水经过处理后应优先回用。当废水需直接排入水体时，其水质应符合《污水综合排放标准》GB 8978 的规定。

为防止污泥干化过程中臭气外泄，干化装置必须全封闭，污泥干化机内部和污泥干化间需保持微负压。干化后污泥应密封储存，以防止由于污泥温度过高而导致臭气挥发。干化厂恶臭污染物控制与防治应符合《恶臭污染物排放标准》GB 14554 的规定。

干化厂的噪声应符合《城市区域环境噪声标准》GB 3096 和《工业企业厂界噪声标准》GB 12348 的规定，对建筑物内直接噪声源控制应符合《工业企业噪声控制设计规范》GBJ 87 的规定。干化厂噪声控制应优先采取噪声源控制措施。厂区内各类地点的噪声控制宜采取以隔音为主，辅以消声、隔振、吸声的综合治理措施。

5 投资和运行成本的评价及声分析

投资成本是由系统复杂程度、设备国产化率等因素决定的。一般情况下，若有可利用的余热能源，热干化采用国产设备时，单位投资成本在 10 万～20 万元/t 污泥（含水率80%）；若干化设备采用进口设备，单位投资成本在 30 万～40 万元/t 污泥（含水率80%）。

污泥热干化的运行成本是由众多因素所决定的，例如干化热源的价格、最终干化污泥的含水率、是否需单独建设尾气净化系统等，难以转化到具体金额。各种干化设备的具体能耗，如表 4-4 所列。

表 4-4 各种干化设备的具体能耗

干化设备	热量消耗	电耗
流化床	720kcal/kg 蒸发水量	100～200kW·h/t 蒸发水量
带式	760kcal/kg 蒸发水量	50～55kW·h/t 蒸发水量
桨叶式	688kcal/kg 蒸发水量	50～80kW·h/t 蒸发水量
卧式转盘式	688kcal/kg 蒸发水量	50～60kW·h/t 蒸发水量
立式圆盘式	690kcal/kg 蒸发水量	50～60kW·h/t 蒸发水量
喷雾式	850kcal/kg 蒸发水量	80～100kW·h/t 蒸发水量

第五节 石灰稳定技术

1 原理与作用

通过向脱水污泥中投加一定比例的生石灰并均匀掺混，生石灰与脱水污泥中的水分发生反应，生成氢氧化钙和碳酸钙并释放热量。石灰稳定可产生以下作用：

（1）灭菌和抑制腐化。温度的提高和 pH 值的升高可以起到灭菌和抑制污泥腐化的作用，尤其在 pH≥12 的情况下效果更为明显，从而可以保证在利用或处置过程中的卫生安全性；

（2）脱水。根据石灰投加比例（占湿污泥的比例）的不同（5%～30%），可使含水率80%的污泥在设备出口的含水率达到48.2%～74.0%。通过后续反应和一定时间的堆置，含水率可进一步降低；

（3）钝化重金属离子。投加一定量的氧化钙使污泥成碱性，可以结合污泥中的部分金属离子，钝化重金属；

（4）改性、颗粒化。可改善储存和运输条件，避免二次飞灰、渗滤液泄漏。

2 应用原则

污泥的石灰稳定技术可以作为建材利用、水泥厂协同焚烧、土地利用、卫生填埋等污泥处置方式的处理措施。

采用石灰稳定技术应考虑当地石灰来源的稳定性、经济性和质量方面的可靠性。

3 石灰稳定工艺与系统组成

3.1 工艺流程（见图4-6）

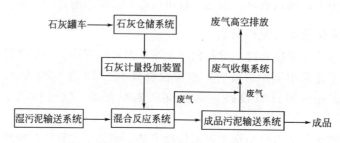

图4-6 石灰稳定工艺系统流程图

3.2 系统组成

（1）输送系统（包括湿泥及成品污泥输送）

一般可选择螺旋输送机或带式输送机，应采用全封闭结构，以防止污泥散发的臭气排放到大气中，影响操作环境，危害操作人员的健康。

（2）石灰仓储与计量给料系统

石灰料仓用来暂时储存罐车运送来的石灰粉料。设有破拱装置、仓顶布袋除尘器、料位器等。计量给料系统应确保在混合反应器开启后，石灰能持续、定量输送至混合反应器内。主要由进料斗、进料料位监测和出料装置、计量投加装置等组成。

（3）干化混合反应系统

作为石灰干化稳定工艺的核心设备，其运行表现直接影响整个项目效果。目前一般选择传统卧式混合搅拌反应器，主要由混合圆筒、工作轴、搅拌元件、在线监测装置等组成。

（4）废气收集及处理系统

污泥石灰稳定工艺中，废气主要特点是高温、高湿、高粉尘浓度、低有毒气体浓度。它的主成分为水蒸气、石灰粉尘、氨气，温度约为30～50℃。针对该类废气，一般选择湿式喷淋塔或增加净化单元可满足处理需求。

4 设计与运行控制

（1）石灰掺混比例

根据污泥含水率、石灰活性及最终处置方式差异，石灰掺混比例可在30％以内调整。不同加钙量的脱水效果，见表4-5。

表 4-5 加钙处理后污泥温度、pH 值及含固量变化（原始污泥含固率22.7％）

编号	石灰与污泥的重量比/％	温度（处理后30min 测量）/℃	在相应时间后的含固率/%		pH 值
			50h	一周	
1	2	28	30.8	33.1	12.5
2	4.6	30	35.9	38.0	12.6
3	6.9	43	39.2	41.4	12.6
4	9	45	48.1	未测	12.6
5	11	58	51.7	未测	12.6
6	14.4	59	54.8	未测	12.6

（2）混合物料的后续反应

石灰-污泥在快速混合后反应仍将不同程度地持续数小时至数天，设计中应优化工艺条件有利于污泥的后续反应及蒸汽的蒸发，可以通过设计混合物料堆置设施（一般为5～10d混合物料的堆置空间）为其进一步的反应提供有利条件，但要考虑粉尘及有毒有害气体的控制。

5 投资及运行成本的评价与分析

相对污泥热干化、焚烧等处置方式，污泥石灰稳定工艺基建投资较低，根据规模及混合设备选型不同，固定资产投资约为2万～4万元/t污泥（含水率80％）。

目前国内工程实例较少，工艺直接运行费用主要由石灰、电、人工、设备维护等费用组成。根据石灰掺混比例不同，单吨运行成本约为50～150元，其中，石灰消耗可占到总运行费用的70％～90％。

第六节 其他技术

1 污泥热解处理技术

污泥热解技术是指污泥中有机质在缺氧条件下加热到一定温度裂解，转化为燃油、燃气、污泥碳和水的技术。根据污泥热解温度和产物的不同，污泥热解处理技术可以分为污泥气化技术、污泥油化技术和污泥炭化技术三大类。

污泥热解技术具有污泥中能量有效回收利用、温室气体排放减少、重金属得以固化、避免二噁英的产生、占地少、运行成本低等特点。

2 污泥水热处理技术

水热处理技术是将污泥加热，在一定温度和压力下使污泥中的黏性有机物水解，破坏污泥的胶体结构，改善脱水性能和厌氧消化性能的技术，也称热调质。

水热处理技术按照处理过程是否通入氧化剂，把水热处理分成热处理（也称为热水解）和湿式氧化两种。热处理没有氧化剂通入，而湿式氧化需要向反应器内通入氧化剂。水热处理按照反应温度和压力的不同，又分为低压、中压、高压氧化以及超临界氧化。按照添加催化剂与否，分为催化氧化和非催化氧化。

水热处理技术可与多种污泥处理、处置技术直接对接、联合使用。经过水热处理后的污泥脱水性能大幅度提高，经机械脱水可获得低含水率的泥饼，为污泥的处理和处置提供了基础；水热处理后污泥可进行高效率的厌氧消化，将污泥中的有机质充分转化为沼气；同时，针对水热处理上清液可引入水处理的高效厌氧工艺中，整体提高污泥处理系统效率；污泥中病原微生物在高温高压环境下被彻底杀灭。

第五章　污泥处置方式及相关技术

第一节　污泥土地利用

1　原理与作用

经无害化和稳定化处理后的污泥及污泥产品，以有机肥、基质、腐殖土、营养土等形式可用于农业、林业、园林绿化和土壤改良等方面，使污泥中的有机质及氮磷等营养资源得以充分利用，同时污泥也可得以有效处置。

2　应用原则

污泥必须经过厌氧消化、好氧发酵等稳定化及无害化处理后，才能进行土地利用。

未经稳定化处理的污泥进行农用时，可造成烧苗现象。污泥经稳定化及无害化处理后，有机污染物得到部分降解，重金属活性得到钝化，通过无害化过程产生的热量将污泥中大肠杆菌、病原菌和虫卵等灭杀，杂草种子灭活，降低了污泥在进行土地利用时的卫生和环境风险，并提高了植保安全性。

3　泥质要求

（1）养分与有机质

以有机肥料形式用于农业用途（包括农田、果园和牧草地等）的污泥，其氮磷钾（N+P_2O_5+K_2O）含量应不低于20g/kg，有机质含量不低于200g/kg。以基质形式用于农业用途（包括草坪基质、容器育苗基质、苗木基质等）的污泥，其氮磷钾总量不低于40g/kg，有机质含量不低于240g/kg。用于园林绿化和林地用途的污泥，其氮磷钾总量不低于30g/kg，有机质含量不低于200g/kg。用于土壤改良和植被恢复途径的污泥，其养分与有机质含量，原则上不做要求。

（2）重金属

用于农业用途的污泥重金属限值须符合《城镇污水处理厂污泥处置农用泥质》CJ/T309标准的要求，可分为A级和B级污泥。A级污泥要求较为严格，可用于蔬菜和粮食作物等食物链作物和纤维作物、饲料作物、油料作物等非食物链作物；B级污泥对重金属限量适度放宽，但只能用于纤维作物、饲料作物、油料作物等非食物链作物。用于园林绿化和林地的污泥重金属限值须符合《城镇污水处理厂污泥处置园林绿化用泥质》GB/T23486标准的要求。

用于沙荒地、盐碱地和矿山废弃地土壤改良的污泥重金属含量应符合《城镇污水处理厂污泥处置　土地改良用泥质》CJ/T291标准的要求。

（3）物理性质

用于农业用途的污泥，粒径不应高于 10mm，无粒径大于 5mm 的杂物。用于育苗基质的污泥其容重应低于 $0.8g/cm^3$，总孔隙度和持水孔隙度分别不低于 60％和 40％，电导率小于 3mS/cm，pH 值应在 6.0～8.0 之间。

（4）腐熟度

以种子发芽指数作为污泥腐熟度的量化指标。用于农业用途的污泥种子发芽指数不低于 60％。园林绿化和林地用途的污泥种子发芽指数不低于 50％。用于基质途径的污泥其种子发芽指数不低于 75％。

（5）卫生指标

进行土地利用处置的污泥蛔虫卵死亡率应不低于 95％，粪大肠菌群值不低于 0.01。

4 土地利用的方式与方法

4.1 依据土地周围环境条件并结合处理方法选择具体的操作方式

湿污泥直接进行土地利用时，有耕作层施用、深层施用等操作方式。当用于污泥处置的土地远离人群，周围环境不敏感时，可在耕作层直接施用。如周围环境敏感，污泥在土地上摊铺后，应及时深翻至耕作层以下，避免恶臭污染。国外有的城市还将未经脱水的泥浆直接注入耕作层。好氧发酵的污泥施用条件较好，一般可在耕作层直接施用。

4.2 依据应用对象对养分的需求特性合理确定污泥施用量

污泥中的氮磷钾无机养分主要以有机态类型存在，因此污泥的养分释放特性以长效和缓释为主。同时，污泥有机态养分中又以易矿化态类型为主，在施用后速效养分释放较其他有机物料更为迅速，因此又兼具速效性。在进行土地利用时，建议考虑应用对象的养分需求特性，对于生长周期较长，特别是需要贮藏养分（如果树、林地等）的应用对象，适当提高污泥用量与添加比例。而对于生长周期较短的作物，适当降低污泥用量。涉及移栽环节的作物，在移栽后应适当增加污泥用量，保证缓苗的养分需求。以基质形式开展土地利用，适当提高污泥添加比例，甚至可全量使用污泥，以保证满足育苗期的充足养分需求。

4.3 不同应用对象的一般施用量

（1）农用为主的有机肥料

以有机肥料形式进行污泥农业应用，其应用对象包括林木、果树、花卉，在一定的限制条件下，也可用于麦谷类粮食作物等，一般作为基肥（底肥）进行应用，也可作为追肥施用。

施用量应根据作物养分需求、土壤养分供应特性和土壤环境容量综合确定，一般作物年度施用量范围控制在 $4\sim8kg/m^2$。对于由污泥制成的有机无机复合（混）肥，由于化肥成分的添加，可适当降低施用量。蔬菜和粮食作物在收获前 30～40d 不应再施用污泥有机肥料。

（2）育苗基质

育苗基质的应用范围包括：蔬菜育苗、林木育苗、花卉育苗等适宜工厂化操作的容器育苗。

对于以育苗基质为途径的土地利用方式，可将污泥视为营养土使用，建议适量提高污泥添加比例，一般占育苗基质体积的 50%～70%，特别是林木育苗基质，可全部采用腐熟污泥作为基质原料。

（3）园林与公路绿化

园林绿化应用对象包括城市绿化带、公园绿化、行道绿化、公路护坡、隔离带及转盘绿化等。一般园林绿化年度施用量应控制在 4～8kg/m²，对于公路绿化和树木类可适当提高至 8～10kg/m²。施用方式以沟施和穴施为主。

（4）林地

包括自然形成的森林和人工速生林等。

一般年度施用量控制在 6～8kg/m²。施用方式以穴施为主。

（5）草坪

适用于人工建植的带土生产和无土生产的草坪。

年度施用量一般应控制在 5～10kg/m²，最高不宜超过 12kg/m²。施用方式以撒施为主。

（6）生态修复与植被恢复

适合在矿山废弃地、退化土地和植被无法生长的沙荒地施用。

年度施用量一般应结合恢复工程条件而确定，一般不高于 3kg/m²，可在施用后的污泥覆盖层上种植恢复性植物。施用方式以覆盖和机械掺混为主。

5　土地利用的环境风险与管理

对于污泥土地利用，应进行全过程的风险管理与控制。全过程风险控制流程，见图 5-1。

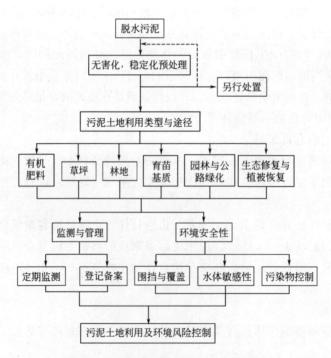

图 5-1　污泥土地利用环境风险控制流程

5.1　重金属与有机污染物风险

污水处理过程中约有50％的污染物聚集在污泥中，特别是重金属一直以来成为公众对污泥担忧的问题所在。实际上，随着污水处理工艺的提高和时间推移，我国污泥重金属含量正呈现逐年降低趋势，污泥土地利用的重金属风险也在逐渐降低。区域内污泥土地利用，应结合土壤重金属背景信息开展，规划和分级适宜污泥土地利用的区域。同时，通过厌氧消化、好氧发酵或添加钝化剂等措施，可以有效降低污泥土地利用的重金属风险。多环芳烃（PAHs）、多氯联苯（PCBs）、有机氯农药（OCPs）等有机污染物通过厌氧消化或好氧发酵可部分降解，减少土地利用时向土壤和作物的转移。因此，采取有针对性的预处理措施，可一定程度上降低重金属和有机污染物的土地利用风险。最重要的是要进一步强化源头控制和管理，严格限制有毒有害的工业废水排入市政下水道。

5.2　病原体

污泥中含有大量细菌、病毒、蛔虫卵，其中一部分为人畜共患病源，因此在污泥土地利用之前，需进行无害化处理。但大部分病虫害的致死温度均在50～60℃，与污泥高温好氧及厌氧发酵的温度要求相符合，因此只要经过高温好氧及厌氧发酵等高温（55℃，5～7d）处理，污泥中病菌、虫卵均得以灭杀（活），实现土地利用病虫害风险最低化。

5.3　杂草

污泥中含有的杂草种子较多，主要源于生活污水夹杂的果蔬种子，其外壳坚硬，在污水处理过程中并未失活，因此沉淀在污泥中仍具有潜在发芽能力。在进行污泥土地利用，特别是在草坪和育苗基质上应用时，应考虑由此可能造成的生物风险。污泥中的杂草有可能成为入侵草种，影响土地利用效果。

5.4　盐害

污泥中盐离子成分复杂且含量较高，特别是氯化钠（NaCl）含量达到普通土壤的20～40倍，已超过普通作物的盐分忍耐范围。因此，在污泥土地利用时，应考虑采取辅助措施，如淋洗脱盐、加大喷灌水量等，降低盐分含量，减少其应用对作物的负面影响。

5.5　对水体的影响

在重要水源地类型的湖库周围1km范围内，不宜进行污泥土地利用。在洪水频繁爆发区域，不建议污泥进行土地利用。在饮用水源地周边和地下水位较高地区，污泥土地利用的施用量应遵循减半原则。在水、冰或雪覆盖地区进行污泥土地利用之前，应该确保径流得到有效控制。禁止在敏感性水体附近区域内，超量和过量施用污泥。

5.6　围挡与覆盖

污泥土地利用的场地平面与水平面角度不大于15°，在坡度大于15°的坡地上进行污泥土地利用时，应在下坡处建立有效围挡措施，防治污泥溢流和雨水冲刷造成污染。用于生态修复和植被恢复的污泥，在施用后应进行土壤覆盖，避免污泥过度积累影响恢复效果。在园林绿化和林地等途径进行土地利用时，应将施用后的污泥翻入土内，混合覆盖。

5.7　定期监测

污泥进行土地利用，应委托有资质的环境评价机构对污泥土地利用进行土壤、水体和大气方面的长期定点监测，其监测数据记录保存时间不低于 6 年。监测指标应包括：重金属（主要为汞、砷、镉、铅、镍、铬、铜和锌）、化学需氧量（COD）、硝态氮、苯并［α］芘、矿物油和多环芳烃类（PAHs），还应包括苍蝇密度和大肠杆菌群总数等。监测频率应依据污泥施用量确定，原则上不低于每季度一次。

5.8 记录备案

污泥在进行土地利用时，污泥产出单位应记录污泥产品去向，同时污泥使用单位应定期向污泥监管单位汇报，建立和完善污泥土地利用登记制度和跟踪体系，保证污泥去向和使用有据可查。对污泥土地利用环境监测数据，应及时上报当地环保主管部门进行备案。

6　土地利用成本分析与经济效益评价（见表 5-1）

污泥土地利用涉及的成本与经济效益因不同用途而异，具体可参见表 5-1。表中并未考虑污泥无害化和稳定化处理成本，若增加此项处理成本，则其投入将相应增加 150～250 元/t 污泥（含水率 80%）；此表也未考虑污泥土地利用后的作物收获与产品产出收入，同时也不包括因未来物价水平波动可能造成的收支调整。总体而言，在条件许可的情况下，相比于污泥其他处置方式，土地利用是比较经济可行的途径之一。特别是污泥作为有机肥料、园林与公路绿化和林地等途径进行土地利用时，其经济效益较为明显。它可结合区域背景，作为污泥土地利用的推荐途径。如果将应用面积和规模考虑在内，草坪和生态与植被恢复，则是合适的污泥土地利用途径，其污泥消纳量较大，应用前景广泛。

表 5-1　污泥土地利用的成本分析与经济效益评价　单位：t 污泥（含水率 45%～50%）

用途	有机肥料	育苗基质	生态修复与植被修复	草坪	园林与公路绿化	林地
成本	包装,20 元 加工,120 元 运费,80 元	包装,20 元 运费,80 元	运费,160 元	运费,80 元	包装,20 元 运费,80 元	运费,160 元
节支	替代有机肥 1t,600 元	替代常规基质 1t,300 元	替代修复材料 2t,200 元	替代土壤或 基质 1t, 300 元	替代有机肥 1t,500 元	替代有机肥 1t,500 元
净效益	380 元	200 元	40 元	220 元	400 元	340 元

第二节　污泥焚烧与协同处置技术

污泥焚烧包括单独焚烧，以及与工业窑炉的协同焚烧。

1　单独焚烧

1.1　原理与作用

污泥焚烧是利用污泥中的热量和外加辅助燃料，通过燃烧实现污泥彻底无害化处置的过程。单独焚烧是指单独建设焚烧设施对污泥进行的焚烧。与工业窑炉的协同焚烧是指利用已有的工业窑炉焚烧污泥。

1.2　应用原则

污泥单独焚烧应与热干化设施联建，充分利用污泥的热值和焚烧热量。单独焚烧设施应与人群聚居区保持足够的安全距离，符合城乡建设总体规划。

1.3 工艺与设备

（1）一般工艺流程

污泥焚烧系统通常包括储运系统、干化系统、焚烧系统、余热利用系统、烟气净化系统、电气自控仪表系统及其辅助系统等。污泥焚烧的一般工艺流程，如图 5-2 所示。

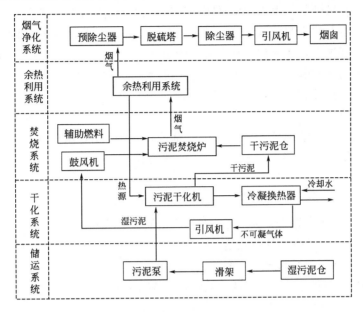

图 5-2　污泥焚烧工艺流程

污泥干化系统和焚烧系统是整个系统的核心；储运系统主要包括料仓、污泥泵、污泥输送机等；烟气净化系统主要包括脱硫塔、自动喷雾系统、活性炭仓、除尘器、碱液系统等；电气自控仪表系统包括能满足系统测量控制要求的电气和控制设备；辅助系统包括压缩空气系统、给排水系统、通风采暖、消防系统等。对于较小规模的污泥处理处置设施，可采用污泥干化焚烧一体化设备。

（2）主要工艺设备类型与参数

污泥焚烧炉主要包括流化床焚烧炉、回转窑式焚烧炉和立式多膛焚烧炉。立式多膛焚烧炉的焚烧能力低、污染物排放较难控制；回转窑式焚烧炉的炉温控制困难、对污泥发热量要求较高；流化床焚烧炉结构简单、操作方便、运行可靠、燃烧彻底、有机物破坏去除率高，目前已经成为主要的污泥焚烧设备。

流化床焚烧炉的基本工作原理是，利用炉底布风板吹出的热风，将污泥悬浮起呈沸腾（流化）状进行燃烧。一般采用惰性床料进行蓄热、流化，再将污泥加入到流化床中与高温的床料接触、传热进行燃烧。流化床污泥焚烧炉通常采用绝热的炉膛，下部设有分配气体的布风板，炉膛内壁衬耐火材料，并装有一定量的床料。气体从布风板下部通入，并以一定速度通过布风板，使床内床料沸腾呈流化状态。污泥从炉侧或炉顶加入，在流化床层内进行干燥、粉碎、气化等过程后，迅速燃烧。烟气中夹带的床料和飞灰，一般用除尘器捕集。床料可返回流化床内。

流化床焚烧炉的典型技术指标，应符合下列要求：①污泥处理量应满足设计要求，波动范围宜为 65%～125%；②流化床焚烧炉密相区温度宜为 850～950℃；③排烟温度大于 180℃。

带式污泥干燥焚烧一体机是将带式污泥干化与焚烧镶嵌同一装置内，适用于较小规模的污泥处理处置。带式污泥干燥装置由上、中、下三层排列的输送带组成。脱水污泥由螺旋输送机送至泥条机，由泥条机旋转压制成泥条均匀地铺设在上输送带，污泥在上输送带的尾端被投至中输送带上，再由中输送带的尾端投到下输送带上，然后继续向前输送至出料口。在上输送带上方安装抽风装置，抽吸焚烧炉的热能和厢体外的干燥空气，使热能和空气从装置的下部进入，穿流整个输送带，带走污泥内的水分。用干化后的污泥进焚烧炉燃烧。污泥燃烧的热能输入干燥厢体用于干燥湿污泥所需的热能。

1.4 干化焚烧系统的能量平衡和余热利用

（1）污泥的热值

实验室测试污泥热值结果多为空气干燥基低位热值 $Q_{ad,net}$（kJ/kg），对于含水率为 M_{ar}（%）的湿污泥，其热值按照式（5-1）进行换算：

$$Q_{ar,net} = (Q_{ad,net} + 23M_{ad}) \frac{100 - M_{ar}}{100 - M_{ad}} - 23M_{ar} \tag{5-1}$$

式中　$Q_{ar,net}$——含水率为 M_{ar}% 的湿污泥低位热值，kJ/kg；

　　　$Q_{ad,net}$——空气干燥基低位热值，kJ/kg；

　　　M_{ad}——空气干燥基的含水率，%。

若实验室测试结果为绝干污泥低位热值，则 $M_{ad}=0$。

（2）干化后污泥量

经过干化后的污泥量通过式（5-2）计算：

$$A_2 = A_1 \frac{100 - M_1}{100 - M_2} \tag{5-2}$$

式中　A_1——干化前湿污泥量，kg/h；

　　　M_1——干化前湿污泥含水率，%；

　　　A_2——干化后干污泥量，kg/h；

　　　M_2——干化后干污泥含水率，%。

（3）热干化的耗热量

对于一个热干化系统，其耗热量按式（5-3）进行估算：

$$q_{gh} = (A_1 M_1/100 - A_2 M_2/100) \frac{C_v(T_2 - T_1) + r_{T_2}}{\eta_{gh}/100} \tag{5-3}$$

式中　q_{gh}——热干化系统耗热量，kJ/h；

　　　C_v——水的平均比热，取 4.187，kJ/（kg·℃）；

　　　T_1——污泥的初始温度，通常取为 20，℃；

　　　T_2——水汽化的温度，常压下取 100，℃；

　　　r_{T_2}——T_2 时水的汽化潜热，常压下为 2261，kJ/kg；

　　　η_{gh}——干化机的热效率，%。

（4）辅助热量的计算

污泥焚烧后产生的热量可以通过式（5-4）计算：

$$q_{gl} = A_2 Q_{2,ar,net} \eta_{gl}/100 \tag{5-4}$$

式中 q_{gl}——焚烧炉产生的热量，kJ/h；

$\quad A_2$——入炉污泥量，即为干化后污泥量，kg/h；

$Q_{2,ar,net}$——入炉污泥低位热值，即为干化后污泥低位热值，kJ/kg；

$\quad \eta_{gl}$——焚烧炉的热效率，%。

如果焚烧炉产生热量 q_{gl}＞干化系统耗热量 q_{gh}，则不需要辅助燃料；如果焚烧产生热量 q_{gl}＜干化系统耗热量 q_{gh}，则需要的辅助热量为 $q_{gh}-q_{gl}$（kJ/h）根据辅助燃料的热值可进一步计算辅助燃料的消耗量。

根据以上计算方法，若脱水污泥含水率 80%，干化到含水率 40%入炉焚烧，污泥干化机和污泥焚烧炉的热效率均为 85%，则只有污泥干基低位热值达到约 13510 kJ/kg（即 3227kcal/kg）才不需要辅助燃料。

（5）余热利用

考虑到整个污泥干化焚烧系统的经济性和尾气处理的要求，焚烧炉产生的高温烟气应通过余热锅炉进行利用，可以加热水蒸气、导热油和空气等干化热源和燃烧辅助热风。

1.5　设计与工艺控制

（1）焚烧炉所采用耐火材料的技术性能应满足焚烧炉燃烧气氛的要求，质量应满足相应的技术标准，能够承受焚烧炉工作状态的交变热应力；

（2）焚烧炉的设计应保证其使用寿命不低于 10 万运行小时；焚烧炉应有适当的冗余处理能力，进料量应可调节；

（3）焚烧炉应设置防爆门或其他防爆设施；

（4）必须配备自动控制和监测系统，在线显示运行工况和尾气排放参数；

（5）确保焚烧炉出口烟气中氧气含量达到 6%～10%（干气）；

（6）焚烧炉密相区温度宜为 850～950℃；

（7）由于污泥焚烧烟气中含湿量较大，为有效防止积灰和腐蚀，焚烧炉排烟温度宜大于 180℃。

1.6 二次污染控制要求

为有效控制二次污染，污泥焚烧泥质须满足《城镇污水处理厂污泥处置　单独焚烧用泥质》CJ/T 290 的规定。焚烧产生的烟气、炉渣、飞灰及噪声均应进行监测与控制。

（1）烟气

泥焚烧后的烟气成分与污泥成分密切相关。常规污染物主要有 NOx、SO$_2$ 和烟尘等。污泥中的氯含量较生活垃圾更低，污泥焚烧所产生的二噁英通常低于生活垃圾。污泥焚烧后重金属大多数都富集在飞灰中。

对 SO$_2$ 的控制，有多种方法可供选择，主要有炉内脱硫，以及湿法、干法和半干法等尾部脱硫方法。污泥焚烧的脱硫方法可采用"炉内脱硫＋半干法脱硫"。根据国外使用经验，也可以采取湿法脱硫。

用于烟尘控制的除尘设备主要有旋风除尘器、静电除尘器和布袋除尘器。污泥焚烧尾气除尘推荐使用布袋除尘器。

控制污泥焚烧重金属排放的主要方法有：通过余热利用系统使烟气降温，烟气中的重金属自然凝聚成核或冷凝成粒状物质，随后，采用除尘设备捕集；将尾气通过湿式洗涤塔，除去其中水溶性的重金属化合物；通过布袋除尘器可吸附部分重金属颗粒，另一部分重金属可喷射活性炭等粉末，吸附重金属形成较大颗粒后，被除尘设备捕集。

控制污泥焚烧烟气中二噁英排放的主要方法有：在燃料中添加化学药剂阻止二噁英的生成；在燃烧过程中提高"3T"（湍流 Turbulence、温度 Temperature、时间 Time）作用效果，通过旋转二次风等布置方式使污泥与空气充分搅拌混合，维持足够的燃烧温度和3s 以上的停留时间，减少二噁英前驱物的生成；在尾气处理过程中喷射活性炭粉末等吸附二噁英类物质而被除尘设备捕集；布袋除尘器对二噁英也有一定的吸附作用。

流化床污泥焚烧炉通常不需采用额外的脱硝技术即可满足相关标准要求的限值。如需进一步控制 NOx 的排放，推荐采用选择性非催化还原法（SNCR），能达到 30%～70% 的脱除效率。

应严格控制焚烧工艺过程，并对烟气必须采取综合处理措施，其烟气排放浓度须满足《生活垃圾焚烧污染控制标准》GB 18485 的规定。

（2）炉渣与飞灰

炉渣与飞灰应分别收集、贮存、运输，并妥善处置。符合要求的炉渣可进行综合利用。飞灰应按《危险废物鉴别标准》GB 5085.1-3 的规定进行鉴定后，妥善处置；属于危险废物的，应按危险废物处置；不属于危险废物的，可按一般固体废物处理。

（3）噪声

焚烧厂的噪声应符合《城市区域环境噪声标准》GB 3096 和《工业企业厂界噪声标准》GB 12348 的规定，对建筑物内直接噪声源控制应符合《工业企业噪声控制设计规范》GB J87 的规定。焚烧厂噪声控制应优先采取噪声源控制措施。厂区内各类地点的噪声控制宜采取以隔音为主，辅以消声、隔振、吸声的综合治理措施。

（4）臭气

焚烧厂恶臭污染物控制与防治应符合《恶臭污染物排放标准》GB 14554 的规定。焚烧生产线运行期间，应采取有效控制和治理恶臭物质的措施。焚烧生产线停止运行期间，应采取相应措施防止恶臭扩散到周围环境中。

1.7 投资及运行成本的评价与分析

投资成本是由系统复杂程度、设备国产化率等因素决定的。一般情况下，若干化和焚烧系统均采用国产设备，干化焚烧项目的投资成本在 30 万～50 万元/t 污泥（含水率 80%）；若干化设备采用进口设备，焚烧等其他设备均采用国产设备，干化焚烧项目的投资成本在 50 万～70 万元/t 污泥（含水率 80%）。若采用更多的进口设备，投资成本将增加。

国内污泥干化焚烧实际运行的项目较少，采用的设备和配套的烟气处理设施标准差异较大，因此，目前的运行费用统计尚不具有典型性。一般而言，若采用进口的流化床干化机和国产的流化床焚烧系统，运行成本约为 170～250 元/t 污泥（含水率以 80% 计，不包括固定资产折旧），其中燃煤和用电的消耗约占 55%～65%，导热油、自来水、石灰石、消石灰、石英砂、活性炭、氮气等损耗费用共计约 5%。若采用国产的空心桨叶式干化机和国产的流化床焚烧系统，运行成本约为 120～200 元/t 污泥（含水率以 80% 计，不包括固定资产折旧），其中燃煤和用电的消耗约占 65%～70%。

2 污泥的水泥窑协同处置

2.1 原理与作用

污泥的水泥窑协同处置是利用水泥窑高温处置污泥的一种方式。水泥窑中的高温能将污泥焚烧，并通过一系列物理化学反应使焚烧产物固化在水泥熟料的晶格中，成为水泥熟料的一部分，从而达到污泥安全处置的目的。

利用水泥窑对污泥进行协同处置，具有以下作用。

有机物彻底分解，污泥得以彻底的减容、减量和稳定化；燃烧后的残渣成为水泥熟料的一部分，无残渣飞灰产生，不需要对焚烧灰另行处置；回转窑内碱性环境在一定程度内可抑制酸性气体和重金属排放；水泥生产过程余热可用于干化湿污泥；回转窑热容量大、工作状态稳定，污泥处理量大。

2.2　应用原则

利用水泥窑协同处置污泥必须建立在社会污泥处置成本最优化原则之上，如果在生态和经济上有更好的回收利用方法时，则不要将污泥使用在水泥窑中。同时，污泥的协同处置应保证水泥工业利用的经济性。

水泥窑协同处置污泥应确保污染物的排放，不高于采用传统燃料的污染物排放与污泥单独处置污染物排放总和。协同处置污泥水泥窑产品必须达到品质指标要求，并应通过浸析试验，证明产品对环境不会造成任何负面影响。

利用水泥窑协同处置污泥作为跨行业的协同处置方式，应保证从产生到处置完成良好的记录追溯，在全处置过程确保污染物的达标排放和相关人员健康和安全，确保所有要求符合现有的国家法律、法规和制度。能够有效地对废物协同处置过程中的投料量和工艺参数进行控制，并确保与地方、国家和国际的废物管理方案协调一致。

2.3　水泥窑协同处置的主要方式

城镇污水处理厂污泥可在不同的喂料点进入水泥生产过程。常见的喂料点是：窑尾烟室、上升烟道、分解炉、分解炉的三次风风管进口。污泥焚烧残渣可通过正常的原料喂料系统进入，含有低温挥发成分（例如烃类）的污泥必须喂入窑系统的高温区。

通常，湿污泥经过泵送直接入窑尾烟室；利用水泥窑协同处置干化或半干化后的污泥时，在窑尾分解炉加入；外运来的污泥焚烧灰渣，可通过水泥原料配料系统处置。

利用水泥窑废热干化污泥，与通常的污泥热干化系统相同。

2.4　利用水泥窑直接焚烧处置湿污泥

含水率在 60%～85% 的市政污泥可以利用水泥窑直接进行焚烧处置利用水泥窑直接焚烧污泥可在水泥窑窑尾端烟室或上升烟道设置喷枪。水泥窑应进行如下改造：

（1）窑尾烟室耐火材料改用抗剥落浇注材料；

（2）水泥窑窑尾上升烟道增设压缩空气炮，以便清理结皮；

（3）水泥窑窑尾分解炉缩口应做相应调整；

（4）对窑尾工艺收尘器进行改造；

（5）窑内通风面积扩大 5%～10%。

2.5　利用水泥窑焚烧处置干化或半干化的污泥

干化或半干化后的污泥发热量低、着火点低、燃烧过程形成的飞灰多、燃烧时间短，不适合作为原料配料大规模利用，应当尽可能在分解炉、窑尾烟室等高温部位投入，以保证焚毁效果。

来自干污泥储存仓的污泥经皮带秤计量后，经双道锁风阀门进入分解炉，分解炉内部增设污泥撒料盒，在撒料盒下方设置压缩空气进行吹堵和干污泥的抛洒分散。如干污泥仓布置离窑尾较远，也可采用气动输送，利用罗茨风机作为动力，经管道输送进入分解炉，干污泥燃烧采用单通道喷管即可。

2.6 污泥焚烧灰渣替代水泥生产原料利用

在污泥焚烧灰渣作为替代原料利用之前，应仔细评估硫、氯、碱等物质可能引起系统运行稳定性有害元素总输入量对系统的影响。这些成分的具体验收标准，应根据协同处置污泥性质和窑炉具体条件，现场单独进行确定。

2.7 二次污染控制要求

利用水泥窑直接焚烧湿污泥主要的环境问题为烟气的排放。污染物的排放控制应符合《生活垃圾焚烧污染控制标准》GB 18485 的规定。

3 污泥的热电厂协同处置

3.1 原理与作用

采用热电厂协同处置，既可以利用热电厂余热作为干化热源，又可以利用热电厂已有的焚烧和尾气处理设备，节省投资和运行成本。

3.2 应用原则

在具备条件的地区，鼓励污泥在热力发电厂锅炉中与煤混合焚烧；热电厂协同处置应不对原有电厂的正常生产产生影响；混烧污泥宜在 35t/h 以上的热电厂（含热电厂和火电厂）燃煤锅炉上进行。在现有热电厂协同处置污泥时，入炉污泥的掺入量不宜超过燃煤量的 8%；对于考虑污泥掺烧的新建锅炉，污泥掺烧量可不受上述限制。

3.3 热电厂协同处置的主要方式

热电厂协同处置的主要方式有：湿污泥（含水率 80%）直接加入锅炉掺烧，和干化或半干化（含水率 40%以下）后的污泥进入循环流化床锅炉或煤粉炉焚烧。

选用电厂余热作为干化热源，与通常热干化系统相同。

3.4 湿污泥直接掺烧

（1）工艺流程

湿污泥直接掺烧的主要工艺流程见图 5-3。

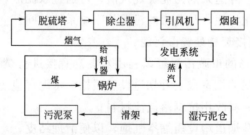

图 5-3 湿污泥直接掺烧工艺流程

（2）设计与运行控制

湿污泥给入炉膛的位置宜采用炉顶给料；若采用炉膛中部给料，给料器需设置水冷装置。湿污泥直接掺烧须对原锅炉的尾部受热面进行适当改造，以防止烟气中灰分、酸性气体和湿含量升高导致的受热面积灰、磨损和腐蚀。

掺烧后焚烧炉膛温度不得低于 850℃。由于烟气中湿含量增加，为防止尾部积灰和腐蚀，排烟温度应适当提高。

3.5 污泥干化后混烧

（1）工艺流程

污泥干化后入炉混烧的主要工艺流程见图 5-4。

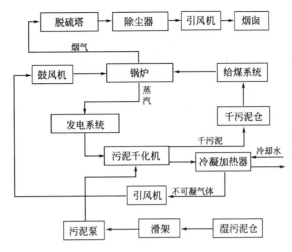

图 5-4 污泥干化后混烧工艺流程

（2）设计与运行控制

污泥干化后可进入电厂原有的输煤系统。为防止污泥混入后造成原有给煤系统堵塞，污泥需干化至半干化（含水率40％以下），干化后污泥形态应疏松。为防止污泥干化污染原有电厂的烟气，推荐采用间接式污泥干化设备。

掺烧后焚烧温度不得低于850℃。

3.6　二次污染控制要求

为有效控制二次污染，污泥焚烧泥质须满足《城镇污水处理厂污泥处置单独焚烧用泥质》CJ/T 290 的规定。焚烧产生的烟气、炉渣、飞灰及噪声均应进行监测与控制。

（1）臭气

污泥储存仓应密闭，并采用微负压设计，将臭气送入炉膛高温分解。为防止污泥干化过程中臭气外泄，干化装置必须全封闭，污泥干化机内部和污泥干化间需保持微负压。干化后污泥应密封储存，以防止由于污泥温度过高而导致臭气挥发。干化后分离出的不可凝气体（臭气）须送入炉膛高温分解。

焚烧厂恶臭污染物控制与防治应符合《恶臭污染物排放标准》GB 14554 的规定。

（2）烟气

对于排放的烟气，应核算大气污染物排放限值。

热力发电厂燃煤锅炉掺烧污泥时，各种大气污染物排放限值可通过污泥和煤的烟气份额进行换算，对烟气中排放的二噁英应进行总量控制。

（3）灰渣

炉渣与飞灰应分别收集、贮存、运输，并妥善处置；符合要求的炉渣可进行综合利用。飞灰应按《危险废物鉴别标准》GB 5085 进行鉴定后，妥善处置。属于危险废物的，应按危险废物处置；不属于危险废物的，可按一般固体废物处理。

（4）废水

污泥干化后蒸发出的水蒸气和不可凝气体（臭气）需进行分离。水蒸气通过冷凝装置冷凝后处理。焚烧厂的废水经过处理后应优先回用。当废水需直接排入水体时，其水质应符合《污水综合排放标准》GB 8978 的规定。

（5）噪声

焚烧厂的噪声应符合《城市区域环境噪声标准》GB 3096 和《工业企业厂界噪声标准》GB 12348 的规定，对建筑物内直接噪声源控制应符合《工业企业噪声控制设计规范》GBJ 87 的规定。焚烧厂噪声控制应优先采取噪声源控制措施。厂区内各类地点的噪声控制宜采取以隔声为主，辅以消声、隔振、吸声的综合治理措施。

3.7 投资与运行成本的评价与分析

干化后污泥在热电厂协同处置，投资成本是由干化设备的选型、设备国产化率等因素决定的。一般情况下，若湿污泥储存仓、污泥泵和干化系统均采用国产设备，投资成本在10 万～15 万元/t 污泥（含水率 80%）左右；若干化设备采用进口设备，投资成本在30 万～40 万元/t 污泥（含水率 80%）左右。

若采用国产的空心桨叶式干化机，运行成本约为 100～180 元/t 污泥（含水率 80%，不包括固定资产折旧），其中电耗约 55～60kW·h/污泥（含水率 80%）。

4 污泥与生活垃圾混烧

4.1 原理与作用

污泥干化后具有一定热值，将污泥干化后与生活垃圾混烧，既可以利用垃圾焚烧厂的余热作为干化热源，又可以利用垃圾焚烧厂已有的焚烧和尾气处理设备，节省投资和运行成本。

4.2 应用原则

污泥和生活垃圾混合焚烧，应采用干化技术将污泥含水率降至，与生活垃圾相似的水平，不宜将脱水污泥与生活垃圾直接掺混焚烧。

优先考虑采用生活垃圾焚烧余热干化污泥，不宜选用一次优质能源作为干化热源。

4.3 干化后污泥与垃圾混烧

（1）工艺流程

混烧污泥的生活垃圾焚烧厂，除建设满足国家规定的生活垃圾焚烧系统外，污泥焚烧的主要工艺流程，见图 5-5。

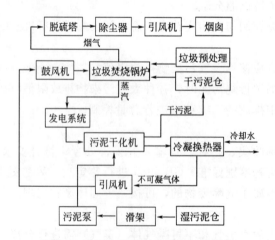

图 5-5 污泥和垃圾混合焚烧工艺流程

（2）设计与运行控制

采用污泥与生活垃圾混合焚烧，应为污泥的输送和给料配备专门的设备，不宜与生活垃圾共用。污泥干化推荐采用间接式污泥干化设备。采用污泥和生活垃圾混合焚烧，应选择流化床焚烧炉进行处理。焚烧炉的设计应考虑污泥焚烧飞灰量大，对尾部受热面和烟气净化系统的影响。

混烧的焚烧温度不得低于850℃。

4.4　二次污染控制要求

污泥与生活垃圾混合焚烧产生的废气、废水、废渣和噪声均应进行监测与控制。

（1）臭气

污泥储存仓应密闭，并采用微负压设计，将臭气送入炉膛高温分解。为防止污泥干化过程中臭气外泄，干化装置必须全封闭。污泥干化机内部和污泥干化间需保持微负压。干化后污泥应密封储存，以防止由于污泥温度过高而导致臭气挥发。干化后分离出的不可凝气体（臭气）须送入炉膛高温分解。焚烧厂恶臭污染物控制与防治应符合《恶臭污染物排放标准》GB 14554 的规定。

（2）焚烧烟气

最终排入大气的烟气中污染物排放限值，应取污泥单独焚烧污染物排放限值和生活垃圾单独焚烧污染物排放限值中的低者。目前参照《生活垃圾焚烧污染控制标准》GB 18485 的规定。

（3）灰渣

炉渣与飞灰应分别收集、贮存、运输，并妥善处置；符合要求的炉渣可进行综合利用。

飞灰参照《生活垃圾焚烧污染控制标准》GB 18485 的规定进行处理。

（4）废水

污泥干化产生的水蒸气和不可凝气体（臭气）需进行分离。水蒸气通过冷凝装置冷凝后进行废水处理。焚烧厂的废水经过处理后应优先回用，高浓度的废液也可采取喷入焚烧炉膛进行焚烧处理。经处理后的废水需直接排入水体时，其水质应符合《污水综合排放标准》GB 8978 的规定。

（5）噪声

焚烧厂的噪声应符合《城市区域环境噪声标准》GB 3096 和《工业企业厂界噪声标准》GB 12348 的规定。对建筑物内直接噪声源控制应符合《工业企业噪声控制设计规范》GBJ 87 的规定。焚烧厂噪声控制应优先采取噪声源控制措施。厂区内各类地点的噪声控制宜采取以隔声为主，辅以消声、隔振、吸声的综合治理措施。

4.5　成本分析

投资成本是由新增设备的选型、设备国产化率等因素决定的。一般情况下，若污泥储存仓、污泥干化机、污泥输送和给料设备等均采用国产设备，投资成本在 10 万～15 万元/t污泥（含水率80%）左右；若干化设备采用进口设备，投资成本在 30 万～40 万元/t污泥（含水率80%）左右。

若采用干化污泥与生活垃圾混合焚烧，采用国产的空心桨叶式干化机时，视干化后污泥含固率不同，其运行成本约为100～180 元/t污泥（含水率80%计，不包括固定资产折旧），其中电耗约 55～60kW·h/t污泥（含水率80%）。

第三节 建材利用技术

污泥的建材利用主要是指以污泥作为原料制造建筑材料,最终产物是可以用于工程的材料或制品。建材利用的主要方式有:污泥用于水泥熟料的烧制(即水泥窑协同处理处置)、污泥制陶粒等。本节主要介绍制陶粒技术。

1 污泥制陶粒

1.1 原理与作用

污泥是一种黏土质资源,用来配料生产陶粒(用作轻骨料配制轻骨料混凝土),可在高温焙烧过程中使污泥得以彻底稳定,并固化重金属,充分利用污泥中的土质资源。

1.2 应用原则

污泥陶粒不宜用于人居及公共建筑。

污泥陶粒在烧制过程中固化了污泥中的重金属,应当限制其中的重金属含量和浸出毒性。

重金属浸出限制值可参照表 5-2 的要求执行。其他有害物质含量应符合表 5-3 的规定。污泥陶粒的技术要求应符合国家标准《轻集料及其试验方法第 1 部分:轻集料》GB/T17431.1 的有关规定。

表 5-2 污泥建材利用重金属浸出限制建议值

检验项	浸出液最高允许浓度/$(\mu g/L)$		
	严格环境条件(地下水防护等)	特殊环境(公园、工业区等)	一般环境
Hg	0.2	0.5	10
Cd	2.0	10	50
As	10	10	100
Cr	15	30	350
Pb	20	40	100
Cu	50	100	300
Zn	50	100	300
Ni	4	50	200

表 5-3 有害物质规定

项目名称	指标规定	备注
含泥量/%	≤3	结构用轻集料≤2
泥块含量/%	≤1	结构用轻集料≤0.5
煮沸质量损失/%	≤5	—
烧失量/%	≤5	—
硫化物和硫酸盐含量(按 SO_3 计)/%	≤1.0	—
有机物含量	不深于标准色	如深于标准色,按 GB/T 17431.2 中 19.6.3 的规定执行
氯化物(以氯离子含量计)含量/%	≤0.02	—
放射性	符合	—

1.3 工艺流程与运行控制

(1)配料

污泥中二氧化硅等成分含量少,有机质含量较高,不宜直接烧制陶粒。因此,要烧制出合格的陶粒制品,应根据不同类型污泥的化学成分与特性,通过与黏土、粉煤灰、页岩等其他原料混合配料,使陶粒原料化学组成满足表 5-4 的要求。

表 5-4　陶粒原料的化学成分要求

化学成分	SiO_2	Al_2O_3	Fe_2O_3	$CaO+MgO$	K_2O+Na_2O
含量/%	48~79	8~25	3~12	1~12	0.5~7

此外，原料的化学组成还应满足下式的要求：

$$\frac{SiO_2+Al_2O_3}{Fe_2O_3+CaO+MgO+FeO+Na_2O+K_2O}=3.5\sim10$$

有关陶粒用污泥技术标准和规范可暂参考现行标准，如《城镇污水处理厂污泥处置制砖用泥质》CJ/T 289 等。

（2）工艺流程

污泥制陶粒的典型生产工艺流程如下：

原料计量——混碾搅拌——造粒——过筛——进窑——烘干——预热——焙烧——冷却——分级——入库——检验——出厂

（3）运行控制

在一般情况下，宜控制污泥含水率不大于 80%，并调整配料用水量；含水率 80% 的污泥掺量不宜超过 30%。

在污泥制陶粒的生产过程中，应控制好预热和焙烧这两个关键工序。预热可避免直接焙烧导致陶粒炸裂，并可利用污泥中有机质的燃烧热值；陶粒焙烧工序直接影响陶粒产品的性能，烧制温度在 1100~1200℃ 之间为宜。

1.4　二次污染控制要求

污泥烧制陶粒过程中，污泥中一些重金属容易造成污染。生产过程中应进行技术控制，并制定控制性标准；污泥中可能存在其他污染物，如放射性污染物、有机污染物等，应建立安全生产制度并制订控制性标准。污泥焚烧的烟气排放控制要求，应满足《生活垃圾焚烧污染控制标准》GB 18485 的要求。

1.5　成本评价及分析

利用污泥制陶粒可以免加有机质材料，减少黏土的用量，且污泥成本低廉；当工业废料（包括污泥）掺量超过 30% 时，产品可以享受国家一定的税收优惠政策。目前市场普通陶粒售价为 250~300 元/m³，污泥陶粒售价可降低 5%~10%。因此，利用污泥制陶粒可以降低生产成本，具有较好的经济效益。

2　污泥用于水泥熟料的烧制

详见本章第二节《污泥焚烧与协同处置技术》的内容

第四节　污泥的填埋

污泥填埋有单独填埋、与垃圾合并填埋两种方式。国外有污泥单独填埋场的案例。目前国内主要是与垃圾混合填埋。另外，污泥经处理后还可作为垃圾填埋场覆盖土。

1　应用原则

污泥与生活垃圾混合填埋，污泥必须进行稳定化、卫生化处理，并满足垃圾填埋场填埋土力学要求；且污泥与生活垃圾的重量比，即混合比例应≤8%。

污泥用于垃圾填埋场覆盖土时，必须对污泥进行改性处理。可采用石灰、水泥基材料、工业固体废弃物等对污泥进行改性。同时也可通过在污泥中掺入一定比例的泥土或矿化垃圾，混合均匀并堆置 4d 以上，以提高污泥的承载能力并消除其膨润持水性。

2 污泥与生活垃圾混合填埋

2.1 混合填埋的泥质标准

污泥与生活垃圾混合填埋时，必须降低污泥的含水率，同时进行改性处理。改性处理可通过掺入矿化垃圾、黏土等调理剂，以提高其承载力，消除其膨润持水性。避免雨季时，污泥含水率急剧增加，无法进行填埋作业。混合填埋污泥泥质标准应满足《城镇污水处理厂污泥处置混合填埋用泥质》GB/T 23485 和《生活垃圾填埋场污染控制标准》GB 16889 要求。

2.2 混合填埋方法及技术要求

污泥与生活垃圾混合填埋应实行充分混合、单元作业、定点倾卸、均匀摊铺、反复压实和及时覆盖。填埋体的压实密度应大于 $1.0 kg/m^3$。每层污泥压实后，应采用黏土或人工衬层材料进行日覆盖。黏土覆盖层厚度应为 $20 \sim 30 cm$。

混合填埋场在达到设计使用寿命后应进行封场。封场工作应在填埋体上覆盖黏土或其他人工合成材料。黏土的渗透系数应小于 $1.0 \times 10^{-7} cm/s$，厚度为 $20 \sim 30 cm$，其上再覆盖 $20 \sim 30 cm$ 的自然土作为保护层，并均匀压实。填埋场封场后还应覆盖植被，同时在保护层上铺设一层营养土层，其厚度根据种植植物的根系深浅而确定，一般不应小于 20cm，总覆土应在 80cm 以上。

填埋场封场应充分考虑堆体的稳定性与可操作性、地表水径流、排水防渗、覆盖层渗透性和填埋气体对覆盖层的顶托力等因素，使最终覆盖层安全长效，填埋场封场坡度宜为 5%。

污泥与生活垃圾混合填埋场必须为卫生填埋场，具体建设标准及要求详见《生活垃圾卫生填埋技术规范》CJJ 17。

3 污泥作为生活垃圾填埋场覆盖土

3.1 用作覆盖土的污泥泥质标准

污泥用作覆盖土的污泥泥质标准应满足《城镇污水处理厂污泥处置 混合填埋用泥质》GB/T 23485 和《生活垃圾填埋场污染控制标准》GB 16889 要求。

污泥用作垃圾填埋场终场覆盖土时，其泥质基本指标除满足表 5-5 要求外，还需满足《城镇污水处理厂污染物排放标准》GB 18918 中卫生学指标要求，同时不得检测出传染性病原菌。

表 5-5 作为垃圾填埋场覆盖土的污泥基本指标

序号	控制项目	限值
1	含水率	$<45\%$
2	臭度	<2 级（六级臭度）
3	施用后苍蝇密度	<5 只/（笼·d）
4	横向剪切强度	2

3.2 用作覆盖土的方法及技术要求

（1）日覆盖应实行单元作业，其面积应与垃圾填埋场当日填埋面积相当。

（2）改性污泥应进行定点倾卸、摊铺、压实。覆盖层的厚度在经过压实后的应不小于

20cm，压实密度应大于 1000kg/m³。

（3）在污泥中掺入泥土或矿化垃圾时应保证混合充分，堆置时间不小于 4d，以保证混合材料的承载能力大于 50kPa。

（4）污泥入场用作覆盖材料前必须对其进行监测。含有毒工业制品及其残物的污泥、含生物危险品和医疗垃圾的污泥、含有毒药品的制药厂污泥及其他严重污染环境的污泥不能进入填埋场作为覆盖土，未经监测的污泥严禁入场。

（5）其他技术要求及处理措施详见《生活垃圾卫生填埋技术规范》CJJ17。

4 投资与运行成本的分析与评价

对于新建垃圾填埋场，总投资为 16～26 元/m³ 库容，按填埋期 20 年考虑，折合 18 万元/t 污泥（垃圾）。运行成本为 70～80 元/t 污泥（垃圾）；如按运输距离在 50km 以内核算，总成本为 100～125 元/t 污泥（垃圾）。

第六章 应急处置与风险管理

第一节 污泥的应急处置

目前，污泥处理处置设施的规划建设普遍滞后于污水处理设施。在污泥处理处置设施建成投入使用前，应采取适当的应急处置措施，严禁将污泥随意弃置。

1 常用处理处置措施及采用原则

常用的污泥应急处置措施为简易存置。简易存置措施可分为两种：

（1）在汛期降雨频繁，且场地开放、无围挡的条件下，将污泥直接堆置成有序的条垛，采取石灰和塑料薄膜双重覆盖的措施，最大限度地降低臭味散失和苍蝇孳生。

（2）在旱季降雨较少，且场地封闭、有围墙的条件下，将污泥先自然摊晒 5～7d，降低含水率后再堆成条垛存置。摊晒过程中严密覆盖石灰，堆成条垛后严密覆盖沙土，以减小臭味散失。

简易存置后的污泥，经检测后如符合相关的泥质标准，如《城镇污水处理厂处置混合填埋用泥质》GB/T 23485 标准、《城镇污水处理厂处置 土地改良用泥质》CJ/T 290 标准等，则可采用混合填埋、土地改良等方式进行最终处置，避免长期堆放。经检测后如无法满足相关的泥质标准，则应在污泥处理处置设施建成投产后，再将存置污泥回运，进行规范处置。

污泥应急处置措施仅限于污泥处理处置设施建成以前使用，一旦设施建成，必须立刻停止使用。

污泥应急处置的场地应选择在远离人群集聚区、农业种植区和环境敏感区域。当场地面积紧张、降雨频繁时，宜采用第（1）种操作方式；当场地面积宽敞，降雨较少时，宜采用第（2）种操作方式。

2 简易存置方式（1）的操作及管理控制要点

2.1 操作模式

（1）在临时场地中规划好用于卸泥的区域，利用挖掘机依次挖出多条平行浅沟，沟深约 0.5m、宽约 3～5m；

（2）将挖出来的土方均匀堆置在浅沟两侧，压实后形成等高的挡墙；

（3）引导运泥车将污泥依次卸入指定的浅沟内，形成条垛；

（4）在条垛表面均匀覆盖生石灰，厚度约 $1\sim2$cm，覆盖必须彻底，不许有污泥外露；

（5）使用塑料薄膜将整个条垛严密覆盖，并将四边压紧，防止臭味外泄和苍蝇接触；

（6）定期在薄膜表面喷洒灭蝇药剂，进一步控制苍蝇孳生。

2.2 管理控制要点

（1）浅沟之间至少留出 0.5m 的间隔，以便后续操作。

（2）压实后的挡墙务必确保强度，防止堆置的污泥挤塌外溢。

（3）在进行撒灰覆膜操作时应注意铺撒全面、覆盖严密，勿留死角。

（4）每日进行场地巡查，发现薄膜损坏及时修补，避免污泥外露。

（5）每日监测场地苍蝇密度，发现显著增加时立刻停止进泥，并在全场范围内进行集中、连续的喷药，直至苍蝇密度恢复正常后再开始进泥。

（6）在揭膜将污泥取出时，需选择风量较大，气压较高的天气进行。揭膜人应站在上风口往下风口顺序揭膜，防止有毒气体瞬间释放致使操作人员中毒。

（7）堆置后的污泥装车外运时，须严格控制操作面积，做到随揭膜随装车，装车完毕立刻重新严密覆盖，避免污泥外露。

3 简易存置方式（2）的操作及管理控制要点

3.1 操作模式

（1）在场地中事先规划好用于卸泥的区域，一般为长方形；

（2）引导污泥运输车将污泥均匀、有序的卸入指定的区域内，利用机械设备将污泥均匀摊开至 $5\sim10$cm 厚；

（3）在污泥表面均匀覆盖生石灰，厚度约 $1\sim2$mm，覆盖必须彻底，不许有污泥外露；

（4）自然晾晒 $5\sim7$d，污泥含水率降至 60% 左右后，利用机械设备集中收拢，在指定位置堆成条垛；

（5）条垛表面严密覆盖沙土，厚度约 $3\sim5$cm；

（6）定期对操作场地喷洒灭蝇药剂。

3.2 管理控制要点

（1）污泥卸入场地后需立刻摊开，避免长期堆放产生臭味。

（2）晾晒至含水率满足要求后，需立即堆成条垛，提高场地利用率。

（3）将污泥收拢堆垛的过程中，要严格控制操作面积，减少臭味释放。

（4）每日监测场地苍蝇密度，发现显著增加时立刻停止进泥，并在全场范围内进行集中、连续的喷药，直至苍蝇密度恢复正常后再开始进泥。

（5）存置后的污泥装车外运时，须严格控制作业面积，逐个条垛依次操作。

第二节 污泥处理处置的风险分析与管理

1 安全风险分析与管理

1.1 安全风险因素分析

污泥处理处置过程中，除机械伤害、触电事故等常见安全风险外，还存在一些特殊的安全风险，包括：

（1）污泥中含有较丰富的有机质，在汇集、管道输送过程中，由于有机质的腐败，其中部分硫转化成硫化氢，在某些场合如通风不良，硫化氢积聚，造成空气中硫化氢浓度过高，危害作业（巡检）人员的健康。

（2）湿污泥在贮存过程中发生厌氧消化，生成甲烷等易燃气体，如不及时排除，在湿污泥储存仓中积累，有燃烧爆炸的危险。

（3）干污泥在长期贮存过程中，被空气中的氧缓慢氧化导致温度升高，温度升高反过来又促使氧化加快，当温度升到自燃温度（约180℃）之后就会引起干污泥自燃。

1.2 安全风险管理措施

（1）通风和防暑

为防范生产场合有害气体和高温，需采取以下通风和防暑降温措施：在生产厂房采取自然通风或机械通风等通风换气措施，中央控制室和值班室等设置空调系统。污泥焚烧炉炉壁和管道系统必须具有良好的耐温隔热功能，外表温度低于60℃。

（2）防爆

脱水污泥储存设施和干污泥料仓均有一定量的尾气排出，当两条线的排出尾气汇入排出总管后，应避免尾气直接排放，污染环境。在工艺设计中，在可能有燃爆性气体的室内设自然通风及机械通风设施，使燃爆性气体的浓度低于其爆炸下限。

污泥消化池顶部、沼气净化房、沼气柜等构筑物内的电气和仪表、照明灯具应选用隔曝型。电缆采用铠装电缆支架明敷或桥架敷设，绝缘线穿钢管敷设。

（3）防火

在正常生产情况下，污泥处理处置设施一般不易发生火灾，只有在操作失误、违反规程、管理不当及其他非常生产情况或意外事故状态下，才可能由各种因素导致火灾发生。因此，为了防止火灾的发生，或减少火灾发生造成的损失，根据"预防为主，消防结合"的方针，在设计上应根据《建筑设计防火规范》GB 50016采取防范措施。

2 环境风险分析与管理

2.1 环境风险因素分析

污泥处理处置工程可使污泥予以妥善处置，但对工程周围环境也会产生一定的影响。

（1）重金属和有机污染物

工业废水含量高的城镇污水处理厂污泥可能含有较多的重金属离子或有毒有害化学物质，如可吸附性有机卤素（AOX）、阴离子合成洗涤剂（LAS）、多环芳烃（PAHs）、多氯联苯（PCBs）、多溴联苯醚（PBDEs）等。

（2）病原微生物和寄生虫卵

未经处理的污泥中含有较多的病原微生物和寄生虫卵。在污泥的应用中，它们可通过各种途径传播，污染土壤、空气、水源，并通过皮肤接触、呼吸和食物链危及人畜健康，也能在一定程度上加速植物病害的传播。

（3）臭气

污泥处理处置很多环节都会有较强的臭气产生。污水处理厂内产生臭气的主要设施有污泥调蓄池、污泥浓缩脱水机房、污泥液调节池、污泥干化等设施。污泥填埋、污泥土地利用等厂外处置环节也会有臭气产生。在污泥运输和储存过程中，也不可避免会有臭味散发到大气中，势必会影响周围地区。

2.2 环境风险管理措施

（1）污泥重金属和有机污染物的控制

应加强污泥中重金属等有毒有害物质的源头控制和源头减量。监督工业废水按规定在企业内进行预处理，去除重金属和其他有毒有害物质，达到《污水排入城市下水道水质标准》CJ 3082 标准的要求。污泥土地利用尤其应密切注意污泥中的重金属含量，要根据农用土壤背景值，严格确定污泥的施用量和施用期限。

（2）病原微生物和寄生虫卵的控制

首先，应加强污泥的稳定化处理，使得污泥中的大肠菌群数等指标满足《城镇污水厂污染物排放标准》GB 18918 等标准的要求，其次，为了保护公众的健康以及减少疾病传播的潜在危险，需建立一系列的操作规范和制度，如在污泥与公众可能接触的场合需设置警示标志等。

（3）臭味对环境的影响及缓解措施

一般来说污泥散发的臭味在下风向 100m 内，对人的感觉影响明显。在 300m 以外，则臭味已嗅闻不到。因此，必须满足 300m 的隔距，才能有居住区。另外，为改善厂区工人的操作条件，污泥接受仓在车辆卸泥完成后应及时封闭，防止臭气逸出。

附录

编制依据

1.《城镇污水处理厂污泥处理处置及污染防治技术政策（试行）》
2.《城市环境卫生设施设置标准》CJJ 27
3.《室外排水设计规范》GB 50014
4.《城镇污水处理厂运行、维护及其安全技术规程》
5.《化学品生产单位受限空间作业安全规范》AQ 3028
6.《爆炸和火灾危险环境电力装置设计规范》GB 50058
7.《石油化工企业设计防火规范》GB 50160
8.《粪便无害化卫生标准》GB 7959
9.《工业企业设计卫生标准》GBZ 1
10.《工作场所有害因素职业接触限值》GBZ 2
11.《恶臭污染物排放标准》GB 14554
12.《污水综合排放标准》GB 8978
13.《城市区域环境噪声标准》GB 3096
14.《工业企业厂界噪声标准》GB 12348
15.《生活垃圾填埋场污染控制标准》GB 16889
16.《生活垃圾卫生填埋技术规范》CJJ 17
17.《城镇污水处理厂污染物排放标准》GB 18918
18.《城市生活垃圾卫生填埋处理工程项目建设标准》（建标〔2001〕101 号）
19.《生活垃圾焚烧污染控制标准》GB 18485
20.《危险废物鉴别标准》GB 5085
21.《水泥工业大气污染物排放标准》GB 4915

22. 《危险废物焚烧污染控制标准》GB 18484

23. 《废物焚烧 2000/76/EC 指令》

24. 《轻集料及其试验方法 第一部分：轻集料》GB/T 17431.1

25. 《烧结普通砖》GB 5101

26. 《烧结多孔砖》GB 13544

27. 《烧结空心砖》GB 13545

28. 《固化类路面基层和底基层技术规程》CJJ/T 80

29. 《土壤固化剂》CJ/T 3073

30. 《危险废物填埋污染控制标准》GB 18598

31. 美国《污泥利用处置标准》

32. 欧盟《污泥农用指导规程》

33. 英国《污泥农业土地利用指南》

34. 《地下水质量标准》GB 5750

35. 《地下水环境监测技术规范》HJ/T 164

36. 《土壤环境质量标准》GB 15618

37. 《土壤环境监测技术规范》HJ/T 166

38. 《安全色》GB 2893

39. 《安全标志》GB 2894

40. 《火电厂大气污染物排放标准》GB 13223

41. 《污水排入城市下水道水质标准》CJ 3082

42. 《城镇污水处理厂污泥泥质》GB 24188

43. 《城镇污水处理厂污泥处置 园林绿化用泥质》GB/T 23486

44. 《城镇污水处理厂污泥处置 混合填埋用泥质》GB/T 23485

45. 《城镇污水处理厂污泥处置 单独焚烧用泥质》GB 24602

46. 《城镇污水处理厂污泥处置 土地改良用泥质》GB 24600

47. 《城镇污水处理厂污泥处置 制砖用泥质》CJ/T 289

48. 《城镇污水处理厂污泥处置 农用泥质》CJ/T 309

49. 《建筑设计防火规范》GB 50016

50. 《城镇污水处理厂污泥处置 分类》GB/T 23484

参考文献

[1] 戴晓虎. 我国城镇污泥处理处置现状及思考. 给水排水, 2012, 38 (2)：1-5.

[2] 王洪臣. 中国污泥处理处置技术路线的初步分析. 水工业市场, 2010, 7：12-14.

[3] 李琳. 污泥厌氧消化技术发展应用现状及趋势. 中国环保产业, 2013, 8：57-60.

[4] 池勇志, 习钰兰, 薛彩红等. 厌氧消化技术在日本有机废水和废弃物处理中的应用. 中国给水排水, 2011, 27(8)：27-33.

[5] 孙晓. 高含固率污泥厌氧消化系统的启动方案与试验. 净水技术, 2012, 31 (3)：78-82.

[6] Bougrier C, J DelgenesH Carrere. Impacts of thermalpre-treatments on the semi-continuous anaerobic digestion of waste activated sludge. Biochemical Engineering Journal, 2007, 34 (1)：20-27.

[7] Fdz-Polanco F. Ultrasound pre-treatment for anaerobic digestion improvement. 2009, 60 (6)：1525-1532.

[8] Nagao N, N Tajima, M Kawai, et al. Maximum organic loading rate for the single-stage wet anaerobic digestion of food waste. Bioresource technology, 2012 (118)：210-218.

[9] Reinhart D R, A B Al-Yousfi. The impact of leachate recirculation on municipal solid waste landfill operating characteristics. Waste Management & Research, 1996, 14 (4)：337-346.

[10] Sanchez E, R Borja, L Travieso, et al. Effect of organic loading rate on the stability, operational parameters and performance of a secondary upflow anaerobic sludge bed reactor treating piggery waste. Bioresource Technology, 2005, 96 (3)：335-344.

[11] Wang Q, M Kuninobu, K Kakimoto, et al. Upgrading of anaerobic digestion of waste activated sludge by ultrasonic pretreatment. Bioresource Technology, 1999. 68 (3)：309-313.

[12] 付胜涛, 严晓菊, 付英等. 污水厂污泥和厨余垃圾的混合中温厌氧消化. 哈尔滨商业大学学报（自然科学版）, 2007, 23 (1)：32-35.

[13] 付胜涛, 于水利, 严晓菊等. 剩余活性污泥和厨余垃圾的混合中温厌氧消化. 环境科学, 2006, 27 (7)：1459-1463.

[14] 高瑞丽, 严群, 阮文权. 添加厨余垃圾对剩余污泥厌氧消化产沼气过程的影响. 生物加工过程, 2008, 6 (5)：31-35.

[15] 贺延龄. 废水的厌氧生物处理. 北京：中国轻工业出版社, 1998.

[16] 任南琪, 王爱杰等. 厌氧生物技术原理与应用. 北京：化学工业出版社, 2004.

[17] 任南琪, 马放等. 污染控制微生物学. 哈尔滨：哈尔滨工业大学出版社, 2002.

[18] 王峰. 餐厨垃圾生物质能化研究. 上海理工大学硕士学位论文, 2013.

[19] 王治军, 王伟. 热水解预处理改善污泥的厌氧消化性能. 环境科学, 2005, 26 (1)：68-71.

[20] 尹红军, 蒲贵兵, 吕波. 污水污泥厌氧消化的超声预处理研究进展. 水处理技术, 2009, 35 (9)：6-10.

[21] 张宁宁. 污泥超声处理研究的进展. 广州环境科学, 2007, 22 (2)：23-26, 43.

[22] 杨洁, 季民, 韩育宏等. 污泥碱解和超声破解预处理的效果研究. 环境科学, 2008, 29 (004)：1002-1006.

[23] 张少辉, 华玉妹. 污泥厌氧消化的强化处理技术. 环境保护科学, 2004, 125：13-15, 27.

[24] 伊学农, 王峰, 王国华. 污泥中温厌氧消化系统接种启动试验研究. 中国给水排水, 2013, 29 (9)：81-83.

[25] 张莉, 刘和, 陈坚. 城市污泥添加厨余垃圾厌氧发酵产挥发性脂肪酸的研究. 工业微生物, 2011, 41 (2)：26-31.

[26] 张自杰, 林荣忱, 金儒霖. 排水工程(第四版). 北京：中国建筑工业出版社, 2000.

[27] 赵宋敏, 李定龙, 王晋等. 基于活性污泥的厨余垃圾厌氧发酵产酸研究. 环境工程学报, 2011, 5(1)：205-208.

[28] 朱亚兰. 城市生活垃圾与污水厂剩余厌氧污泥混合厌氧消化研究. 西南交通大学, 2008.

[29] 伏苓. 城市污水处理厂污泥两相厌氧消化的研究. 长安大学, 2005.

[30] 张健, 朱琦, 陈伟强等. 污泥高温水解工艺研究进展及其应用. 中国环境科学学会学术年会论文集, 2011：1532-1535.

[31] Design of Municipal Wastewater Treatment Plants (fourth edition), Water Environment Federation. U.S.A, 2009.

[32] Disposal and recyling routes for sewage sludge, European Communities, 2001.

[33] EPA, Biosolids generation, use and disposal in the United States. EPA 530-R-9999-009, 1999.

[34] EPA, Standards for the use or disposal of sewage sludge, 2001.

[35] McCausland, C McGrath, S. Anaerobic Digestion of Cambi Treated Sludge at Ringsend WWTP: The Impact of

Changing Sludge Blends on Key Performance Parameters. 15th European Biosolids and Organic Resources Conference，2010.

［36］李霞，万军明．横滨市生活污水处理厂的污泥处置与资源综合利用．环境工程，2010 年第 28 卷增刊：246-249.

［37］王社平．横滨市污泥集中处理介绍．中国市政工程，第 1 期（总第 76 期）：52-55.

［38］Sanchez E，Borja R，Travieso L，et al. Effect of organic loading rate on the stability，operational parameters and performance of a secondary upflow anaerobic sludge bed reactor treating piggery waste. Bioresource Technology，2005，96（3）：335-344.

［39］河北省第二建筑工程公司．污水（给水）处理厂工程施工技术．北京：中国建筑工业出版社，2009.

［40］Rittmann B. E, McCarty P. L. Environmental biotechnology：principles and applications. New York：McGraw-Hill，2001.

［41］Metcalf ＆ Eddy, lnc. Wastewater engineering：treatment and reuse（fourth edition）. New York：McGraw-Hill，2003.